2021

商業
服務業
年鑑

疫情新常態下的
臺灣商業服務業發展

BUSINESS

SERVICES

YEARBOOK

專題篇 Special Topics

部長序 ●————————————————————————————

　　2020 年爆發的 COVID-19 疫情，使全球經濟發展陷入膠著，即便病毒仍然不斷變異，疫情持續影響生活，然而在各國政府陸續投入各種紓困、振興等措施，以及積極提升疫苗涵蓋率下，世界各國已逐漸邁上復甦之路。

　　根據國際貨幣基金（IMF）今年 10 月發布的《世界經濟展望》，預估全年成長率可達 5.9%，並推估 2022 年的成長率為 4.9%。而即便全球經濟受到疫情影響，我國出口依然強勁，今年 10 月單月出口突破 400 億美元，成為歷史新高，更是連續 16 個月正成長，推動整體經濟成長。

　　2021 年 5 月中旬起本土疫情開始蔓延，包括餐飲與零售等內需型產業面臨嚴峻考驗；政府立即啟動紓困 4.0 相關措施，包含商業服務業營業衝擊補貼方案，為受疫情衝擊的艱困事業提供協助。在國人與政府通力合作下，不到 3 個月的時間，疫情獲得控制，在 7 月 27 日調降疫情警戒至第二級，經濟部也順勢推出振興五倍券，並加碼推出好食券，使服務業逐漸掃除疫情的陰霾，亦使我國經濟在疫情期間仍繳出漂亮的成績單。主計總處更於 10 月 29 日上修全年經濟成長率預測值為 6.01%，也預期 2022 年仍有 3.69% 的成長率。

　　服務業是我國重要的經濟支柱。依據主計總處的統計，2020 年服務業為我國創造的產值，達新臺幣 11 兆 9,369.60 億元，約占 GDP 的 62.04%；而 2020 年的服務業就業人口 684.7 萬人，也占我國總就業人數約 59.7%；服務業中的批發、零售、餐飲、物流等商業服務業，其產值及就業人數亦各占全國約兩成的比例，可見商業服務業除了是與民生息息相關的產業外，也是我國經濟與就業方面的重要產業。

　　鑑於商業服務業的重要性，經濟部商業司編著「商業服務業年鑑」，自 2010 年發行迄今已邁入第 12 個年頭。本年鑑除了記錄商業服務業的發展軌跡之外，本次也將連鎖加盟業的發展概況納入基礎資訊；此外，鑑於變種病毒肆

虐，許多國家已經開始思考如何與病毒共存，因此本次年鑑主題設定為「疫情新常態下的臺灣商業服務業發展」，除了在專題篇涵蓋因應疫情而加速發展的虛實融合與外送商業模式外，並以前瞻角度，研析服務業運用大數據、應用 5G 結合新科技及企業治理（ESG）綠色永續等未來趨勢，希望幫助業者朋友洞悉商機、提前部署，順利在疫情下闖出一片天。

經濟部部長 王美花 謹誌

2021 年 11 月

召集人序

　　COVID-19 病毒自 2020 年初肆虐全球以來，短短不到兩年已超過二億四千萬人感染，以及超過五百萬人死亡，對全球各產業的經濟損失更難以估計。COVID-19 疫情對全球的挑戰可分為二階段，第一階段為健康危機管理，第二階段則是經濟危機管理。一直以來，各國政府採取的邊境管制、入境限期隔離等防疫措施是為了有效阻絕及抑制疫情蔓延，屬於健康危機管理政策一環。如今多種 COVID-19 疫苗研發上市，隨著全球疫苗接種覆蓋率增加，疫情已逐漸趨緩，COVID-19 的重症率也大幅下降。因此歐美及新加坡等國已啟動經濟危機管理的階段，開始調整其防疫政策，改採「與病毒共存」模式，逐漸鬆綁各類防疫相關規範，以期待盡速恢復經濟活動與民眾日常生活。

　　今年 5 月中旬，臺灣爆發本土社區感染而進入防疫第三級警戒，所幸控制得宜，兩個多月間，確診人數從每天超過 500 人，下降至每天個位數，防疫警戒從三級降回二級，此優異的防疫成果再次受到國際社會關注與讚譽。值得一提的是，臺灣在此疫情三級警戒期間，意外地加速了企業數位轉型的進程。

　　臺灣在第一階段的防疫表現突出，健康危機管理成效全球矚目。接下來臺灣必須面對第二階段的經濟危機治理挑戰，也就是在疫情不確定之下，尋求企業成長。

　　過去十年，服務業已是臺灣產業發展的主流，就業人口數占約 6 成的比例，產值是臺灣 GDP 六成以上。其中商業服務業（批發、零售、餐飲、物流）扮演非常重要的角色，其產值和就業人口在 GDP 和總就業人口數中都占有 2 成以上的比例。根據經濟部統計處公布的「110 年 8 月批發、零售及餐飲業營業額統計」顯示，由於臺灣疫情控制得宜，110 年前八個月批發、零售的營業額均創歷年同期新高，餐飲業則受三級警戒禁止內用影響，110 年前八個月的營業額只有 109 年的 9 成。不過，因為疫情趨緩，餐飲重新開放內用，以及經濟部發放好食券、振興五倍券效益的影響，第四季餐飲業營業額預計會迅速大

幅回升。

　　臺灣在 2021 年上半年經濟成長是亞洲四小龍之首，GDP 成長率達 8.34%，高於香港的 7.8%，新加坡的 7.7% 以及韓國的 3.9%。行政院預估 2021 年臺灣經濟總成長率為 5.88%，若加上今年 10 月發行的振興五倍券效益，2021 年全年經濟成長率有機會衝破 6%。臺灣這兩年的經濟表現相當亮眼，充分展現了臺灣企業經營的韌性，與政府防疫紓困、經濟振興措施的成效。

　　COVID-19 疫情爆發以來，不僅衝擊民眾的日常生活起居，也改變了消費者的購買行為，包括：服務消費、工作型態、學習方式、健康醫療等。例如，消費者為了降低到賣場被感染的風險，許多人從原本到店消費轉換成在家線上購物，開啟了巨大的宅經濟商機。雖然線上購物可以隨時隨地「無所不在」地消費，但同時也失去了到實體店面直接體驗產品及購物服務的樂趣。

　　為了解決這項顧客痛點，業者研發出一種可以同時融合現實與虛擬世界的互動技術 XR（延展實境），提供消費者線上購物如身歷其境的沉浸式體驗，從而提高線上購物的服務品質與樂趣。「科技始終來自於人性」的經典廣告詞，正代表著服務科技化的重要性。

　　COVID-19 疫情也改變了消費者的消費信念與價值觀，消費者由享樂主義逐漸轉換成精實消費，大幅降低對奢侈品及精品的需求，直接影響了商家的行銷組合戰略。後疫情時代，過去的消費模式已經難以復返。面對疫情消費的新常態，臺灣企業應該加速數位轉型，提供一個有效率且安全無虞的防疫環境，讓消費者安心進行經濟消費活動，同時善用大數據精準行銷，建立以消費者為中心的無人化與零接觸生態服務系統，擬定全新及永續經營的行銷戰略與創新經營模式，重塑臺灣商業服務業新風貌。

　　《2021 商業服務業年鑑》針對「疫情新常態下的臺灣商業服務業發展」的議題，特別邀請國內學者、智庫與產業界專家分別從直接經濟與虛擬融合、大數據精準服務、人機協作、外送平台、5G 新科技、以及 ESG 綠色永續經營等

六大構面深入探究，在本年鑑「專題篇」中輯成選粹，綴編爲「與疫共存：零售業虛實融合的新常態」、「運用巨量資料（大數據）分析創造精準服務／製造新商機」、「人機協作科技對服務業帶來的機會與挑戰」、「外送平台帶給商業服務業的價值重構與商業模式創新」、「5G結合新科技在服務業的應用與潛在商機」、「ESG浪潮下商業服務業的綠色永續之道」等篇章。

　　《2021商業服務業年鑑》內容延續多年來的主要架構，分爲「總論」、「基礎資訊篇」以及「專題篇」三大主軸，共十三章。除上述「專題篇」六章外，另有「總論」二章，介紹「全球經濟貿易暨服務業發展現況與趨勢」及「我國服務業發展現況與商業發展趨勢」；「基礎資訊篇」五章，除分別就批發服務業、零售服務業、餐飲服務業、物流服務業等四大商業服務業進行現況分析與發展趨勢分析外，今年特別針對臺灣連鎖加盟業的發展概況，進一步剖析。

　　《商業服務業年鑑》由經濟部商業司發行，委託財團法人商業發展研究院編撰，自2010年發行首版以來，已邁入第12年。主要任務在每年盤點我國商業服務產業現況，研析未來產業發展趨勢，同時收錄商業服務業相關動態、政策與數據資料，是提供給國人瞭解商業服務業發展趨勢與掌握產業脈動的經典工具書。

　　《2021商業服務業年鑑》能夠以專業且豐富的樣態順利完成，首先依託於經濟部商業司的大力支持，以及「2021商業服務業年鑑編輯委員會」的各位產官學界專家不吝指導，其次幸運仰仗財團法人商業發展研究院的研究同仁，以及國內各大學、研究機構、產業界專家學者通力合作，爲本年鑑在編撰、選題與審稿上貢獻心力。各界的加持是商業服務業年鑑的榮光，在此致上本人萬分謝意。

編輯委員會召集人　陳厚銘　謹識
2021 年 11 月

Part 1
總　論

General

全球經濟貿易暨服務業發展現況與趨勢

‖ 第一節　前言 ‖

　　2021 年全球經濟正從 2020 年 COVID-19 的衰退谷底復甦，但變種病毒依然肆虐，國際疫苗的生產與施打涵蓋率嚴重不足而且分配極其不均，加上美中貿易戰未止，科技戰卻越打越烈，地緣政治衝突更趨複雜嚴峻，極端氣候又急劇惡化，全球此一世紀變局將何去何從？特就最新經貿發展和服務業發展與趨勢，加以研究分析，並解讀其政策蘊涵。

　　本研究第二節綜觀全球經濟動態與展望。藉蒐集整理世界重要經貿組織之統計預測與全球具權威性之市調資料，研析其動向、現況與未來趨勢。

　　第三節整理分析全球外國直接投資（FDI）信心與國際投資最新動向，以瞭解這一全球化時期最主要的世界經濟驅動力量之發展現況與趨勢，更可洞察全球企業領袖經 2020 年疫情嚴重衝擊後，其思維與決策方式做何改變，用以推測世界經貿、產業供應鏈及國際投資之變動趨勢。

　　第四節探討全球與主要國家之服務業發展動向與趨勢。就長期經濟成長與產業結構的變化，國際貿易與服務貿易發展概況與趨勢，包括電子商務市場發展動向，來研究數位經濟、國際疫情及地緣政治相互激盪的衝擊，在「價值驅動」的新經濟發展模式上，市場導向的「數位轉型」無論製造業或服務業，都因相互融合與互動，而使服務業與經濟發展關係更加密切，深值政府與企業決

策者的重視。

第五節分析研究貿易戰與科技戰最新動態，俾掌握主要國家的全球經濟戰略與領導企業市場布局的最新動態與未來最可能發展。美中（G2）脫鉤及世界新經濟同盟是進行式，在疫情催化出國際「晶片」搶奪戰，先進製程晶片迅速成為國際戰略物資，如此重大變局後續如何，絕對是重之又重的議題。

最後在第六節結語，列舉六大綜合發展趨勢及其政策蘊涵。

‖ 第二節　全球經濟發展動態與展望 ‖

儘管 COVID-19 大流行（pandemic）仍持續以各種變種病毒（variants）的方式威脅人類的健康與生命，此起彼落地阻滯人、貨與服務的移動性，破壞經濟活動與社會生活，但根據國際貨幣基金組織（International Monetary Fund, IMF）於 2021 年 4 月發行的《世界經濟展望》（World Economic Outlook, WEO）的報告，目前世界經濟正走過 2020 年的嚴重衰退步上復甦。2020 年全球經濟成長率為 -3.3%（原預測為 -4.9%）[1]，2021 年可望達到 6%（去年的原預測為 5.4%），預測 2022 年為 4.4%。

國際貨幣基金組織（IMF）研究部門的世界經濟小組特別指出，COVID-19 大流行爆發一年後（Post COVID-19）的全球經濟復甦出奇的分歧（divergent）與不確定性。美國一家全球性的管理諮詢公司科爾尼（A.T.Kearney）的全球商業政策委員會發表的《外國直接投資信心指數》（Foreign Direct Investment Confidence Index）對世界商業及其他重要領袖的調查，亦顯示了此次大流行對直接投資流動的影響可能是長期的，進而衝擊全球的產出與服務商品貿易；同時，對世界不同經濟體的樂觀、悲觀看法差異也是很大。綜合分析說明如下：

註 1 ｜ 表 1-2-1 顯示，2020 年經濟成長衰退，在各經濟體間，除了印度與東協 5 國外，都比原先預測為輕。

〔 014 〕

一、不均衡復甦

（一）各國復甦步調不一，開發中國家間分歧更大

下表 1-2-1 可看出基本上，在 2020 年已開發國家（AEs）經濟成長率 -4.7%，比新興市場（EMs）與開發中國家（EMDEs）的 -2.2% 下降得多。各經濟體之間，其衰退程度只有印度與東協 5 國比原先的預測嚴重。

預測 2021 年及 2022 年經濟成長率 EMDEs（分別是 6.7% 與 5%）也比 AEs（分別是 5.1% 與 3.6%）來得高。但區域與區域之間，國與國之間卻因政府因應政策與能力不同、產業結構及其升級轉型程度差異，以及防疫績效好壞，尤其疫苗涵蓋率高低不一，而使復甦力道與強度有所差別。

在 AE 國家中，預測美國 2021 年的經濟成長率將高達 6.4%，幅度遠超歐元區的 4.4%，也超過日本的 3.3%，英國的 5.3% 與加拿大的 5%。美國全國經濟研究局（NBER）的景氣循環基準日期判定（Business Cycle Dating）委員會於 2020 年 6 月 8 日公布，美國從結束金融海嘯蕭條後出現長達 128 個月的復甦，於 2020 年 2 月觸頂轉衰，但很快地又於今（2021）年 7 月 19 日發布「確定 2020 年 4 月是美國經濟活動的底谷」，亦即此次「大流行」衰退只持續了兩個月，是美國有史以來最短的衰退。委員會也決定，未來任何經濟衰退都將是新的衰退，該決定的依據是迄今為止的復甦持續時間與強度。

在 EMDEs 國家之間的復甦步調與預期分歧更大。中國大陸（含香港）是 EMDEs 間唯一在 2020 年經濟繼續成長的國家，成長率為 2.3%（雖然比已經被列為已開發臺灣的 3.1% 為低）。中國大陸 2021 年與 2022 年分別預期成長 8.4% 與 5.6%（只比印度的 12.5% 與 6.9% 低），遠超過其他 EMDEs 各個經濟體。

疫情後復甦程度的歧異，使各國人民要恢復 2019 年的生活水準快慢不一。IMF 用人均 GDP 做比較，中國大陸已於 2020 年就恢復了，美國亦可望於今（2021）年恢復。然而許多已開發國家要等到 2022 年，而更多新興市場與開發中國家則非等到 2023 年不行。

就比較疫情前所做的預測水準而言，估計 2020-22 年的個人所得累積損失金額，在 EMs 諸經濟體（不含中國大陸時）相當於 2019 年人均 GDP 的兩成；而這在已開發國家只有 11%。這也意謂在 2020 年世界因而多增了 9,500 萬人淪為赤貧（extreme poverty），營養不良的人同時多出了 8,000 萬人。

◆表 1-2-1 全球主要地區國家經濟成長率（2019-2022 年）

[單位：%、＊預測值]

國家／地區 \ 年度	2019	2020*	2020	2021*	2022*
全　　球	2.8	-4.9	-3.3	6.0	4.4
已開發國家（主要）	1.6	-8.0	-4.7	5.1	3.6
美　　國	2.2	-8.0	-3.5	6.4	3.5
歐　元　區	1.3	-10.2	-6.6	4.4	3.8
德　國	0.6	-7.8	-4.9	3.6	3.4
法　國	1.5	-12.5	-8.2	5.8	4.2
義大利	0.3	-12.8	-8.9	4.2	3.6
西班牙	2.0	-12.8	-11.0	6.4	4.7
荷　蘭	1.7		-3.8	3.5	3.0
日　　本	0.3	-5.8	-4.8	3.3	2.5
英　　國	1.4	-10.2	-9.9	5.3	5.1
加　拿　大	1.9	-8.4	-5.4	5.0	4.7
南　　韓	2.0		-1.0	3.6	2.8
臺　　灣	3.0		3.1	4.7	3.0
新興市場與發展中國家	3.6	-3.0	-2.2	6.7	5.0
新興市場與發展中國家 亞洲	5.3		-1.0	8.6	6.0
中　　國	5.8	1.0	2.3	8.4	5.6
印　　度	4.0	-4.5	-8.0	12.5	6.9
東協 5 國	4.8	-2.0	-3.4	4.9	6.1
新興市場與發展中國家 歐洲	2.4		-2.0	4.4	3.9
俄　羅　斯	2.0	-6.6	-3.1	3.8	3.8
拉丁美洲與加勒比海國家	0.2	-9.4	-7.0	4.6	3.1
巴　　西	1.4	-9.1	-4.1	3.7	2.6
墨　西　哥	-0.1	-10.5	-8.2	5.0	3.0
中東與中亞	1.4		-2.9	3.7	3.8
沙烏地阿拉伯	0.3		-4.1	2.9	4.0
撒哈拉沙漠以南非洲	3.2	-3.2	-1.9	3.4	4.0
奈 及 利 亞	2.2		-1.8	2.5	2.3
南　　非	0.2		-7.0	3.1	2.0
中東與北非	0.8	-4.7	-3.4	4.0	3.7
新興市場與中所得國家	3.5		-2.4	6.9	5.0
低所得國家	5.3	-1.0	0.0	4.3	5.2

資料來源：IMF 估計、作者整理自 2021 年 4 月 WEO，《世界經濟展望》，表 1.1 及附表 1.1.1；附表 1.1.2 及
　　　　表 A1 與表 A2 與表 A4。

說　　明：（1）＊代表預測值（2020 預測值見 IMF 2020 年 4 月報告；2021 預測見 2021 年 4 月報告）。（2）
　　　　東協 5 國分別為印尼、馬來西亞、菲律賓、泰國與越南。(3)低所得國家包括中非共和國、甘比亞、
　　　　利比亞、馬拉威、莫三比克……等 14 國。（4）除了印度與東協 5 國以外，表列所有地區與國家在
　　　　2020 年的經濟成長率都優於 IMF 的 WEO 原預測值。

（二）疫情衝擊比金融海嘯輕，發展程度越落後衝擊越大

疫情衝擊不只影響短期也延伸到中期，IMF 比較疫情後與金融海嘯後的第4年情況（這次是指 2024 年），一樣以事件前所做的預測對事件後新做的預測來比較，發現全球經濟受這次大流行的衝擊比金融海嘯那次爲輕，分別爲 -3% 對 -8.6%。但是再進一步就不同發展程度的經濟體來比較，則見這場疫情對較落後國家的影響較爲深遠。

就此次疫情與 2008 金融海嘯做比較，分別以事件發生前後對不同經濟體所做的中期預測來比較其落差程度。整體而言，疫情衝擊比金融海嘯衝擊爲輕。但就不同對象而言，在 AEs 是 -0.8% 對 -10%；EMDEs 是 -4.4% 對 -6.8%；EMs 是 -4.2% 對 -7.1%；而低所得國家是 -4.5% 對 -6.2%。這些前後預測值的落差，在疫情而言，已開發國家是 0.8%，開發中與新興國家平均 4.4%；在金融海嘯而言，已開發國家受影響 10%，開發中與新興國家平均只受到 6.7% 的影響，顯示疫情對已開發國家衝擊相對較小，對開發中與新興國家較大；而金融海嘯情形相反。

疫情性質屬天然災害，是一種經濟變動不規則的干擾；而金融海嘯是經濟長期循環的「危機」現象，兩者不同。疫情衝擊只會影響景氣好壞，但金融海嘯會影響經濟結構與體制的生命週期。疫情衝擊相對落後的國家較大，也意謂著當前國際貧富懸殊問題會更惡化。

（三）影響因應疫情衝擊韌性之因素

國際間後疫情時代的復甦差異顯然是受到下列不同因素的影響：

1. 政府制定政策（tailor policy）能力，財政與金融等紓困措施越有能力與效率者贏。

2. 產業結構對疫情阻滯流動性的應變韌性強者贏。例如數位經濟發達者，無接觸經濟、宅經濟、數位平台電子商務、遠距工作（醫療與教學等）進步者贏。對製造業依賴度高者（尤其配合自動化、無人化工廠的生產）及對旅遊服務業依賴度低者贏。

3. 疫苗施打覆蓋率快而高者，與防疫醫療資源豐富且能力高者贏。不只區域或國際間，在一國之內的人民之間也因類似的理由而使遭受的損失大小與恢復速度快慢而有不同。這些也都會使原來的貧富差距更形惡化。

二、不確定性高

　　未來復甦之路仍充滿險阻與風險。

1. 因變種病毒不斷出現，使疫苗與病毒的對抗賽一再延長。

2. 經濟變動的波動性、複雜性、模糊性、不確定性使各方對政策的立場觀點更見分歧，造成經濟政策與商業決策的紛擾與舉棋不定。例如最近美國消費者物價與國際原物料及晶片等因供不應求而上漲，到底是暫時性（transitory）還是持續性（sticky）的通貨膨脹？長期利率會提高嗎？各方見解不一。各國因應金融危機與疫情衝擊無不採取幾乎無限創造流動性的方式來紓困，長期債務更快速的累積使負債比例迭創歷史新高，股市房市投機風潮趁勢起。再者，變種病毒干擾，疫情再升溫不但會延長勞工重返職場的意願，也促使勞工薪資增長不易停止，使復工對人力的需求平添較高薪資要求的壓力。加上隨著復甦，重要原物料供需相循攀升（尤其已成為戰略物資的晶片），形成「螺旋狀」物價上漲（Inflationary spiral）。種種跡象平添「停滯膨脹」或「泡沫危機」疑慮，備受關注。

3. 數位化已成為世界經濟發展主要驅動力。數位經濟目前已貢獻全球 25% 的 GDP。中國大陸甫宣布其 2020 年數位經濟產值成長了 9.7%，已占名目 GDP 的 38.6%；美國本來就是世界第一大服務出口國，德國一項最新研究更指出，美國企業占全球數位經濟平台 64% 的產值；而亞洲企業只占 31%；歐洲更低，只占 3%。不只因為疫情而帶動遠距工作與數位貿易的發展，早在 2015 年跨境數據流通的價值已首度超越全球商品交易的價值。資通訊（ICT）服務占全球貿易比重持續上升，Tekes 報告更指出「未來十年內，全球經濟創造的價值有半數將來自數位經濟」。但目前不只科技戰方興未艾，地緣政治衝突風險變本加厲，加上國際間正興起「數據在地化」（data localization），或「數位民族主義」之風，尤有甚者，網路駭客勒索事件頻傳，引發印太聯盟與歐盟共同跟中俄兩國的齟齬對峙。這些阻礙數據流通，甚或破壞國際數位市場秩序與安全的問題，亟待透過對話合作，共同制定新規範與確實執行來化解。

4. 極端氣候引起的世界大型洪水、旱災與野火接連發生，解決氣候變遷問題的國際協議卻久久未見具體方案。

5. 以上諸多不確定因素，連帶影響跨國企業領袖的外國直接投資（FDI）判斷

與決策，使近 30 年來影響全球化經濟發展的主要動能，一樣充滿不確定性，將進一步在下節分析。

‖ 第三節　全球 FDI 信心指數與國際投資動向 ‖

一、全球與主要國家外國直接投資發展現況

（一）2020 年 FDI 流入暴跌，中國大陸首度超美，歐盟是重災區，投資目的地集中化

2020 年 COVID-19 爆發，全球外國直接投資（FDI）流入量下降為 1 兆 105 億 2 千萬美元，比 2019 年減少 34%。這是繼 2019 年下降 12.3% 後的更大跌幅，甚至比 2017 年的 21.5% 跌幅還大。若以區域別觀察，其中流入 OECD 減少 51%，為 3,890 億美元，是 2005 年以來最低的數字，只占全球總流入的 38%，遠低於 2019 年的 52%，或 2018 年的 58%；流入 G20 減少 27.8%，為 6,940 億美元；但流入歐盟 27 國卻減少了 70%，為 1,124 億美元。

2020 年全球 FDI 總流入量僅占 GDP 的 1.2%，是 20 年來的最低水準，投資目的地也產生明顯變化。就各國比較，流入中國大陸增加了 13.5%，為 2,124 億 76 百萬美元，位居世界第 1。美國則退居第 2，從 2019 年的 2,820 億 53 百萬美元減為 1,770 億 93 百萬美元，降幅高達 37.2%。

美中兩國的 FDI 流入合計占全球總流入比，也從 2019 年的 32.2% 提高為 35.3%。同時，2020 年前 10 名國家占比也提高為 62.6%，而這 10 國在 2019 年占比只有 51.8%。FDI 流入更明顯趨於集中少數優勢地區（以上相關數據，如下表 1-3-1 所示）。

（二）FDI 流量長期衰退與流向轉型形成轉折點考驗

顯見疫情正改變世界投資領袖的某種思維，而激發了產業結構與投資環境異化對投資決策的影響，且越見區域集中化的投資趨勢，不只會使惡化中的國際發展差距更行惡化，也會對世界經濟安定局勢之恢復平添複雜性。

◆表 1-3-1 全球與主要國家國外直接投資流量（2017-2020 年）

[單位：十億美元]

流向 年度 地區	FDI 流出（Outflows）				FDI 流入（Inflows）			
	2017	2018	2019	2020	2017	2018	2019	2020
全 球	1618.2	880.6	1183.5	681.1	1714.9	1745.2	1530.5	1010.5
OECD	1172	546.9	825	425.2	978.7	1017.5	791	388.8
G20	1167.3	567.8	883.6	500.3	978.1	1014.6	960.7	694
中 國	138.3	143	136.9	109.9	166.1	235.4	187.2	212.5
美 國	353.4	-169.3	119	118	315	243.4	282.1	177.1
歐盟 27 國	349.9	326.2	386.1	87.1	312.6	567.5	375.4	112.4
印 度	11.1	11.4	13.1	11.6	40	42.1	50.6	64.4
盧森堡	11	-7.2	34.5	126.8	-23.2	-76.4	14.8	62
德 國	86.3	86.2	139.3	34.9	48.5	62	54.1	35.6
愛爾蘭	-2.04	9.6	-16.6	-49.4	52.7	232.7	81.1	33.3
墨西哥	4	8.4	11	6.5	34.2	33.7	34.1	29.1
瑞 典	27.4	17.8	15.6	31	15.9	4.2	10.1	26.1
巴 西	19	-16.3	19	-25.8	66.6	59.8	65.4	24.8
以色列	7.6	6.1	8.6	5.9	16.9	21.5	19	24.8
日 本	164.6	143.1	226.6	115.7	9.4	9.3	14.5	10.3
英 國	142.4	41.4	-6.1	-33.4	96.4	65.3	45.4	19.7
法 國	35.9	105.6	38.7	44.1	24.8	38.2	34	18
荷 蘭	43.5	-12.8	74.9	-157.4	41	120.2	42.2	-112.1
義大利	24.5	32.8	19.8	10.3	24	37.7	18.1	-0.4
韓 國	51	45.2	35.2	32.5	12.7	13.3	9.6	9.2
印 尼	2.1	8.1	3.4	4.5	20.6	20.6	23.9	18.6
加拿大	76.2	57.4	78.9	48.7	22.7	38.2	47.8	23.8
台 灣	11.6	18.1	11.8	14.3	3.4	7.1	8.2	8.8

資料來源：摘自 OECD；2021 年 4 月《FDI IN FIGURES》。

說　　明：（1）盧森堡、美國與日本是最大的 FDI 流出國。（2）中國大陸取代美國成為最大 FDI 流入國。美國、印度、盧森堡緊跟其後。（3）FDI 流入量下降最多的是愛爾蘭（478 億元），英國（260 億元），加拿大（240 億元）。（4）臺灣數據取材自 UNCTAD：WIR2021_tab02。（5）UNCTAD：WIR 2021 年 6 月 21 日公布的 2020 年全球 FDI 總流入量為 9,988.91 億美元。

鑑於 2007-2008 年全球金融危機（GFC, Global financial crisis）結束了以「2F」（Fiat money 與 FDI）[2] 為特徵的新自由主義長期繁榮，接著雖然呈現

註 2　「雷根經濟學」標榜以減稅促進投資的「供給面改革」，實際上是大量發行貨幣，增加國防支出，也提供企業到外國投資的資金需求。在 2000 年科技泡沫與 2008 金融泡沫危機發生後，被諧稱為「債務驅動」（Debt driven）經濟。

歷史最長的復甦，實際上卻處於一種於 2015 年被宣稱「新平庸經濟」（New mediocre economy）的低度均衡狀態，從此經濟成長與外國直接投資明顯地相伴下行。

FDI 是近 40 年來促成世界經濟全球化，讓世界脫離 1970 年代石油危機「停滯性膨脹」痛苦深淵，而走入 1982-2007 年長期「繁榮」（boom；也有學者特別為它命名為 great moderation，大穩健）的核心驅動力。疫情突然放大凸顯了新自由主義（Neoliberalism）發展模式生命週期結束的徵兆，那麼世界市場要持續擴大升級演化，仍然不能或缺的國際資本移動規模與模式，又將何去何從呢？下文將從世界企業領袖的外國直接投資意向與思維變動加以探索。

二、國外直接投資信心指數（FDICI）的最新動向

（一）FDI 信心指數與 FDI 流量具有「流向」關聯

科爾尼「外國直接投資（FDI）」信心指數是一項針對全球企業高層的年度調查。自 1998 年第一份報告發表以來，被認為「在 FDI 信心指數上排名的國家與隨後幾年實際 FDI 流量的主要目的地密切相關。因此，在宏觀層面，FDI 信心指數是一個相對合理的預測未來 3 年 FDI 流向的指標。」然而，它並非是與 FDI 流量一對一比較。因為分析單位不同，FDICI 衡量的是公司對市場的計劃投資，而不是其投資的規模。也許一家公司的大筆投資可以超過許多公司的小筆投資。何況，投資的意圖也可能因潛在東道國市場的經濟或政治發展，或其優質目標和項目的實際可用性等因素而改變。

2021 年最新 FDICI 調查顯示，只有 57% 的投資者對 3 年全球經濟前景持樂觀看法，遠低於去年的 72%（去年調查時正是大流行之前和爆發時，通常企業決策一定會把各種天然或流行病的災難風險評估進去的，但事實上去年 FDI 流量卻形同崩潰局面，可見疫情爆發後的快速蔓延造成人流、物流急速被阻斷，著實令投資者措手不及）。同時除了信心下降外，前 25 名經濟體的大部分總體得分都比往年降低。

下表 1-3-2 顯示只有排名 15 名以後的阿聯酋、葡萄牙、挪威、奧地利與丹麥等 5 個國家信心度得分略為上升。再看圖 1-3-1，這次前 25 名經濟體的總得分（平均）1.83，比去年的 1.87 下降。就滿分是 3 分來看，今年得分超過 2 的也只有前 3 名，比去年的 6 名少了一半，而且得分都下降。最近 8 年的總平

均得分都不到 2，似乎與 2015 年來被稱為「新平庸經濟」之歷年外國投資流量的每下愈況，及經濟成長的遲滯不前有微妙關聯。

◆表 1-3-2 科爾尼 FDI 信心指數排名（2021 年 VS. 2020 年）

排序 年 國別	2021		2020	
	排名	得分	排名	得分
美國	1	2.17（－）	1	2.26
加拿大	2	2.1（－）	2	2.2
德國	3	2.07（－）	3	2.15
英國	4（＋）	1.99（－）	6	2.06
日本	5（－）	1.98（－）	4	2.14
法國	6（－）	1.95（－）	5	2.09
澳大利亞	7	1.9（－）	7	1.98
義大利	8（＋）	1.88（－）	9	1.94
西班牙	9（＋）	1.86（－）	11	1.88
瑞士	10	1.86（－）	10	1.89
荷蘭	11（＋）	1.82（－）	14	1.85
中國（含香港）	12（－）	1.81（－）	8	1.95
紐西蘭	13	1.78（－）	13	1.85
瑞典	14（＋）	1.77（－）	15	1.81
阿聯酋	15（＋）	1.77（＋）	19	1.69
新加坡	16（－）	1.77（－）	12	1.87
比利時	17（－）	1.74（－）	16	1.75
挪威	18（＋）	1.73（＋）	24	1.65
奧地利	19（＋）	1.72（＋）	--	--
葡萄牙	20（＋）	1.71（＋）	21	1.67
韓國	21（－）	1.71（－）	17	1.72
丹麥	22（－）	1.7（＋）	20	1.69
愛爾蘭	23（－）	1.66（－）	18	1.69
巴西	24（－）	1.64（－）	22	1.65
芬蘭	25（－）	1.63（－）	23	1.65
臺灣	--		25	1.62
平均得分	1.83（－）		1.87	

資料來源：Kearney：FDI 信心指數報告 2021 年與 2020 年圖 2。

說　　明：（1）2021 年排名後「＋」或「－」符號代表比 2020 年「進步」或「退步」。（2）2021 年得分後「＋」或「－」符號代表比 2020 年的分數「提高」或「降低」。（3）臺灣於 2020 年排名第 25，2021 年未入圍；奧地利於 2020 年未入圍，2021 年晉升第 19 名。

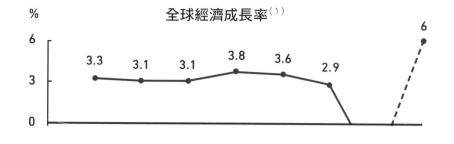

全球經濟成長率[1]

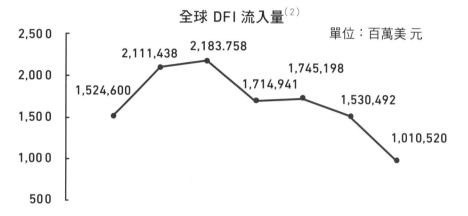

全球 DFI 流入量[2]

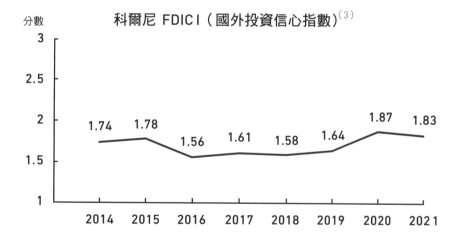

科爾尼 FDICI（國外投資信心指數）[3]

資料來源：（1）全球經濟成長率：IMF《世界經濟展望》2021 年 4 月。（2）全球 FDI 流入量：經濟合作暨發展組織（OECD）《FDI IN FIGURES》，2021 年 4 月。整理自聯合國貿易和發展會議（UNCTD）的《2021 世界投資報告》。（3）科爾尼（A.T. Kearney）全球商業政策委員會研究報告《2021 年 FDI 信心指數》及作者的整理計算。

說　　明：科爾尼向世界重要企業領袖調查其對各國 FDI 投資信心的評分，每人對各國給分，最高 3 分，最低 1 分，再加總平均排序出得分最高的前 25 國（這裡除以做答人數）。作者將每年這 25 國的總得分做比較（這裡除以 25），可看出每年全球企業領袖們對 FDI 投資信心的變化，各國得分高低變化亦可供國際投資「流向」的參考。

◆圖 1-3-1 全球經濟成長率、FDI 流入量與科爾尼 FDI 信心指數變動比較（2014-2021 年）

（二）2021 年 FDICI 的政府治理與市場決策意涵

儘管 2020 年疫情對全球經濟與金融帶來空前嚴重的衝擊，但投資者仍然相信未來三年外國投資是促進企業盈利能力和競爭力的一貫看法。2020 年的 FDI 暴跌應不會成為全球經濟的永久性特徵。

2021 年 FDICI 顯示，已開發國家連續第三年保持有史以來最高的份額，新興市場則持續疲軟。這在投資者強調技術、治理與宏觀經濟必須穩定的條件下，儘管中國大陸仍然是該指數中最高的新興市場，但在前 25 名內的排序已從去年的第八降為第十二（參見表 1-3-2）。同一調查問及被訪者在對同一國家（投資目的地）評價其未來三年前景時，今年比去年是更樂觀還是更悲觀？結果將各國得分以樂觀與悲觀的淨值大小排序，中國大陸也巧合地排名第十二（參見表 1-3-3）。這一結果明顯違反了對中國大陸經濟於去年領先其他經濟體迅速復甦的直覺，卻也不無可能是反映了對美中貿易緊張局勢的擔憂，以及對國際供應鏈的更廣泛重新思考。尤其當許多投資者特別強調數據已是他們產生收入的一大部分時，像中國大陸那般的「數據民族主義」，其所造成的 FDI 成本與營運阻礙，不得不令人疑慮，很值得我們進一步就投資者設定投資條件的標準與考慮因素做探察。

◆表 1-3-3 25 國經濟前景評價為更樂觀度排序（2021 年）

	更樂觀	更悲觀	淨值
#1 日本	47	-12	35
#2 德國	46	-11	35
#3 加拿大	43	-12	31
#4 瑞士	39	-9	30
#5 阿聯酋	42	-14	28
#6 澳洲	41	-13	28
#7 南韓	41	-14	27
#8 紐西蘭	39	-12	27
#9 法國	39	-13	26
#10 新加坡	39	-13	26
#11 瑞典	37	-12	25
#12 中國（含香港）	38	-15	23

	更樂觀	更悲觀	淨值
#13 西班牙	36	-13	23
#14 英國	40	-19	21
#15 荷蘭	33	-12	21
#16 挪威	33	-12	21
#17 比利時	33	-14	19
#18 丹麥	33	-14	19
#19 奧地利	32	-14	18
#20 美國	35	-18	17
#21 義大利	33	-16	17
#22 芬蘭	30	-13	17
#23 葡萄牙	31	-15	16
#24 愛爾蘭	29	-14	15
#25 巴西	30	-21	9

資料來源：Kearney《2021 年 FDICI（信心指數）調查報告》圖 3。
說　　明：世界企業領袖們被問及他們對各國未來 3 年經濟前景的看法，於今年比去年做了如何的改變？依較樂觀、持平、較悲觀勾選。再比較各國得得分分配，選出樂觀淨值最高的前 25 名。

（三）企業領袖衡量 FDI 投資標準的重要因素

首先，我們發現在投資者所考慮對公司投資標準最重要的因素中，獲得 10% 以上圈選的計有 12 項，其中又有 7 項屬於治理與監管（Governance and regulatory）因素；另 5 項屬於市場資產與基礎建設（Market assets and infrastructure）因素。

前 7 項包括排名第一的稅率與納稅便利性、司法與監管程序的效率、政府監管的透明與清廉、對投資者與財產權的強力保障、政府給的投資誘因、資本易於移入移出、一般性的環境安全；另 5 項分別為排名第二的技術創新能力、排名第三的研發能力及勞動成本、國內市場規模與數位基礎建設的品質。接著才是政府參與區域或雙邊貿易協議、國內市場的金融資本供給、勞動市場的人才與技術水平、實體基礎建設的品質、國內經濟表現、原物料與投入的提供與房地產的供應等（參見 Kearney：《2021FDICI》研究報告全報告圖 4）。

（四）企業領袖最擔心未來可能會發生的事

宏觀環境備受矚目，FDICI調查顯示，投資者認為來年最有可能出現的風險與發展已確切地反映了對新興市場的低度信心。今年投資者指出大宗商品價格上漲是最大的風險，其次就是地緣政治緊張局勢的加劇，和新興市場經濟危機。

FDICI調查顯示2021年被訪者認為最可能發生的發展排序是：

1. 物價上漲（32%）
2. 地緣政治緊張的提高（31%）
3. 新興市場的經濟危機（31%）
4. 已開發市場的政治不穩定（29%）
5. 已開發市場的經濟危機（27%），這一項比去年低（去年是31%）
6. 新興市場的政治不安（26%）
7. 新興市場的商業監管環境趨嚴（25%）
8. 已開發市場的商業監管環境趨嚴（25%）
9. 價格下跌（17%）
10. 地緣政治緊張趨緩（16%）（參見 Kearney：2021FDICI 研究報告圖6）

這些投資標準對照 FDI 信心指數，不謀而合地反映了當前各國各地投資環境條件與現況。當然也可做為一國政府與民間要如何才能吸引外資的參考，更不失為觀察世界經濟前景可能動向的指南。

觀察相關的流量預測，投資者（例如 Kearney 調查）與專家都預測全球在2021年會有部分恢復，但不約而同指出不確定性猶然存在。在2020年嚴重下降了58%的已開發市場，主要因有強勁的跨境併購，UNCTAD 預測2021年將有20%以上的復甦（參見 UNCTAD：2012年6月21日《世界投資報告》）。

外國直接投資發展與跨國公司等投資者的決策思維不只影響世界經濟成長，亦對世界經濟與產業結構產生重大深遠的變化。尤其在疫情衝擊、地緣政治衝突、科技爭霸戰與數位經濟發展落差等相互激盪下，國際投資布局與數位貿易演化更導致「綠地投資」（greenfield investment）在投資件數與流量走勢趨下，進一步發生「位移」與「轉型」雙層作用，直接對世界與各國三級產業結構造成量變與質變，下節對此做進一步的探索。

‖ 第四節　全球與主要國家服務業發展動向與趨勢 ‖

一、經濟成長與產業結構變化

（一）服務業是衡量經濟發展程度的重要指標

服務業比重隨著經濟發展而不斷上升是公認的規律。生產性服務業的發展速度與品質，直接影響製造業的發展趨勢。它的發展促進了經濟分工專業化，可進一步對製造業向價值鏈中高端提供更多專業的服務支持。金融業為代表的現代服務業增強了對經濟的支撐作用，不只為經濟發展提供資產賦能，也可為人們的生活養老提供財富保障，為科技突破提供支持力量。大健康產業、非金融服務業，尤其知識密集服務業一直升級深化，使三級產業間發揮互動與融合作用，包括當今製造業與服務業同時展開的「數位轉型」更是後全球化時代，突破傳統經濟生態系瓶頸，在整體生產力與經濟資源配置效率上，不可或缺的「價值驅動」（value driven）模式與力量。追求永續性企業經營所樹立的 ESG（環境、社會、公司治理）標竿，若能普遍與落實，一樣有促進服務業發達的功能，反饋到企業經營外在風險的降低與經營環境的進步，進而促進經濟與社會更健全的發展。

服務業附加價值占 GDP 的比重與 GDP 增加的趨勢長期同向上升，而且服務業的範疇與規模也代表著不同的經濟發展階段意義。例如，新數位經濟時代各種跨境跨域的數位服務產業也革命性地應運而生。何況，基本上服務業需要的中間投入較少，本就具有較高的附加價值優勢。

下表 1-4-1 簡單看出 2019 年已開發市場的服務業 GDP 占比、就業人口占比與出口占比，都比開發中市場來得高。而且比較 2014 年到 2019 年間的服務與商品出口成長率，無論已開發或開發中市場，服務出口的成長率都比商品出口高，意味著不論已開發或開發中市場，在追求經濟成長或升級過程中都可看到服務比商品成長更快。反之，則成為「逆服務業化」，是不同經濟部門出現結構性生產力差異的「雙元經濟」（dual economy）惡化現象。另外，在開發中市場的服務出口成長率高於已開發市場，這跟已開發市場的服務業 GDP 占比與服務出口占比都比開發中市場來得高是相同的道理，已開發市場服務業發

展水平高，但開發中市場成長速度快。

◆表 1-4-1 世界服務業發展指標占比與成長率（2019 年）

指標	2019 年服務業占比（%）			出口成長率（CAGR%）2014~2019		
區域	GDP	就業人口	出口	服務	商品	服務減商品
全球	68	50	24			
已開發市場	75	73	29	2.9	0.1	1.9
開發中市場	58	45	18	3.9	-0.1	4
已開發市場比 開發中市場	17	28	11	-1	0.2	

資料來源：UNCTAD：「世界投資報告」；《出口服務的附加價值：發展政策》2021 年 5 月 7 日及作者整理。

（二）疫情衝擊複雜化，各國貿易服務業化進程懸殊

　　從下表 1-4-2，2020 年主要國家經濟成長率與產業結構變動做比較，發現各國工業與服務業成長率受衝擊程度不一。有的工業衰退得比服務業嚴重，有的剛好相反，服務業衰退得多。這跟原來的產業底蘊深淺有關，也跟疫情嚴重程度有關。

　　原來經濟發展型態較依賴服務業者，尤其觀光服務業大國，受到疫情打擊就十分嚴重。原來醫療產業發達，醫療資源豐富與分配又平均者，防疫抗毒的韌性就較強。原來數位科技與數位經濟發達者，因應病毒侵害的防護與復甦韌性就較高。例如，低接觸或無接觸市場應運而生，宅經濟迅速崛起，那麼經濟韌性就較強。

　　若疫情嚴重者讓生產線停擺，供應鏈阻斷，不是工業與服務業同見嚴重衰退，就是工業（製造業）衰退得比服務業嚴重，基本原理是移動性與替代移動性的恢復彈性大小有關。若移動性遭受破壞較嚴重，替代移動性又闕如，那麼經濟破壞性就大，防護力與復甦力就小。當然這其中，政府防疫抗衰的制定政策（tailor policy）能力與執行力亦十分有關。

　　主要國家之中，工業與服務業同見成長而經濟未見衰退者屈指可數，越南、臺灣與中國大陸即是，其經濟成長率分別是 3.1%、2.4% 與 1.9%（這是經濟學人資料庫的數據。臺灣政府 2021 年 2 月 24 日公布的是 3.11%）。

經濟衰退 9% 以上者有英國（-11.3%）、法國（-9.2%）、義大利（-9.1%）、西班牙（-11.4%）、菲律賓（-9.3%）。

◆表 1-4-2 主要國家經濟成長率與產業結構變動（2020 年）

[單位：%]

國別＼指標	經濟成長率		工業成長率	服務業成長率	工業占 GDP	服務業占 GDP
	GDP	人均 GDP				
美　國	-3.7	-4.3	-9.0	-2.5	17.2	81.9
中　國	1.9	1.6	2.2	1.4	38.9	53.9
日　本	-5.3	-5.0	-6.2	-5.0	29.1	69.6
英　國	-11.3	-11.8	-6.0	-12.7	21.2	78.1
加拿大	-5.8	-6.6	-8.7	-5.0	26.4	71.2
法　國	-9.2	-9.4	-12.0	-8.7	18.7	79.2
德　國	-5.4	-5.4	-9.9	-3.5	28.3	70.9
義大利	-9.1	-9.0	-13.0	-8.1	22.8	74.8
荷　蘭	-4.4	-4.8	-6.0	-4.1	17.4	70.0
西班牙	-11.4	-11.4	-11.0	-12.1	22.7	74.0
瑞　士	-3.0	-3.7	-2.0	-3.4	25.6	73.7
印　度	-7.9	-8.8	-7.7	-8.8	27.5	45.3
印　尼	-2.2	-3.0	-2.0	-3.7	40.5	45.6
馬來西亞	-5.3	-6.5	-7.0	-4.8	35.4	57.0
泰　國	-6.1	-6.3	-7.0	-6.3	34.8	55.5
越　南	3.1	2.2	4.0	3.0	34.8	41.6
菲律賓	-9.3	-10.6	-4.8	-13.3	31.7	58.4
南　韓	-1.1	-1.2	-1.8	-0.8	35.6	62.6
臺　灣	2.4	2.3	5.3	0.6	37.3	61.0
新加坡	-6.0	-5.7	0	-8.2	27.7	72.3
巴　西	-4.5	-5.2	-7.0	-4.4	19.4	73.7
墨西哥	-8.9	-9.8	-7.0	-13.5	33.5	62.5
澳大利亞	-2.9	-4.0	-1.5	-3.5	27.8	69.3
紐西蘭	-5.7	-6.8	-3.6	-10.5	21.9	69.9
沙烏地阿拉伯	-4.2	-6.4	-4.4	-3.9	47.0	50.7
南　非	-7.2	-8.4	-15.2	-4.7	26.4	71.1

資料來源：《經濟學人》World in Figures 2021 及作者之整理。

經濟衰退 5% 以上者有日本（-5.3%）、加拿大（-5.8%）、德國（-5.4%）、印度（-7.9%）、馬來西亞（-5.3%）、泰國（-6.1%）、新加坡（-6%）、墨西哥（-8.9%）、紐西蘭（-5.7%）與南非（-7.2%）。

經濟衰退 5% 以下者有美國（-3.7%）、荷蘭（-4.4%）、瑞士（-3%）、印尼（-2.2%）、韓國（-1.1%）、巴西（-4.5%）、澳大利亞（-2.9%）、沙烏地阿拉伯（-4.2%）。其中美國雖疫情極其嚴重，但數位經濟底蘊深厚，又政府制定政策能力強，在 2020 年初遭逢直線下墜式的衰退，又馬上呈現 V 型復甦，已經由 NBER 正式認定此次是歷史上最短的衰退，經濟緊縮期只有 2 個月。

由下表 1-4-3 可知，在 2020 年服務業附加價值占 GDP 比例比 2019 年明顯下降者有俄羅斯（-4.5）、印度（-4.6）與泰國（-2.8）。

仍有明顯提高者有美國（+4.6）、英國（+1.9）、澳大利亞（+3.3）、南非（+10）、馬來西亞（+2.8）。

◆表 1-4-3 主要國家服務業附加價值占 GDP 比例（2015-2020 年）

[單位：%]

年度 國家別	2015	2016	2017	2018	2019	2020
美　國	76.8	77.5	77.2	76.9	77.3	81.9
中　國	50.8	52.4	52.7	53.3	54.3	54.5
日　本	69.3	69.4	69	69.3		69.6
德　國	62.2	61.8	61.8	62.1	62.6	63.6
法　國	70.2	70.5	70.3	70.2	70.2	71
義大利	67	66.7	66.4	66.3	66.4	66.8
英　國	70.1	70.7	70.4	71	70.9	72.8
加拿大	66.7	68	67.1			71.2
澳大利亞	67.3	68.3	67	66.7	66	69.3
紐西蘭	65.8	65.6	65.2	65.5		69.9
巴　西	62.3	63.2	63.1			71.2
俄羅斯	56.1	56.8	56.3	53.5	54	49.5
沙烏地阿拉伯	51.9	54	51.6	48.4	50	50.7
南　非	61.4	61	61.5	61	61.2	71.1
印　度	47.8	47.8	48.5	48.8	49.9	45.3
印　尼	43.3	43.6	43.6	43.4	44.2	45.6
泰　國	54.9	55.8	56.4	57.1	58.3	55.5
馬來西亞	51.2	51.7	51	53	54.2	57
南　韓	55.6	55.4	54.9	55.7	57.1	57
荷　蘭	70.1	70.2	70.1	70	69.8	69.6

資料來源：（1）整理自 IMF, WEO，2021 年 4 月。（2）2020 年資料整理自《Economist：World in Figures》。（3）2019 年整理自快易數據。

説　　明：2020 年資料為服務業 GDP 占全國 GDP 的比例。

二、國際貿易與服務貿易發展概況與趨勢

（一）WTO 宣布疫後世界貿易強勁復甦，但仍失均衡與確定性

世界貿易組織（WTO）於 2021 年 4 月 26 日發布，估計 2021 年商品貿易量在去年因疫情重創而下降 5.3%[3] 後將回升 8%。同時預測 2022 年將再有 4% 的成長，唯屆時貿易量仍難恢復大流行前的水準。

若以貿易金額計，在 2020 年下降 3.8%，預測 2021 與 2022 年將分別有 5.1% 與 3.8% 的成長。其中，名目商品貿易在 2020 年下降了 8%，而商業服務出口下降了 20%。

由於石油價格下跌導致燃料貿易於 2020 年下降了 35%，旅遊服務更下降了 63%，接著要看大流行是否減弱，否則無法期待完全的復甦，尤其變種病毒正肆虐，更平添變數。因此疫苗的生產與分配將是決定經濟好壞的關鍵因素。若疫情不止，遠距工作會提振電子產品等部門的貿易，而邊境封鎖打擊旅遊與運輸服務，是必然之事。

可見後疫情的世界貿易雖已明顯復甦，可是前景仍具相當不確定性。因此，開放的市場與暢通的貿易再被特別呼籲，因為這不只會使世界經濟復甦，更可以使疫苗的生產與分配公平地普及於全世界[4]。

從下表 1-4-4 各經濟體或地區的復甦步調與預測走勢，可看到榮枯不一的失衡狀況。一般而言，2020 年衰退得深者，2021 與 2022 年就見復甦得快。例如，商品出口量下降超過 8% 的北美、歐洲、非洲、中東，預期 2021 年的復甦都在 8% 左右，中東較特別，預測有 12.4% 的成長。唯一特別的是亞洲，2020 年仍微微成長了 0.3%，2021 年卻一樣有高達 8.4% 的成長。

COVID-19 對世界商業服務貿易的衝擊更是激烈。下表 1-4-5 可看出 2020 年各季商業服務、運輸、旅遊、商品有關的服務、其他商業服務的變動等五項，皆見衰退，各項四季平均分別下降了 19.5%、18.3%、61.8%、12.8%、2.3%。其中以旅遊最受重創，各季分別衰退了 25%、82%、69%、71%。

註 3　拜貿易景氣 2020 年第二季就走出底谷，使這 5.3% 的下降比原先預期下降 9.2% 來得小很多。

註 4　2021 年 3 月 31 日，在 WTO 記者會上，總幹事 Ngozi Okonjo-lweala 做了分析與呼籲。

◆表 1-4-4 世界商品貿易量（2017-2022ᵃ 年）

[單位：年成長率 %]

	2017	2018	2019	2020	2021ᵃ	2022ᵃ
世界商品貿易量 b	4.9	3.2	0.2	-5.3	8.0	4.0
出口						
北美	3.4	3.8	0.3	-8.5	7.7	5.1
南美ᶜ	2.3	0.0	-2.2	-4.5	3.2	2.7
歐洲	4.1	1.9	0.6	-8.0	8.3	3.9
CISd	3.9	4.1	-0.3	-3.9	4.4	1.9
非洲	4.7	2.7	-0.5	-8.1	8.1	3.0
中東	-2.1	4.7	-2.5	-8.2	12.4	5.0
亞洲	6.7	3.8	0.8	0.3	8.4	3.5
進口						
北美	4.4	5.1	-0.6	-6.1	11.4	4.9
南美ᶜ	4.5	5.4	-2.6	-9.3	8.1	3.7
歐洲	3.9	1.9	0.3	-7.6	8.4	3.7
CISd	14.0	4.1	8.5	-4.7	5.7	2.7
非洲	-1.7	5.4	2.6	-8.8	5.5	4.0
中東	1.1	-4.1	0.8	-11.3	7.2	4.5
亞洲	8.4	5.0	-0.5	-1.2	5.7	4.4

資料來源：WTO. World for trade。
說　　明：a.2021 與 2022 是預測值。b. 出口與進口的平均。c. 包括中南美與加勒比海。d.CIS：獨立國家國協。

◆表 1-4-5 世界商業服務貿易值（2020 年）

[2020 Q1-2020 Q4 美元計價的年變動率、%]

	Q1	Q2	Q3	Q4
商業服務	-7	-28	-24	-19
運　輸	-7	-29	-24	-13
旅　遊	-25	-82	-69	-71
商品有關的服務	-8	-22	-15	-6
其他商業服務	0	-6	-1	-2

資料來源：WTO-UNCTAD-ITC 估計。截錄自 2021 年 3 月 31 日 WTO 記者會新聞稿圖 5。

（二）全球化時代貿易發展更是國際競爭力的重要指標

　　目前世界兩大經濟體是美國與中國大陸。美國是服務貿易出口大國；中國大陸做爲世界製造工廠，則是商品貿易出口大國。世界整體的供應鏈，甚至生態系的運作，需各國互通有無，才能因交換而促進國際分工精細化，提高生產效率，擴大市場規模。以生產力或天然資源因素的比較利益優勢競爭結果，

長期也造成國家財富的累積或耗損，一國的貿易順差是他貿易對手國的逆差。市場開放程度的大小落差與貿易長期順逆差，便形成國力與國富的強弱貧富差距。

　　下表 1-4-6 陳列出各經濟體於 2010 到 2019 年的商品進出口與服務進出口的成長率。我們試著以世界平均變動率來做為各國共同的簡單比較，以觀察各國國際貿易競爭力的大小強弱。

　　在商品出口方面，2010-2019 年全球平均是 2.7%。高於此標準的主要經濟體有北美、加拿大、美國、亞洲、澳大利亞、中國、印度、東亞等經濟體。商品進口方面，世界平均也是 2.7%。超出此標準的經濟體有北美、美國、亞洲、中國、印度與東亞等經濟體。

◆表 1-4-6 世界商品與服務貿易成長率（2010-2019 年）

[單位：年成長率 %]

地區	商品出口		商品進口		服務出口		服務進口	
	2010-2019	2019	2010-2019	2019	2010-2019	2019	2010-2019	2019
世　界	2.7	-0.1	2.7	-0.2	5	2	5	2
北　美	3.3	1.0	3.1	-0.4	5	2	3	3
加拿大	3.4	2.4	2.5	1.3	3	1	2	0
美　國	2.6	-0.3	3.1	-2.1	5	2	4	5
歐　洲	2.1	0.1	1.7	0.5	5	2	5	5
歐　盟	2.1	0.1	1.7	0.1	5	2	5	5
英　國	0.4	-2.6	0.8	5.2	4	2	5	8
瑞　士	1.3	-0.5	1.1	-0.6	—	—	—	—
俄羅斯	—	—	—	—	3	-3	3	5
非　洲	-0.2	0.6	2.4	0.7	3	3	2	3
中　東	1.5	-6.5	1.9	-0.2	—	4	—	-2
以色列	—	—	—	—	9	11	6	3
亞　洲	3.8	0.9	4.0	-0.6	—	3	—	-1
澳大利亞	3.4	0.7	2.6	-1.4	—	—	—	—
中　國	4.8	1.9	4.5	0.0	—	4	—	-5
印　度	4.4	2.8	4.7	-2.0	—	—	—	—
日　本	1.0	-2.0	2.1	0.3	—	—	—	—
東亞（1）	3.1	-0.8	3.0	-1.9	—	—	—	—
新加坡	—	—	—	—	8	1	8	-1

資料來源：WTO《世界貿易統計表》第六章表 A2 與 A3。
說　　明：包括香港、中國、馬來西亞、韓國、新加坡、臺灣。

服務出口方面，世界平均是 5%，大於或等於這標準者有北美、美國、歐洲、歐盟、以色列、新加坡。在服務進口方面，世界平均也是 5%，超出或等於此一標準的經濟體有歐洲、歐盟、英國、以色列、新加坡。

　　貿易成長率，甚至進出口相對成長率的落差長期存在於特定的經濟體之間，亦明顯揭櫫世界經濟發展失衡的事實，富者越富，窮者越窮；強者越強，弱者越弱，隱含國際社會不安的因素，長此下去必然危害世界的和平穩定與永續發展。

　　當然，像日本在各指標的成長率都小於世界平均成長率，但它本來就是貿易大國，只看十年期間，或許還不眞正影響其國際貿易地位。但不進則退，開發中國家，總是會參與國際市場與經濟博弈，以吸收資金，學得技術，促進生產力，來向已開發國家迎頭趕上。

　　再比較各經濟體 2019 年與 2010-2019 年平均成長率，發現大多數的經濟體都有降低情形，也可印證自 2015 年以來，世界走入長期成長遲緩的「新平庸經濟」時代，國際貿易發展活力明顯不如以往（只看一年也可能是受短期景氣循環緊縮期的影響，亦應注意）。

三、電商市場發展概況與動向

（一）疫情激發電商市場蓬勃發展，國際數位落差（Digital divide）擴大

　　疫情大流行，各國封城封界，迫使消費者居家工作、上班或生活，實體商店關閉，均造成在店零售巨幅驟降。全球零售額在 2020 年減少 2.8%，但零售電商卻大爲繁榮，巨幅增加 25.7%。

　　於大流行前（2019 年）估計 2020 年全球零售額可成長 4.4% 到 26.46 兆美元，但實際則下降了 2.8% 只到 23.624 兆美元。相反的，2020 年零售電商劇增 25.7% 而至 4.213 兆美元。2020 年零售電商占總零售額的 17.8%。

　　2021 年估計全球零售額可反彈回升到大流行前水準，亦即成長 6.05% 而到 25.052 兆美元；同時估計零售電商可增加 16.8% 而到 4.921 兆美元。這意味著 2021 年零售電商占總零售將續升至 19.6%（eMarketer-Karin von Abrams，2021 年 7 月 7 日）。

◆表 1-4-7 全球零售電商發展（2019-2025 年）

[單位：十億美元、年成長率 %、占總零售比例 %]

	零售電商銷售額	年成長率	占總零售比例
2019	3351	20.5	13.8
2020	4213	25.7	17.8
2021*	4921	16.8	19.6
2022*	5545	12.7	19.6
2023*	6169	11.2	22.3
2024*	6773	9.8	23.4
2025*	7385	9.0	24.5

資料來源：eMarketer：《全球電子商務預測，2021 年》（Karin von Abrams 的報告，2021 年 7 月 7 日）。
說　　明：（1）總零售含零售電商銷售額及非電商的零售額。（2）＊預測值。（3）零售電商包括以網路訂購的產品與服務，並不管付款或履行的方法。但並不包含旅遊或活動的門票、帳單支付、繳稅或匯款（金錢移轉）、餐飲地方的銷售、博弈或其他副貨的銷售。

（二）2021 年後成長速度雖回歸常態，但市占不均趨勢續趨惡化

在後疫情不均衡復甦情況下，加上數位落差（digital divide），突飛猛進的電子商務市場更出現嚴重的榮枯分歧。Statista 揭櫫了區域間、國與國間的發展落差。

早在 2018 年，消費者在過去 12 個月裡至少線上購物一次者，占美國網路使用者的 93%；在英國是 97%；在中國大陸是 92%。亞馬遜（Amazon）與速賣通（AliExpress）繁榮至極，但像 USP 等品牌的傳統行業一下子就關掉了 75%。短短幾年，逆商時代的新零售商業模式不斷演化，更改變了零售市場生態。電商在智慧科技運用，加上新媒體匯流交錯下，顛覆了傳統的消費者行為與型態。大數據、人工智慧結合物聯網，更使實時（real time）的市場資訊回饋促成了社群互動廣連結的新市場結構。電商從網路平台演進到個人化平台，又演進到智慧化平台階段。「數位轉型」成為降低成本與提高價值的極致利器，也是不分產業或規模的市場流行語。「精準行銷」所仰賴的數據與資訊來源管道與應用方法也迭代演化，更讓電子商務的發展日趨深化、多元化與複雜化，數位落差也因此急速擴大。

由下表 1-4-8 及 Statista 的相關《洞察概覽》，可發現全球的電商市場營收，預測從 2021 到 2025 年將以年複合成長率（CAGR）6.32% 的速度成長[5]。中

註 5 ｜ statista：2020 年每位線上購物者每次訪問的平均電子商務支出是 3.39 美元。

國大陸在 2021 年的電商營收高占全球的 47%，比北美洲的 20% 超過一倍；東協市占率只有 6%；歐洲也偏小，只占 16.2%；若將東亞扣掉中國大陸則只占 7.2%。

全球電商市場裡，到 2025 年將有 49 億以上的使用人口，這也使 2021 年 50.8% 的普及率將提高到 2025 年的 63.1%。而且到時候每位用戶的平均營收（ARPU）將高達 856.81 美元 [6]。

不只境內電商，跨境電商，甚至跨域整合網路平台商的市場勢將成為企業競爭以及國家經濟發展的兵家必爭之地。

◆表 1-4-8 世界與各區域零售電商市場（2019-2022 年）

[單位：美金兆元、成長率 %、占比 % ＊：預測值]

指標 地區	2019			2020			2021*			2022*		
	銷售額	成長率	占比	銷售額	成長率	占比	銷售額	成長率	占比	銷售額	成長率	占比
全　球	2.20519	17.7	100	2.85476	29.5	100	3.28542	15.1	100	3.58537	9.1	100
北　美	0.45368	8.5	20.6	0.58837	29.7	20.6	0.657796	11.8	20	0.704936	7.2	19.7
歐　洲	0.35533	10.6	16.1	0.46053	29.6	16.1	0.530741	15.2	16.2	0.573112	8	16
東南亞	0.09772	43.1	1.7	0.05943	57.6	2.08	0.077311	30.1	2.35	0.090511	17.1	2.52
東　亞	1.22484	20.1	55.5	1.55268	26.8	54.4	1.77908	14.6	54.2	1.943515	9.2	54.2
南　美	0.03297	20.3	1.5	0.04498	36.4	1.58	0.054843	21.9	1.67	0.061719	12.5	1.7
英　國	0.0824	7.7	3.7	0.10472	27.1	3.67	0.117745	12.4	3.6	0.124247	5.5	3.5
東　協	0.12257	17.1	5.6	0.168225	37.2	5.9	0.199316	18.5	6.0	0.220281	10.5	6.1
中　國	1.0667	21.9	48.4	1.343646	25.9	47.1	1.542551	14.8	47	1.690289	9.6	47.1
印　度	0.03308	32.6	1.5	0.05083	53.7	1.78	0.062953	23.9	1.9	0.072139	14.6	2.01

資料來源：Statista 資料庫。

說　　明：（1）電子商務市場包括通過數位管道向私人最終用戶（B2C）銷售實物商品。此定義包括通過台式計算機（包括筆記本電腦）進行的購買以及通過智慧手機和平板電腦等移動設備進行的購買。

（2）電子商務市場不包括以下內容：數位分發服務（電子服務）、數位媒體下載或流媒體、B2B 市場中的數位分發商品，以及使用過的、有缺陷的或修復過的商品（e-commerce 和 C2C）的數位購買或轉售。所有貨幣數字均指年度總收入，不考慮運輸成本。

註 6　依據 statista 資料庫，2020 年全球電商市場營收成長 29.5%，預測 2021 年將回到 15.1%（接近 2019 的 17.7%，且預測 2022 年又會降至 9.1%）。

第五節 貿易戰未解，科技戰升級的隱憂與挑戰

一、美中貿易戰以迄貿易逆差再擴大

（一）2020 年美中貿易逆差再擴大，中國大陸重回美國第一大貿易夥伴

根據 IMF，因為疫情，2020 年全球 GDP 萎縮成 83.84 兆美元。其中美國占 24.82%，為 20.81 兆美元；中國大陸占 17.7%，為 14.86 兆美元。表面上，美國仍然維持世界第一大經濟體的寶座，但相關趨勢指標卻顯示兩國相對優勢的消長變化。

美國 2020 年貿易逆差增加 17.7% 至 6787 億美元，創下 2008 年全球金融危機以來最高紀錄。商品與服務出口銳減了 15.7%；商品與服務進口則下降了 9.5%[7]。出口重挫導致美國經濟萎縮 3.5%，寫下 1946 年以來最大的衰退幅度。這對美國發動關稅戰後更大的諷刺是，中國大陸因此重返美國最大貿易夥伴的地位。

相對的，2020 年中國大陸的總出口成長 3.6% 至 2.6 兆美元，總進口減少 1.1% 至 2.1 兆美元，順差增加 27.1% 而至 5,350.3 億美元[8]。其中對美貿易順差高達 3,169 億美元，比 2019 年又擴大了 7.1%。這也比 2017 年的 2,658 億美元，整整提高了 14.9%[9]。

（二）2021 年上半年美中雙方貿易總額與逆差持續擴大中

中國大陸商務部於 2021 年 4 月 15 日發布，2021 年第一季對美出口年增 62.7%，自美進口年增 57.9%，進出口合計年成長 61.3%。顯示美中貿易逆差仍續惡化。中國大陸 2021 年第一季對外貿易的貿易總額成長 38.6%，其中出

註 7　美國商務部於 2021 年 2 月 5 日發布。
註 8　中國國際貿易經濟合作研究院《中國對外貿易形勢報告——2021 年春季》。
註 9　作者整理自德國之聲中文網《對華貿易逆差擴大 特朗普政策失敗？》，2021 年 1 月 14 日。

口增加 49%，進口增加 28%，這跟 2020 年第一季基期較低有關 [10]。

二、晶片正成為美中兩大經濟體（G2）科技戰的核心戰略物資

（一）晶片已成為戰略物資中的戰略物資

2020 年的世紀大流行衝擊「晶片」供需態勢，加上美中地緣政治持續緊繃，造成嚴重短缺的恐慌，包括國際車廠都嚐到這個行業對外過度依賴的痛苦。另外，中國大陸於 2021 年 6 月 17 日成功發射神舟 12 號「飛船」，將 3 名「宇航員」送入於 2021 年 4 月 29 日發射進入地球軌道的中國太空站「天宮號」核心艙。中國大陸此一戰略性航太科技與「天河一號」軍事用途超級電腦系統的大突破，被認為美中兩國在經濟、技術和地緣政治的競爭已被推向太空，太空現在成為 G2 角力的又一個關鍵領域。而這些發展的可能，都仰賴先進高速運算晶片的取得，晶片也因此成為國防戰略物資。

再回顧新自由主義（Neoliberalism）時代，1982-2008 年經濟「全球化」的鼎盛已被「全球金融危機」（GFC）所終結。這本質上是「債務驅動」的成長，並未真正提高美國（國內）的生產力，反而徒使所得分配惡化 [11]，美國長期結構性雙赤字危機依然未解，卻造就了中共「中國特色社會主義」的崛起，美中兩大經濟體甚至集團的角力賽從而登場。尤其值此「價值驅動」的數位經濟新時代，從家電、手機、居家電腦軟體、到 AI、5G、電動車、物聯網等生活、生產裡「晶片」無所不在，需求熱潮有增無減。隨著貿易戰轉型為科技戰，加上潛藏軍事戰與太空戰因子，「晶片」無疑地變成了新國際戰略物資中的戰略物資。

（二）晶片供不應求

2021 上半年，根據世界半導體貿易統計的組織，將半導體分成 33 類，竟然有 32 類出現缺貨。現在全球有 29 個晶圓廠正在趕工，可望在 2024 年量產

註 10　國發會經濟發展處：《2021 年第一季兩岸、中國經濟情勢分析》2021 年 5 月。
註 11　1982-2008 年繁榮期間，美國企業歷年利潤率在高於 1969-1981 年石油危機結束時約 2% 的水準波動不墜，其實是工資在生產力中的享額逐年下降所致。若維持戰後長期的工資享額水準，則利潤率仍會延續石油危機時期而持續下降。這表示全球化期間美國的生產力並未能真正提高，只是保障利潤率多於工資率的緣故。這也說明了所得分配差距一直惡化的原因。參見 Anwar Shaikh.2016.Capitalism-Competition,Conflict,Crisis.pp.731-732。

以補足缺口。台積電也預估 2023 年將以 4 奈米為主流，除了將在南科擴建 5 奈米晶圓廠及興建 3 奈米晶圓廠，及竹科興建研發晶圓廠及 2 奈米晶圓廠外，還要再蓋 12 座晶圓廠。

供應短缺與搶貨囤積暴增的假需求必然造成價格的上漲波動，加上長期需求預期持高造成的投資增加，越來越貴的資本支出，更形成長期系統性螺旋狀的物價上漲。

螺旋狀的物價上漲不輕易地因物價上漲需求減少而停止或下降，供需相循提高，價格也持續往更高的均衡點移動，直到有天供過於求時才會有效恢復穩定。例如，當各國成功地提高了自足率，或是經濟衰退造成購買力不足。

價格與銷售量相形提升，該行業出現繁榮景象，營收就持續提高。今年 5 月資策會產業情報研究所（MIC）的《34 屆 MIC 峰會》線上研討會，預估 2021 年全球半導體市場規模可成長 10.9% 至 4,883 億美元；2022 年有望再增 12.7% 至 5,503 億美元。相對的同期間，臺灣將有 2.93 兆新臺幣與 3.26 兆新臺幣的產值，分別有 21.4% 與 21.2% 的全球銷售占比（按 2020 年美國在全球半導體產值中占 42.9% 居冠，臺灣第二占 19.7%，韓國第三占 15.9%）。

（三）G2 正式脫鉤，世界網路科技競賽使國際聯盟壁壘分明

2021 年 4 月 12 日白宮召開半導體和供應鏈韌性執行長峰會，邀請世界 19 家主要企業高層透過視訊會議共商晶片短缺問題，唯獨排除中國大陸參與。峰會由白宮國安顧問蘇利文、經濟顧問狄斯與商務部長雷蒙多主持，拜登總統並做短暫出席。

看似單純討論晶片短缺的短期與長期解決方案，其實是宣示美國重新做為世界網路科技產業經濟盟主的企圖心，也意圖明確勾勒出世界 IC 大廠跟隨美國政府政治立場「選邊站」的公開表態。

正當全球都面臨晶片短缺，中國大陸更是晶片的最大對外依賴國，其境內需求自足率只有兩成，其中中國品牌也才提供 5.7% 而已。可是，在美國接連管制阻止本國與各國企業對中國大陸重要科技廠商之貿易與投資後，白宮高峰會又刻意排除中國企業人士參加，已擺明要聯合其他同盟國，從設計、製造到應用，在整個半導體產業鏈上與中國大陸「脫鉤」。

事實上，2021 年 5 月 11 日宣布成立的「美國半導體聯盟」SIAC 已涵蓋全球 65 家晶片大廠，唯獨沒中國企業參加。接下來，必將看到相關各國政府

更明顯展開法令政策制定、施政計畫預算等，與其民間企業在短期產銷、長期投資、市場布局等的具體作為。世界市場經由投資與貿易途徑產生的供應鏈重組，甚至生態系重構，必然是新的里程碑。

人類產業科技革命走入「智慧化生產」[12] 出現 5G-AI-IoT 拐點（inflection point）的關鍵時刻，新的 rule-based（基於法則）國際市場「秩序」所必需的「新制度」正應運而生，當然是「利益」（interest），更是「價值」（value）的結合。其實更深層的本質上，以自由民主生活為中心價值的另一隻「看不見的手」（invisible hand）才是真正、直覺上被認為已干預到自由市場機能的無形核心力量。此時基於確保安全穩定的供給，對內提高自主性與自足率的「在地化」生產，對外鞏固分工合作的跨國跨域聯盟，也同時成型。例如：美國拜登總統已在 2021 年 3 月 31 日提出規模至少 2 兆美元的《美國就業法案》（American Jobs Plan），呼籲國會對半導體製造與研發挹注 500 億美元資金，強化關鍵產品製造供應鏈。美國參議院於 2021 年 6 月 8 日通過《美國創新及競爭法》（US Innovation and Competition Act），法案中有 520 億美元要撥款來資助一項先前批准的計畫，以增加國內零件製造；此外也授權在 5 年內對國家科學基金（National Science Foundation）斥資 1,200 億美元，以推動包括 AI 與量子科學等關鍵領域的研究，當中主要還是要對 5G、AI 和量子運算（Quantum Computing）規劃爭取世界主導權。

日本於 2020 年 4 月提撥 2,486 億日圓，補貼日企回流。這項不到 108 兆日圓 1% 的經濟刺激計畫作用有限，但已引起中國大陸向日本要求說明措施意義，也調查在中國大陸的日企是否計劃離開。同年 5 月，日本政府正式成立專責經濟團隊，負責起草經濟安全基本戰略，重心是「嚴格管制晶片出口將成為未來的議題」。

全球最大的荷蘭半導體設備製造商 ASML 原準備向中國晶片製造商出售技術最先進的 EUV 光刻機，但在美國政府出面阻止下，荷蘭首相一直推遲這項相關出口的批准，這意味著 ASML 不得不放棄來自中國大陸的大宗訂單。可想像現在中國大陸是無所不用其極在設法取得晶片來源，但美國或盟邦政府

註12　四次產業革命的階段：一、機械化生產（1748-1870）；二、大規模生產（1870-1969）；三、自動化生產（1971-2016，亦即資通訊 ICT 時代）；四、智慧化生產（2016 起，亦即人工智慧物聯網 AIoT 時代）。另依據長期景氣循環研究，新產業革命發動後的幾年就會有一個新的長波復甦期跟著開始。例如，1790、1843、1893、1941、1982、2018 年分別是迄今 6 個長期景氣復甦期的起點。

也不得不嚴加偵防。

目前歐美日都已先後撥款補貼廠商新建晶圓廠，德國電子公會 ZVEI 正呼籲歐盟盡快通過補貼措施。迄今已有 22 國同意加入半導體聯盟，7 月底美國國務卿分別與東協各國政府展開視訊對話，企圖努力尋求新的合作計畫（按 2019 年起東協已取代美國成為中國大陸第一大貿易夥伴，美國退居第三）。

（四）各國提高自足率或繼續提高市占率的擴張生產潛能正如火如荼展開

目前世界 IC 產業供應鏈分工體系，主要是臺灣製造產能占七成多；美國設計占六成多；韓國記憶體晶片占八成多。歐洲先進製程的晶圓自主產能占 9%，希望在 2030 年提高到 20%。中國大陸原先規劃 2025 年半導體自製率達 70% 的雄心壯志，在 G2 脫鉤對峙的新情勢下，已難同日而語。研調機構 IC Insights 預期到 2024 年或許將只達 20.7%[13]。另依據市研機構集邦科技（Trend Force）資料顯示，全球晶圓代工市占率分別是：臺灣 63%、南韓 18%、中國大陸 6%、其他 13%。台積電一家就有 54%，聯電 7%。

國安思維的政治邏輯正干預著經濟邏輯的商業運作，已成為國際核心戰略物資的晶片，未來要有一個新秩序、新均衡的國際市場，其產生過程與結果將是充滿極度挑戰與高度不確定性的。

‖ 第六節　趨勢與政策蘊涵 ‖

一、本研究發現全球與主要經濟體的經濟正從 2020 年大流行的谷底走出來。預期 2021 年復甦更快，但極不均衡且充滿不確定性；2022 年以後會漸放緩，實際走勢將視疫苗生產與施打涵蓋率、因應變種病毒的能力、政府政策制定與執行力、數位經濟發展速度與國際貿易開放度及順暢度而定。

註13 ｜ 相關資料來源為作者自網路新聞蒐集整理。

二、從不同事件發生前後所做的中期預測來比較其落差，發現整體而言，此次疫情對全球衝擊較 2008 年金融海嘯時爲輕；但對象上則是，疫情對已開發國家的衝擊較小，對開發中與新興國家較大（相反地，金融海嘯對已開發國家的衝擊較大，而對開發中與新興國家較小）。金融海嘯是經濟長期循環性「危機」現象，對全球經濟結構與系統的生命週期影響深遠；而疫情屬於天然災害，屬不規則性干擾，只會影響景氣好壞。疫情對相對落後的國家衝擊較大，也意謂著世界貧富懸殊會因此次疫情而擴大，更不利於國際經濟政治的穩定與發展。

三、2020 年已開發國家的經濟成長率是 -4.7%，開發中與新興國家是 -2.2%，預測 2021 年成長率分別爲 5.1% 與 6.7%。唯延續 2020 年受疫情衝擊後的韌性大小，可決定後疫情復甦的快慢。在已開發國家間，美國韌性最強；開發中國家間，以中國大陸最強（註：已被列爲已開發經濟體的臺灣在 2020 年經濟成長率 3.1%，首度超過中國大陸的 2.3%）。除了中國大陸以外，不少開發中及新興國家有些不是很緩慢，就是要等到 2022 年，有的甚至 2023 年以後才有可能復甦。如何協助開發中及新興國家趕快取得疫苗是極大關鍵。

四、外國直接投資在全球化時代一直是世界經濟擴張的主要驅動力，但 2015 年以後已逐漸衰退，2020 年更是暴跌，歐盟是重災區。從世界主要企業領袖的看法，FDI 還是他們獲利的重要方式，但信心度已大受影響，因此投資目的地會集中於優勢地區。FDI 的位移與轉型呈現拐點效應，「綠地投資」無論件數或流量皆大幅下降，加上攸關數位經濟發展與國家安全的最核心戰略物資「晶片」，已被歐美國家認爲有依賴度與集中度過高的危險，使「在地化生產」風潮興起，基本上在已開發圈內的投資將更爲盛行。這一趨勢加上疫情已產生的影響，也使未來世界服務業的發展更爲重要，卻也更爲分歧。

五、疫情嚴重度直接影響對製造業衝擊程度，但對服務業卻因業態不同與底蘊深淺而有別。疫情阻斷移動性，以人爲中心的流動大受影響。若替代移動性（alternative mobility）高，則經濟韌性就強。一樣是服務業卻兩樣情，在店消費與在場工作備受衝擊，線上購物與居家或遠距工作取而代之，是故，產業結構進一步趨向「數位化」加速轉型。尤其，電子商務從境內到跨境甚至跨域

整合，成為企業競爭與國家經濟發展的兵家必爭之地。服務業科技升級及數位轉型，不只可提高自己的生產力，也可直接支援製造業的「數位轉型」而提高其附加價值，服務業的發展因此成為當前國際競爭力角力的另一重心。

六、基於經濟競爭的比較優勢與國家安全為由，「晶片」市場的傳統商業邏輯，已無法規避政治邏輯的干預。「晶片」成為國際戰略物資，以「晶片」為核心的世界市場連結與國際聯盟儼然成型。極為明顯的是美中 G2 對壘已擴及國際同盟。臺灣半導體晶圓代工為中心的電子等製造業獨強，已成為美國為首的國際同盟要拉攏的要角。臺灣已名列已開發國家之林，更待積極參與先進國的結盟與競爭，以自己對開發中國家合作的「更適性」條件，主動出擊，勇於利他，必然可在後疫情，一般認為高度風險與不確定下，找到更大的空間與機會。

商研院商業發展與策略研究所
朱浩所長

我國服務業發展現況與商業發展趨勢

‖ 第一節　前言 ‖

　　依據國內學者許士軍教授的說法，服務業是「將初級和次級產業的產出，融入文化、科技與創意後，轉化為具高附加價值以及具市場價值的服務產品」的產業。由於服務業本身是將生產或技術導向轉變成為以市場或需求導向的特性，政府機構對於服務業的產業範圍分類也顯示出差異，尤其近年來因應民眾與產業的需求，新型態、跨產業的服務業不斷產生，更加深此一現象。行政院主計總處在 2021 年 1 月完成我國行業標準分類第 11 次修訂，將服務業範圍劃分為以下 13 大類：G 類「批發及零售業」、H 類「運輸及倉儲業」、I 類「住宿及餐飲業」、J 類「出版、影音製作、傳播及資通訊業」、K 類「金融及保險業」、 L 類「不動產業」、M 類「專業、科學及技術服務業」、N 類「支援服務業」、O 類「公共行政及國防」、P 類「教育服務業」、Q 類「醫療保健及社會工作服務業」、R 類「藝術、娛樂及休閒服務業」、S 類「其他服務業」。

　　本章為提供讀者全面性的商業服務業觀察視野，將採用上述行政院主計總處之服務業分類，先說明 2021 年我國服務業及商業發展概況，而後詳細探討我國服務業經營概況，最後再探討我國商業服務業發展趨勢。

‖ 第二節　我國服務業與商業發展概況 ‖

一、我國服務業占 GDP 之比較

依據行政院主計總處統計，2020 年製造業與服務業所創造的 GDP 分別為新臺幣 6 兆 5,950.02 億元及 11 兆 9369.60 億元，分別占 GDP 的 34.28% 及 62.04%；對比 2019 年占 GDP 比例的 33.18% 與 63.17%，可知與製造業相比，服務業占 GDP 比例雖略有下滑，不過其占 GDP 仍超過 60%，顯示服務業仍是我國經濟生產的主要來源（如表 2-2-1 所示）。

從成長率來看，相較於 2019 年，2020 年製造業為 6.42%，而服務業卻僅有 1.18%（如表 2-2-1 所示）。在服務業中，成長率最高者為金融及保險業，達到 4.99%；其次為批發及零售業 4.80%，再次之為出版、影音製作、傳播及資通訊業 4.23%。從服務業各業別占 GDP 的比例來看，則是以商業範疇（包含批發及零售業、運輸及倉儲業、住宿及餐飲業）所占比例最高，生產毛額達到新臺幣 4 兆 914.42 億元，約占整體 GDP 比重 21.26%，其次為不動產業 1 兆 5,441.42 億元及金融與保險業 1 兆 3,387.74 億元，分別占整體 GDP 的 8.03% 與 6.96%（如表 2-2-1）。

◆表 2-2-1 我國各業生產毛額、成長率結構及經濟成長貢獻度（2019-2020 年）

[單位：新臺幣百萬元、%]

基期：2016 年 =100	各業生產毛額		成長率（%）		占 GDP 比例（%）		經濟成長貢獻度（%）	
	2019	2020	2019	2020	2019	2020	2019	2020
農、林、漁、牧業	363,733	368,606	-1.83%	1.34%	1.95%	1.92%	-0.03	0.02
礦業及土石採取業	11,994	12,422	1.56%	3.57%	0.06%	0.06%	0	0
製造業	6,196,983	6,595,002	1.31%	6.42%	33.18%	34.27%	0.42	2
電力及燃氣供應業	307,961	315,521	1.82%	2.45%	1.65%	1.64%	0.02	0.03
用水供應及污染整治業	108,897	112,462	3.19%	3.27%	0.58%	0.58%	0.02	0.02
營造業	436,066	465,293	4.86%	6.70%	2.33%	2.42%	0.12	0.18

基期：2016 年 =100	各業生產毛額		成長率（%）		占 GDP 比例（%）		經濟成長貢獻度（%）	
	2019	2020	2019	2020	2019	2020	2019	2020
服務業	11,797,789	11,936,960	3.52%	1.18%	63.17%	62.04%	2.18	0.74
批發及零售業	3,022,115	3,167,325	4.65%	4.80%	16.18%	16.46%	0.72	0.75
運輸及倉儲業	580,766	481,388	1.53%	-17.11%	3.11%	2.50%	0.05	-0.51
住宿及餐飲業	477,366	442,729	5.85%	-7.26%	2.56%	2.30%	0.15	-0.2
出版、影音製作、傳播及資通訊業	632,766	659,562	6.31%	4.23%	3.39%	3.43%	0.19	0.13
金融及保險業	1,275,119	1,338,774	3.85%	4.99%	6.83%	6.96%	0.26	0.34
不動產業	1,505,061	1,544,142	3.14%	2.60%	8.06%	8.03%	0.25	0.21
專業、科學及技術服務業	420,796	415,697	3.62%	-1.21%	2.25%	2.16%	0.08	-0.03
支援服務業	331,637	322,298	4.51%	-2.82%	1.78%	1.68%	0.08	-0.05
公共行政及國防	1,080,990	1,099,562	1.41%	1.72%	5.79%	5.71%	0.08	0.1
教育服務業	740,244	741,374	0.34%	0.15%	3.96%	3.85%	0.01	0.01
醫療保健及社會工作服務業	561,529	566,325	4.56%	0.85%	3.01%	2.94%	0.14	0.03
藝術、娛樂及休閒服務業	156,220	146,194	4.84%	-6.42%	0.84%	0.76%	0.04	-0.06
其他服務業	460,405	453,801	1.50%	-1.43%	2.47%	2.36%	0.04	-0.04

資料來源：行政院主計總處，2020，《國民所得及經濟成長統計資料庫：歷年各季國內生產毛額依行業分》。
說　　明：本表不含統計差異、進口稅及加值營業稅，故各業生產毛額加總不等於國內生產毛額。

　　若依往例可計算各細業的貢獻度，惟計算結果顯示除了「批發及零售業」、「出版、影音製作、傳播及資通訊業」、「金融及保險業」、「不動產業」及「公共行政與國防」的貢獻度達 0.1 以上之外，其它產業的貢獻度數值均小於 0.1。

二、我國服務業之貿易活動

　　2020 年我國服務業對外貿易總額達 790.30 億美元，較 2019 年減少 27.32%，服務業對外貿易總額減少的原因，可能是因 2020 年 1 月開始的 COVID-19 疫情快速蔓延，使得全球經濟大幅波動所致。其中出口 412.63 億美元，較 2019 年減少 20.40%；進口 377.67 億美元，較前一年減少 33.63%，由

於服務業進口減少的幅度較出口更大，因此 2020 年服務業貿易出超達到 34.96 億美元，較前一年增加 169%，如表 2-2-2 所示。

◆表 2-2-2 我國服務貿易概況（2015-2020 年）

[單位：百萬美元、%]

年份	貿易總值		出口總值		進口總值		出（入）超總值	
	金額（百萬美元）	年增率（%）	金額（百萬美元）	年增率（%）	金額（百萬美元）	年增率（%）	金額（百萬美元）	年增率（%）
2015 年	92,755	-1.85%	40,968	-1.47%	51,787	-2.14%	-10,819	-4.63%
2016 年	93,106	0.38%	41,291	0.79%	51,815	0.05%	-10,524	-2.73%
2017 年	99,189	6.53%	45,213	9.50%	53,976	4.17%	-8,763	-16.73%
2018 年	107,040	7.92%	50,209	11.05%	56,831	5.29%	-6,622	-24.43%
2019 年	108,743	1.59%	51,838	3.24%	56,905	0.13%	-5,067	-23.48%
2020 年	79,030	-27.32%	41,263	-20.40%	37,767	-33.63%	3,496	169.00%

資料來源：中央銀行國際收支統計，2021，（臺北：中央銀行）。

三、我國服務業之投資活動

（一）外人投資我國服務業

2020 年核准服務業僑外投資件數為 3,418 件，較 2019 年減少 17.00%；投（增）資金額 91.44 億美元，較 2019 年減少 18.32%。

進一步觀察各業別的投資狀況，其中製造業投資金額為 16.88 億美元，較前一年的 42.95 億美元減少 60.69%；服務業投資金額為 62.43 億美元，較 2019 年減少 1.57%，其中商業投資件數減少 87.78%，而在投資金額上亦減少 15.66%，顯示外資在 2020 年相較於前一年投資件數較投資金額減少得多（如表 2-2-3）。

在服務業僑外投資細項行業方面，以金融及保險業為最高，達 27.87 億美元，其次是專業、科學及技術服務業的 13.06 億美元，再其次是批發及零售業的 11.11 億美元。

至於在投資金額的成長方面，不動產業為 68.23%、金融與保險業為 28.01%、專業、科學及技術服務業為 25.64%、批發及零售業為 4.24%，都有不錯表現；而除醫療保健及社會工作服務業為 -100.00%、藝術、娛樂及休閒服務業為 -80.19%、出版、影音製作、傳播及資通訊業為 -70.94%、運輸及倉

儲業為 -69.63%、其他服務業為 -63.05%、住宿及餐飲業為 -62.07% 等,是投資金額減少幅度較大的產業。

◆表 2-2-3 核准僑外投資分業統計表(2019-2020 年)

[單位:件、千美元、%]

	2019 年		2020 年		2019 與 2020 年比較	
	件數	千美元	件數	千美元	件數成長率(%)	金額成長率(%)
A 農、林、漁、牧業	9	5,925	5	19,636	-44.44%	231.38%
B 礦業及土石採取業	2	5	1	631	-50.00%	11425.57%
C 製造業	325	4,295,141	256	1,688,448	-21.23%	-60.69%
D 電力及燃氣供應業	31	478,782	31	1,099,613	0.00%	129.67%
E 用水供應及污染整治業	6	5,315	6	6,807	0.00%	28.06%
F 營造業	44	68,256	44	85,976	0.00%	25.96%
服務業(G-S)	3,701	6,342,549	1,691	6,242,801	-54.31%	-1.57%
商業(G-I)	2,136	1,509,090	261	1,272,790	-87.78%	-15.66%
G 批發及零售業	1,821	1,065,893	0	1,111,083	-100.00%	4.24%
H 運輸及倉儲業	33	84,722	21	25,730	-36.36%	-69.63%
I 住宿及餐飲業	282	358,475	240	135,977	-14.89%	-62.07%
J 出版、影音製作、傳播及資通訊業	418	1,245,504	363	361,934	-13.16%	-70.94%
K 金融及保險業	289	2,177,494	296	2,787,337	2.42%	28.01%
不動產業	109	281,170	65	473,000	-40.37%	68.23%
M 專業、科學及技術服務業	522	1,039,192	485	1,305,625	-7.09%	25.64%
N 支援服務業	81	25,106	75	23,025	-7.41%	-8.29%
O 公共行政及國防	0	0	0	0	0.00%	0.00%
P 教育服務業	17	1,895	19	1,773	11.76%	-6.43%
Q 醫療保健及社會工作服務業	0	91	0	0	0.00%	-100.00%
R 藝術、娛樂及休閒服務業	65	34,791	71	6,891	9.23%	-80.19%
S 其他服務業	64	28,217	56	10,426	-12.50%	-63.05%
合計	4,118	11,195,975	3,418	9,144,336	-17.00%	-18.32%

資料來源:整理自經濟部投資審議委員會,2021,《109 年統計月報 - 表 6:核准華僑及外國人投資分區分業統計表》。

（二）陸資投資我國服務業

自 2009 年至 2020 年核准陸資來臺投資件數共有 1,461 件，較統計至 2019 年增加 6.56%；投（增）資金額計 24.11 億美元，較統計 2019 年增加 5.53%。自 2009 年 6 月 30 日開放陸資來臺投資以來，陸資逐年增加，這一成長趨勢到近年因兩岸新情勢與美國製造業回流、中美貿易戰等因素而面臨挑戰。以來臺投資金額占比來看，陸資投資國內服務業超過 50%。投資服務業最多者依序以批發及零售業最高 6.94 億美元，占 28.80%；銀行業 2.01 億美元，占 8.35%；港埠業 1.39 億美元，占 5.77%；研究發展服務業 1.12 億美元，占 4.65%；資訊軟體服務業 1.15 億美元，占 4.77%；住宿服務業 1.05 億美元，占 4.34%。顯示陸資來臺投資仍以批發、零售業與銀行業為主（如表 2-2-4）。

◆ 表 2-2-4 陸資來臺投資統計（2019-2020 年）

[單位：千美元、%]

	累積至 2019 年件數	累積至 2019 年金額（千美元）	累積至 2019 年金額比重	累積至 2020 年件數	累積至 2020 年金額（千美元）	累積至 2020 年金額比重	2019 年與 2020 年件數成長百分比	2019 年與 2020 年金額成長百分比
批發及零售業	909	659,259	28.85%	967	694,498	28.80%	6.38%	5.35%
電子零組件製造業	61	283,661	12.41%	61	335,153	13.90%	0.00%	18.15%
銀行業	3	201,441	8.82%	3	201,441	8.35%	0.00%	0.00%
港埠業	1	139,108	6.09%	1	139,108	5.77%	0.00%	0.00%
機械設備製造業	34	115,157	5.04%	37	116,177	4.82%	8.82%	0.89%
研究發展服務業	9	112,135	4.91%	9	112,135	4.65%	0.00%	0.00%
電腦、電子產品及光學製品製造業	34	110,954	4.86%	34	110,954	4.60%	0.00%	0.00%
電力設備製造業	9	109,708	4.80%	9	109,708	4.55%	0.00%	0.00%
資訊軟體服務業	93	104,961	4.59%	107	115,055	4.77%	15.05%	9.62%
住宿服務業	5	104,651	4.58%	5	104,651	4.34%	0.00%	0.00%
金屬製品製造業	12	104,386	4.57%	14	107,052	4.44%	16.67%	2.55%
化學製品製造業	5	67,241	2.94%	6	75,856	3.15%	20.00%	12.81%
餐飲業	61	31,033	1.36%	68	34,197	1.42%	11.48%	10.20%

	累積至2019 年件數	累積至2019 年金額（千美元）	累積至2019 年金額比重	累積至2020 年件數	累積至2020 年金額（千美元）	累積至2020 年金額比重	2019 年與2020 年件數成長百分比	2019 年與2020 年金額成長百分比
廢棄物清除、處理及資源回收業	9	21,658	0.95%	9	21,658	0.90%	0.00%	0.00%
紡織業	2	18,108	0.79%	2	18,108	0.75%	0.00%	0.00%
醫療器材製造業	3	14,357	0.63%	3	26,281	1.09%	0.00%	83.05%
食品製造業	2	13,775	0.60%	3	14,795	0.61%	50.00%	7.40%
化學材料製造業	7	13,461	0.59%	7	13,461	0.56%	0.00%	0.00%
汽車及其零件製造業	4	8,349	0.37%	4	8,349	0.35%	0.00%	0.00%
塑膠製品製造業	15	7,699	0.34%	15	7,699	0.32%	0.00%	0.00%
其他製造業	2	5,405	0.24%	2	5,405	0.22%	0.00%	0.00%
產業用機械設備維修及安裝業	7	5,156	0.23%	7	5,156	0.21%	0.00%	0.00%
技術檢測及分析服務業	7	4,984	0.22%	7	4,984	0.21%	0.00%	0.00%
會議服務業	19	4,478	0.20%	20	4,684	0.19%	5.26%	4.60%
橡膠製品製造業	2	4,002	0.18%	2	4,002	0.17%	0.00%	0.00%
專業設計服務業	12	3,906	0.17%	13	4,127	0.17%	8.33%	5.66%
未分類其他專業、科學及技術服務業	4	3,810	0.17%	4	3,810	0.16%	0.00%	0.00%
運輸及倉儲業	20	3,048	0.13%	20	3,048	0.13%	0.00%	0.00%
成衣及服飾品製造業	2	2,947	0.13%	2	2,947	0.12%	0.00%	0.00%
未分類其他運輸工具及其零件製造業	5	2,543	0.11%	6	2,985	0.12%	20.00%	17.38%
創業投資業	1	1,994	0.09%	1	1,994	0.08%	0.00%	0.00%
租賃業	4	1,162	0.05%	4	1,162	0.05%	0.00%	0.00%
廢污水處理業	5	385	0.02%	5	385	0.02%	0.00%	0.00%
家具製造業	1	40	0.00%	1	40	0.00%	0.00%	0.00%
廣告業	1	6	0.00%	1	6	0.00%	0.00%	0.00%
清潔服務業	1	1	0.00%	2	209	0.01%	100.00%	20800.00%
小計	1,371	2,284,971	100.00%	1,461	2,411,282	100.00%	6.56%	5.53%

資料來源：整理自經濟部投資審議委員會，2021，《109 年統計月報 - 表 1C：陸資來臺投資分業統計表》。

四、我國就業概況

（一）各業就業人數

依據行政院主計總處之統計資料（如表 2-2-5 所示），2020 年我國總就業人口數為 1,146.2 萬人，相對於 2019 年的總就業人數減少了 0.33%。若以三級產業來分析，可以發現總就業人數的減少以服務業減少的最少，2020 年服務業就業人數達到 684.7 萬人，占總就業人數的 59.7%，較 2019 年減少 0.03%。在服務業細項行業方面，2020 年仍以「批發及零售業」之就業人數最多，高達 189.6 萬人，占總就業人口之比例達 16.5%；居第二位的是「住宿及餐飲業」，就業人數有 84.5 萬人，占比為 7.4%；居第三位的是「教育服務業」，就業人數有 65.6 萬人，占比為 5.7%。至於成長率超過服務業平均成長率的產業，依序為「醫療保健及社會工作服務業」的 2.17%，「專業、科學技術服務業」的 1.33%，「資訊及通訊傳播業」的 1.15%，「公共行政及國防；強制性社會安全業」的 1.09%，以及「運輸及倉儲業」與「其他服務業」，其成長率分別為 0.89% 以及 0.54%。

◆表 2-2-5 我國各業別年平均就業人數、占比與成長率（2016-2020 年）

[單位：千人、%]

		2016 年	2017 年	2018 年	2019 年	2020 年	結構占比	成長率
農業	農業	557	557	561	559	545	4.8%	-2.50%
工業	工業	4,043	4,063	4,083	4,092	4071	35.5%	-0.51%
	礦業	4	4	4	4	4	0.0%	0.00%
	製造業	3,028	3,045	3,064	3,066	3039	26.5%	-0.88%
	電力燃氣供應業	30	30	30	31	32	0.3%	3.23%
	用水供應污染整治業	82	82	81	84	85	0.7%	1.19%
	營造業	899	901	904	907	911	7.9%	0.44%
服務業		6,667	6,732	6,790	6,849	6847	59.7%	-0.03%
	批發及零售業	1,853	1,875	1,901	1,915	1896	16.5%	-0.99%
	運輸及倉儲業	440	443	446	450	454	4.0%	0.89%
	住宿及餐飲業	826	832	838	848	845	7.4%	-0.35%
	資訊及通訊傳播業	249	253	258	262	265	2.3%	1.15%
	金融及保險業	424	429	432	434	431	3.8%	-0.69%
	不動產業	100	103	106	108	106	0.9%	-1.85%

	2016 年	2017 年	2018 年	2019 年	2020 年	結構占比	成長率
專業、科學技術服務業	368	372	374	377	382	**3.3%**	1.33%
支援服務業	286	292	296	297	295	**2.6%**	-0.67%
公共行政及國防；強制性社會安全	374	373	367	368	372	**3.2%**	1.09%
教育服務業	652	652	653	657	656	**5.7%**	-0.15%
醫療保健及社會工作服務業	444	451	456	461	471	**4.1%**	2.17%
藝術、娛樂及休閒服務業	103	106	110	115	114	**1.0%**	-0.87%
其他服務業	547	551	554	557	560	**4.9%**	0.54%
總計	11,267	11,352	11,434	11,500	11462	100.0%	-0.33%

資料來源：行政院主計總處，2021，《人力資源調查統計年報 - 表 13：歷年就業者之行業》。

（二）各業工時之比較

依據行政院主計總處之統計資料顯示，2020 年工業部門之每月平均工時達 161.5 小時，較前一年略爲增加 0.3 小時；而服務業之平均工時爲 160.7 小時，較前一年減少 0.31%。上述現象除了顯示 2018 年因應勞基法的修正，所全面實施之「一例一休」政策，的確引發服務產業對工作時間之調整。另就各細項服務業比較，可觀察到「支援服務業」的平均工時最長，達 172.2 小時，而位居第二的是「其他服務業」，平均工時達 170.1 小時，平均工時最低的爲「教育服務業」，僅 141.1 小時。此外，「支援服務業」的加班工時爲服務業之冠，達 8.6 小時；位居第二者爲「運輸及倉儲業」，加班工時達 8.5 小時。這些資料和現象大致和往年類似，顯示有一定的結構性。

◆表 2-2-6 我國各產業平均工時與加班工時（2018-2020 年）

[單位：小時／月]

	2018 年		2019 年		2020 年		平均工時	加班工時
	平均工時	加班工時	平均工時	加班工時	平均工時	加班工時	成長率	成長率
工業及服務業	161.3	8.1	161.2	7.8	161	7.4	-0.12%	-5.13%
工業部門	161.2	13.3	161.2	12.7	161.5	12.1	0.19%	-4.72%
服務業部門	161.4	4.1	161.2	4.3	160.7	4.1	-0.31%	-4.65%
G 批發及零售業	160.6	3.7	160.1	4	159.7	3.3	-0.25%	-17.50%
H 運輸及倉儲業	164.4	9	164.1	9.2	163.7	8.5	-0.24%	-7.61%

	2018 年		2019 年		2020 年		平均工時	加班工時
	平均工時	加班工時	平均工時	加班工時	平均工時	加班工時	成長率	成長率
I 住宿及餐飲業	155	3.3	155.7	2.9	153.6	3.8	-1.35%	31.03%
J 出版、影音製作、傳播及資通訊業	159.7	2	159.6	1.8	161.2	1.7	1.00%	-5.56%
K 金融及保險業	162.7	3.3	162.5	3.3	163.6	3.5	0.68%	6.06%
L 不動產業	166.7	2.4	164.8	2.9	165.7	2.9	0.55%	0.00%
M 專業、科學及技術服務業	161.4	3.9	161.1	4.3	160.4	4.2	-0.43%	-2.33%
N 支援服務業	170.8	7.8	170.6	7.8	172.2	8.6	0.94%	10.26%
P 教育服務業	130.7	0.7	129.1	0.8	141.1	1.7	9.30%	112.50%
Q 醫療保健及社會工作服務業	161.9	3.6	161.5	4.2	159.9	4.3	-0.99%	2.38%
R 藝術、娛樂及休閒服務業	160	2.2	160.3	2.1	156.6	1.8	-2.31%	-14.29%
S 其他服務業	175.5	2.5	174.1	2.4	170.1	2.3	-2.30%	-4.17%

資料來源：行政院主計總處，2021，《薪資及生產力統計資料》。
説　　明：「支援服務業」包括租賃、人力仲介及供應、旅行及相關服務、保全及偵探、建築物及綠化服務、行政支援服務等。

（三）各業勞動生產力比較

依據行政院主計總處之定義，勞動生產力為每單位時間內每位勞工能生產的產量。由行政院主計總處最新統計資料來看，如表 2-2-7，2020 年全體產業產值勞動生產力指數為 113.43，是自 2015 年起逐年上升之最高點。而 2020 年服務業產值勞動生產力指數為 111.71，亦是近六年新高。

在每工時產出方面，2020 年全體產業的每工時產出為 757.42 元，亦較上年度之 730.35 元大幅增加；至於服務業部分，2020 年為 706.24 元，較上年度之 697.19 元增加。若以次產業觀之，可以發現服務業所有的次產業中，「批發零售業」、「資訊與通訊傳播業」、「金融及保險業」、「不動產業」及「醫療保健服務業」的每工時產出相較於 2019 年呈現成長趨勢。另外，2020 年每工時產出金額最高為「金融及保險業」的 1,543.05 元，其次為「不動產業」的 1,493.32 元；而每工時產出最低則為「住宿及餐飲業」，每工時產出僅為 259.73 元，比 2019 年的 280.63 元還減少 20.9 元。

◆表 2-2-7 我國各業勞動生產力比較（2015-2020 年）

基期 2016 年 =100	產值勞動生產力指數							
	全體產業	農林漁牧業	工業	服務業	批發及零售業	運輸及倉儲業	住宿及餐飲業	資訊與通訊傳播業
2015	95.34	108.41	93.13	96.67	97.12	94.97	98.10	92.81
2016	100.00	100.00	100.00	100.00	100.00	100.00	100.00	100.00
2017	104.04	109.09	104.36	103.46	103.50	106.20	101.96	100.91
2018	106.64	112.94	106.26	106.62	105.85	110.29	105.60	103.80
2019	109.38	111.98	108.06	110.27	110.19	110.79	109.61	109.07
2020	113.43	114.94	115.23	111.71	117.11	91.59	101.44	110.88

基期 2016 年 =100	金融及保險業	不動產業	專業、科學及技術服務業	支援服務業	醫療保健服務業	藝術、娛樂及休閒服務業	其他服務業	
2015	98.98	98.24	96.92	93.31	94.58	100.11	98.10	
2016	100.00	100.00	100.00	100.00	100.00	100.00	100.00	
2017	103.02	100.88	101.89	101.46	100.86	104.18	103.72	
2018	105.16	103.28	105.10	105.17	103.51	105.23	108.43	
2019	108.98	112.80	108.21	109.33	105.79	102.34	109.88	
2020	113.94	121.76	105.41	104.32	106.05	94.84	109.50	

基期 2016 年 =100	每工時產出							
	全體產業	農林漁牧業	工業	服務業	批發及零售業	運輸及倉儲業	住宿及餐飲業	資訊與通訊傳播業
2015	636.60	307.10	716.24	611.19	683.32	520.09	251.17	1,061.32
2016	667.72	283.26	769.08	632.23	703.60	547.64	256.03	1,143.50
2017	694.70	309.00	802.64	654.08	728.24	581.60	261.05	1,153.87
2018	712.07	319.93	817.23	674.11	744.75	604.01	270.37	1,186.94
2019	730.35	317.21	831.04	697.19	775.31	606.74	280.63	1,247.20
2020	757.42	325.58	886.21	706.24	823.98	501.58	259.73	

基期 2016 年 =100	金融及保險業	不動產業	專業、科學及技術服務業	支援服務業	醫療保健服務業	藝術、娛樂及休閒服務業	其他服務業	
2015	1 340.44	1 204.79	504.97	447.12	583.52	776.59	339.16	
2016	1 354.27	1 226.42	521.00	479.16	617.00	775.77	345.72	
2017	1 395.20	1 237.16	530.85	486.16	622.32	808.23	358.57	
2018	1 424.14	1 266.63	547.57	503.94	638.64	816.35	374.87	
2019	1 475.90	1 383.46	563.80	523.86	652.72	793.92	379.87	
2020	1 543.05	1 493.32	549.17	499.86	654.34	735.72	378.56	

基期 2016 年 =100	每就業者產出							
	全體產業	農林漁牧業	工業	服務業	批發及零售業	運輸及倉儲業	住宿及餐飲業	資訊與通訊傳播業
2015	113,476	54,469	128,860	108,262	120,905	94,759	44,135	175,135
2016	115,320	48,969	133,399	108,839	120,436	96,874	43,951	183,978
2017	119,404	53,093	139,052	111,781	124,155	102,241	43,907	187,496
2018	122,219	55,073	141,886	114,714	126,628	106,953	44,863	191,920
2019	125,107	54,178	143,840	118,573	131,526	107,537	46,918	201,011
2020	129,349	56,036	153,223	119,460	138,981	88,056	43,217	206,028

基期 2016 年 =100	金融及保險業	不動產業	專業、科學及技術服務業	支援服務業	醫療保健服務業	藝術、娛樂及休閒服務業	其他服務業	
2015	218,089	212,389	86,327	82,486	100,663	138,996	66,466	
2016	220,858	205,820	86,563	85,542	102,722	133,357	65,758	
2017	229,802	208,953	87,825	86,674	103,766	134,183	66,366	
2018	236,606	214,238	90,604	89,456	105,719	132,594	68,509	
2019	244,811	231,490	93,106	92,930	108,108	130,186	69,103	
2020	257,906	251,339	91,021	90,022	106,498	118,157	67,155	

資料來源：行政院主計總處，2021，《109 年度產值勞動生產力趨勢分析報告》。
說　　明：本報告書各表之行業分類係依第 10 次修訂之中華民國行業標準分類。

以每位就業者產出來看，2020 年全體產業的每位就業者產出為每月 129,349 元，較 2019 年之 125,107 元增加 4,242 元。服務業部分，2020 年為 119,460 元，亦較 2019 年之 118,573 元微幅增加；產出最高者依然為「金融及保險業」的 257,906 元，其次為「不動產業」的 251,339 元，再其次為「資訊與通訊傳播業」的 206,028 元；而服務業最低者為「住宿及餐飲業」，每位就業者產出為 43,217 元，相較上年度之 46,918 元減少 3,701 元。不過需要注意的是，因為 2020 年全球受到 COVID-19 疫情的影響，「運輸及倉儲業」與「藝術、娛樂及休閒服務業」每位就業者產出大幅減少，分別減少 19,481 元與 12,029 元。

‖ 第三節　我國服務業經營概況 ‖

一、服務業家數及銷售額分析

　　由財政部統計月報，我們可從服務業的家數與銷售額觀察，進一步瞭解目前產業內的樣態，深化對服務業的認識。我國服務業 2020 年銷售額達新臺幣 24 兆 8,712.26 億元，家數約 120.8 萬家；2020 年與 2019 年相比，營業家數與銷售金額均有提升。

（一）結構分析
　　「批發及零售業」依然是服務業中家數與銷售額最高的產業，2020 年的家數約 68.92 萬家，銷售額則由 2019 年的 15 兆 2,485.61 億元，成長至 15 兆 5,227.77 億元。（表 2-3-1）

　　以家數排名來看，家數最高者為「批發及零售業」，其他依序為「住宿及餐飲業」16.55 萬家；「其他服務業」8.73 萬家；「專業、科學及技術服務業」5.39 萬家；「不動產業」4.23 萬家；「金融及保險業」3.93 萬家；「藝術、娛樂及休閒服務業」3.43 萬家；「運輸及倉儲業」3.41 萬家。

　　以銷售額排名分析，除批發及零售業以外，銷售額較多的產業依序為「金融及保險業」2 兆 6,002.66 億元，「不動產業」1 兆 7,103.86 億元，「出版、影音製作、傳播及資通訊業」1 兆 3,423.37 億元，「運輸及倉儲業」1 兆 1,933.33

億元,「專業、科學及技術服務業」8,1968.8 億元,「住宿及餐飲業」7,041.2
億元,以及「支援服務業」5,427.2 億元。

◆表 2-3-1 我國服務業家數與銷售額(2018-2020 年)

[單位:家、新臺幣百萬元]

	2018		2019		2020	
	家數	銷售額	家數	銷售額	家數	銷售額
批發及零售業	672,736	15,157,620	678,410	15,248,561	689,172	15,522,777
運輸及倉儲業	32,555	1,282,596	33,216	1,285,737	34,098	1,193,333
住宿及餐飲業	152,200	704,808	157,098	731,837	165,490	704,119
出版、影音製作、傳播及資通訊業	21,271	1,174,547	22,653	1,284,148	24,054	1,342,337
金融及保險業	34,333	2,503,432	36,088	2,596,533	39,275	2,600,266
不動產業	36,726	1,254,972	39,028	1,448,664	42,288	1,710,386
專業、科學及技術服務業	48,331	791,122	50,758	788,896	53,885	819,688
支援服務業	30,536	543,610	31,366	558,918	31,901	542,723
公共行政及國防	12	3,271	13	4,157	13	4,534
教育服務業	3,581	20,350	4,187	22,171	4,769	23,713
醫療保健及社會工作服務業	1,060	31,520	1,216	34,325	1,408	34,660
藝術、娛樂及休閒服務業	30,569	105,215	32,994	115,501	34,293	114,260
其他服務業	83,041	251,211	84,940	261,787	87,259	258,432
服務業合計	1,146,951	23,824,274	1,171,967	24,381,235	1,207,905	24,871,226

資料來源:財政部,2021,《財政統計資料庫》。

(二)趨勢變化

　　從服務業家數成長率與銷售額成長率來看,過去一年的變化中,服務業主
要分為三個族群,包含成長率高的成長性產業、成熟期產業與衰退期產業(表
2-3-2)。

　　以家數成長率與銷售額成長率來看,2020 年家數與銷售額均呈現成長的
產業分別為「批發及零售業」、「出版、影音製作、傳播及資通訊業」、「金融
及保險業」、「不動產業」、「專業、科學及技術服務業」、「教育服務業」及「醫
療保健及社會工作服務業」等。

　　若僅以家數成長率分析,2020 年服務業平均家數成長率 3.07%。家數成

長率較高者依序爲「醫療保健及社會工作服務業」15.79%、「教育服務業」13.90%、「金融及保險業」8.83%、「不動產業」8.35%、「出版、影音製作、傳播及資通訊業」6.18%、「專業、科學及技術服務業」6.16%、「住宿及餐飲業」5.34%、「藝術、娛樂及休閒服務業」3.94%、「其他服務業」2.73%、「運輸及倉儲業」2.66%、「支援服務業」1.71% 及「批發及零售業」1.59%。

以銷售額成長率分析，2020 年服務業平均銷售成長率 2.01%。銷售額成長率較高依序爲「不動產業」18.07%、「公共行政與國防」9.08%、「教育服務業」6.96%、「出版、影音製作、傳播及資通訊業」4.53% 及「專業、科學及技術服務業」3.90%。至於「批發及零售業」1.80%、「醫療保健及社會工作服務業」0.98% 及「金融及保險業」0.14%，則是低於總體服務業平均銷售額成長率的產業。

而「運輸及倉儲業」、「住宿及餐飲業」、「支援服務業」、「其他服務業」及「藝術、娛樂及休閒服務業」則是呈現衰退的情形，分別衰退7.19%、3.79%、2.90%、1.28% 與 1.07%。

◆表 2-3-2 我國服務業單店年銷售額、家數及銷售成長率（2020 年）

單位：新臺幣百萬元、%

	單店年銷售額	家數成長	銷售成長
批發及零售業	22.52	1.59%	1.80%
運輸及倉儲業	35.00	2.66%	-7.19%
住宿及餐飲業	4.25	5.34%	-3.79%
出版、影音製作、傳播及資通訊業	55.81	6.18%	4.53%
金融及保險業	66.21	8.83%	0.14%
不動產業	40.45	8.35%	18.07%
專業、科學及技術服務業	15.21	6.16%	3.90%
支援服務業	17.01	1.71%	-2.90%
公共行政及國防	348.79	0.00%	9.08%
教育服務業	4.97	13.90%	6.96%
醫療保健及社會工作服務業	24.62	15.79%	0.98%
藝術、娛樂及休閒服務業	3.33	3.94%	-1.07%
其他服務業	2.96	2.73%	-1.28%
服務業合計	20.59	3.07%	2.01%

資料來源：財政部，2021，《財政統計月報民國 110 年》，（臺北：財政部）。

（三）銷售額區域分布

從服務業銷售額區域來看，臺北市在 2020 年與上年度一樣仍排名第一，可見臺北市依然爲服務業各次產業的集中地；也因此對服務業來說，臺北市的競爭最爲激烈。而排名第二名的縣市則依各區域的發展政策、地方特色及地理位置有所不同。

以「批發及零售業」來說，臺北市銷售額最高達 5 兆 9,815.00 億元，且遠遠領先其他縣市，第二爲新北市 2 兆 1,709.04 億元，第三爲高雄市 1 兆 5,480.51 億元，第四爲臺中市 1 兆 5,151.66 億元（表 2-3-3）。

另就近幾年較熱門的「餐飲及住宿業」來說，臺中市因位於臺北市與高雄市的中間位置，結合了我國南、北不同的口味，成爲餐飲業試水溫相當好的地點，「住宿及餐飲業」在當地銷售額爲 899.07 億元，與過去幾年一樣爲全臺第二，僅次於臺北市的 2,022.60 億元，可見其在住宿及餐飲業的發展潛力。

與我國進出口息息相關的「運輸及倉儲業」，桃園市的銷售額自 2014 年爲各縣市中第二，超越原本排名第二的高雄市後，2020 年繼續維持這樣的排名。桃園市的「運輸及倉儲業」銷售額爲 1,866.70 億元，僅次於臺北市的 4,914.96 億元，也領先新北市的 1,379.09 億元，與高雄市的 1,333.50 億元。

而以與我國工業最相關的服務業「專業、科學及技術服務業」來說，新竹縣「專業、科學及技術服務業」銷售額 496.75 億元，位居全國第六，若把新竹市一併納入，即視爲新竹科學園區的腹地，則加計新竹市 484.43 億元的銷售額，新竹縣市合計的銷售額爲 981.18 億元，仍然僅次於臺北市的 4,425.77 億元。

◆表 2-3-3 我國服務業銷售額區域分布（2020 年）

[單位：新臺幣百萬元]

地區別	批發及零售業	運輸及倉儲業	住宿及餐飲業	資訊及通訊傳播業	金融及保險業	不動產業
總計	15,522,777	1,193,333	704,119	1,342,337	2,600,266	1,710,386
新北市	2,170,904	137,909	74,654	122,119	122,398	276,776
臺北市	5,981,500	491,496	202,260	989,002	2,023,725	631,879
桃園市	1,162,692	186,670	55,124	15,245	67,174	128,140
臺中市	1,515,166	62,227	89,907	47,059	116,073	261,640
臺南市	791,063	27,117	46,159	17,853	47,558	76,380
高雄市	1,548,051	133,350	69,647	38,537	95,994	146,215
宜蘭縣	103,710	10,664	16,873	3,657	9,071	10,512
新竹縣	300,785	12,187	16,080	38,318	12,345	41,491
苗栗縣	179,450	6,470	9,198	4,596	8,047	11,089

地區別	批發及零售業	運輸及倉儲業	住宿及餐飲業	資訊及通訊傳播業	金融及保險業	不動產業
彰 化 縣	385,001	15,800	16,817	8,461	20,128	24,382
南 投 縣	89,032	5,211	13,821	3,707	7,345	4,689
雲 林 縣	163,543	12,495	7,975	4,902	9,985	13,447
嘉 義 縣	100,276	12,770	5,928	1,032	5,687	3,741
屏 東 縣	192,170	5,142	16,796	5,048	9,687	7,517
臺 東 縣	36,412	3,584	10,148	1,842	2,597	3,187
花 蓮 縣	69,976	5,190	13,405	3,252	5,439	7,246
澎 湖 縣	16,445	3,352	3,733	865	889	***
基 隆 市	55,139	44,338	6,880	4,805	5,440	3,703
新 竹 市	520,153	7,948	15,712	25,625	21,327	42,001
嘉 義 市	118,810	4,931	10,163	5,471	8,648	12,399
金 門 縣	20,760	3,026	2,334	787	674	2,242
連 江 縣	1,739	1,455	505	153	34	***

地區別	專業、科學及技術服務業	支援服務業	教育服務業	醫療保健及社會工作服務業	藝術、娛樂及休閒服務業	其他服務業
總計	819,688	542,723	23,713	34,660	258,432	261,787
新 北 市	101,888	51,618	2,437	2,260	28,889	28,031
臺 北 市	442,577	307,139	8,780	6,707	64,204	75,870
桃 園 市	51,026	34,166	2,388	559	30,442	29,121
臺 中 市	50,076	39,709	3,290	2,678	29,527	27,365
臺 南 市	16,186	17,222	1,226	656	13,517	12,969
高 雄 市	31,988	42,305	2,305	20,081	29,360	27,751
宜 蘭 縣	2,248	2,560	155	42	3,409	3,423
新 竹 縣	49,675	8,288	403	271	8,236	7,574
苗 栗 縣	5,771	3,558	108	163	4,993	5,078
彰 化 縣	5,328	5,358	347	497	9,066	8,644
南 投 縣	1,527	1,743	69	31	2,964	2,977
雲 林 縣	1,952	2,772	157	52	4,351	3,990
嘉 義 縣	1,747	4,501	44	***	2,686	2,356
屏 東 縣	2,635	2,938	627	144	5,607	5,388
臺 東 縣	751	984	62	20	1,391	1,408
花 蓮 縣	1,791	1,538	130	200	1,820	1,836
澎 湖 縣	145	1,201	26	***	453	480
基 隆 市	1,519	2,701	89	77	2,551	2,357
新 竹 市	48,443	9,176	772	105	9,687	9,959
嘉 義 市	1,993	2,301	278	53	4,778	4,723
金 門 縣	365	853	16	6	441	439
連 江 縣	58	90	3	***	60	48

資料來源：財政部，2021，《財政統計月報 民國 110 年》。

説　　明：*** 表示不陳示數值以保護個別資料。

二、服務業各業別規模變化

　　企業規模可從企業平均人數來觀察，如表 2-3-4 所示。進一步依產業與企業兩種面向分析企業規模，可分成行業總人數（行業規模）與企業平均人數（企業規模）同步上升的同步成長行業、只有產業指標單項成長行業、只有企業指標單項成長行業以及兩項指標同步下降行業來觀察。由於 2020 年除了「公共行政及國防」企業規模上升之外，其他細項服務業的企業規模均下降，因此以下就以行業規模上升、企業規模下降，以及行業指標與企業規模同時下降的兩個構面來說明：

（一）行業規模上升、企業規模下降的行業

　　根據 2020 年的統計資料，可以看出我國服務業中除了「批發及零售業」與「不動產業」之外，其他細項服務業的行業人數都有成長，但企業人均數卻反向縮小，可見這些行業的家數變多但每家的規模都縮小，顯示所有細項服務產業在最近一年有更多的業者加入該產業，進而帶動產業人數成長，但因為企業增加人數並沒有如業者增加的速度快，造成企業人均數下降。

（二）行業規模與企業規模同步下降的行業

　　「批發及零售業」與「不動產業」在 2020 年產業人數都有減少，但企業人均數卻下降得更快，可見這些行業的家數變多但每家的規模都縮小，顯示這兩個行業在最近一年有更多的業者加入該產業，但因為產業人數略微減少，因此造成企業人均數下降。

◆表 2-3-4 我國服務業員工人數及企業規模（2019-2020 年）

[單位：家、千人、人、%]

	2019 家數	2020 家數	2019 人數	2020 人數	2019 企業 人均數	2020 企業 人均數	2019 企業人均 數成長率	2020 行業總人 數成長率
批發及零售業	678,410	689,172	1,915	1,899	2.82	2.76	-2.38%	-0.84%
運輸及倉儲業	33,216	34,098	450	455	13.55	13.34	-1.50%	1.11%
住宿及餐飲業	157,098	165,490	848	854	5.40	5.16	-4.40%	0.71%
出版、影音製作、傳播及資通訊業	22,653	24,054	262	266	11.57	11.06	-4.39%	1.53%

	2019 家數	2020 家數	2019 人數	2020 人數	2019 企業人均數	2020 企業人均數	2019 企業人均數成長率	2020 行業總人數成長率
金融及保險業	36,088	39,275	434	434	12.03	11.05	-8.11%	0.00%
不動產業	39,028	42,288	108	106	2.77	2.51	-9.42%	-1.85%
專業、科學及技術服務業	50,758	53,885	377	382	7.43	7.09	-4.55%	1.33%
支援服務業	31,366	31,901	297	298	9.47	9.34	-1.35%	0.34%
公共行政及國防	13	13	368	374	28307.69	28769.23	1.63%	1.63%
教育服務業	4,187	4,769	657	657	156.91	137.76	-12.20%	0.00%
醫療保健及社會工作服務業	1,216	1,408	461	474	379.11	336.65	-11.20%	2.82%
藝術、娛樂及休閒服務業	32,994	34,293	115	117	3.49	3.41	-2.11%	1.74%
其他服務業	84,940	87,259	557	563	6.56	6.45	-1.61%	1.08%

資料來源：財政部，2021，《財政統計資料庫》；行政院主計總處，2021，《109 年人力資源調查統計》。

三、服務業就業情勢

（一）服務業就業人數及結構

1. 服務業就業人數

（1）就業人數較多業別

2020 年就業人數與占比最多的業別是「批發及零售業」，就業人數達到 189.9 萬人，占全國總就業人數比例為 16.51%。主要因為批發零售業係將商品由製造業移轉至消費者的最後一站，市場對其需求較大，就業吸納能力較大；再者，批發零售展店模式標準化，提高展店效率，在大量展店的情況下，投入人數亦較多。

（2）成長率較高業別

「醫療保健及社會工作服務業」在 2020 年就業人數成長率最高，達 2.82%，其次為「藝術、娛樂及休閒服務業」的 1.74%，再其次為「公共行政及國防」的 1.63%。其他成長率超過 1% 以上的行業有「出版、影音製作、傳播及資通訊業」的 1.53%、「專業、科學及技術服務業」的 1.33% 與「運輸及倉儲業」的 1.11%。然而，與 2019 年相比，2020 年服務業只有 0.44% 的成長，說明整體表現其實不甚理想。

（3）幾近停滯與成長衰退的業別

2020年「住宿及餐飲業」的就業人數85.4萬人，僅有0.71%小幅成長；「支援服務業」的就業人數29.8萬人，也僅有0.34%的成長。而「金融及保險業」與「教育服務業」人數成長則是呈現幾近停滯。此外，「不動產業」與「批發及零售業」的就業人數分別為10.6萬與189.9萬，分別衰退為1.85%和0.84%。

◆表 2-3-5 我國服務業就業人數、占比與成長率（2015-2020 年）

	2015 年	2016 年	2017 年	2018 年	2019 年	2020 年	結構占比	成長率
	千人	千人	千人	千人	千人	千人		（2020）
總計	11,198	11,267	11,352	11,434	11,500	11,504	100.00%	0.03%
服務業	6,609	6,667	6,732	6,790	6,849	6,879	59.80%	0.44%
G 批發及零售業	1,842	1,853	1,875	1,901	1,915	1,899	16.51%	-0.84%
H 運輸及倉儲業	437	440	443	446	450	455	3.96%	1.11%
I 住宿及餐飲業	813	826	832	838	848	854	7.42%	0.71%
J 出版、影音製作、傳播及資通訊業	246	249	253	258	262	266	2.31%	1.53%
K 金融及保險業	420	424	429	432	434	434	3.77%	0.00%
L 不動產業	100	100	103	106	108	106	0.92%	-1.85%
M 專業、科學及技術服務業	362	368	372	374	377	382	3.32%	1.33%
N 支援服務業	281	286	292	296	297	298	2.59%	0.34%
O 公共行政及國防	375	374	373	367	368	374	3.25%	1.63%
P 教育服務業	650	652	652	653	657	657	5.71%	0.00%
Q 醫療保健及社會工作服務業	438	444	451	456	461	474	4.12%	2.82%
R 藝術、娛樂及休閒服務業	99	103	106	110	115	117	1.02%	1.74%
S 其他服務業	546	547	551	554	557	563	4.89%	1.08%

資料來源：行政院主計總處，2021，《109 年人力資源調查統計》。

2. 服務業就業人口結構

以下從性別、年齡及教育程度來分析服務業中就業人口的結構。

（1）性別

2020年服務業就業人數達687.9萬人，其中男性占46.13%；女性則占53.87%，屬女性高於男性的行業（如表2-3-6所示）。其中「運輸及倉儲業」、

「出版、影音製作、傳播及資通訊業」、「不動產業」、「支援服務業」以及「公共行政及國防」等產業以男性的就業人口為較多，尤以「運輸及倉儲業」的 77.36% 大幅領先女性。而「批發及零售業」、「住宿及餐飲業」、「金融及保險業」、「專業、科學及技術服務業」、「教育服務業」、「醫療保健及社會工作服務業」、「藝術、娛樂及休閒服務產業」以及「其他服務業」等，則是以女性就業人口占最多，尤以「醫療保健及社會工作服務業」、「教育服務業」與「金融及保險業」女性就業人口最多分別占 79.32%、74.58% 與 64.29%。

◆表 2-3-6 我國各產業與服務業就業人口性別結構（2018-2020 年）

[單位：千人、%]

	2018 年千人	2019 年千人	2020 年千人	男生人數	男生占比（%）	女生人數	女生占比（%）
總計	11,434	11,500	11,504	6,378	55.44%	5,126	44.56%
農林漁牧業	561	559	548	406	74.09%	142	25.91%
工業	4,083	4,092	4,076	2799	68.67%	1,278	31.35%
服務業	6,790	6,849	6,879	3173	46.13%	3,706	53.87%
G 批發及零售業	1,901	1,915	1,899	913	48.08%	986	51.92%
H 運輸及倉儲業	446	450	455	352	77.36%	103	22.64%
I 住宿及餐飲業	838	848	854	404	47.31%	450	52.69%
J 出版、影音製作、傳播及資通訊業	258	262	266	155	58.27%	111	41.73%
K 金融及保險業	432	434	434	155	35.71%	279	64.29%
L 不動產業	106	108	106	58	54.72%	49	46.23%
M 專業、科學及技術服務業	374	377	382	167	43.72%	215	56.28%
N 支援服務業	296	297	298	178	59.73%	120	40.27%
O 公共行政及國防	367	368	374	189	50.53%	185	49.47%
P 教育服務業	653	657	657	167	25.42%	490	74.58%
Q 醫療保健及社會工作服務業	456	461	474	98	20.68%	376	79.32%
R 藝術、娛樂及休閒服務業	110	115	117	58	49.57%	59	50.43%
S 其他服務業	554	557	563	279	49.56%	283	50.27%

資料來源：行政院主計總處，2021，《109 年人力資源調查統計》。
說　　明：工業包含礦業及土石採取業、製造業、電力及燃氣供應業、用水供應業與營造業。

（2）年齡

由表 2-3-7 可以得知各年齡區間與各產業類別的結構概況：

① 15~24 歲投入最多的產業：「批發及零售業」、「住宿及餐飲業」。

從 15~24 歲的年齡區間可以看出，以「批發及零售業」的就業人口最多，達 16.5 萬人，在「批發及零售業」就業人口中占 8.69%，其次為「住宿及餐飲業」達 15.2 萬人，在「住宿及餐飲業」就業人口中占 17.80%，只有這兩行業高於 10 萬人以上。且 15~24 歲投入「住宿及餐飲業」占比最高，顯示該行業投入年齡最輕，也顯示此行業之低門檻特性。

② 25~44 歲投入各服務業的絕對、相對人口數為：就絕對人數而言，以「批發及零售業」、「住宿及餐飲業」及「教育服務業」較多，分別為 95.3 萬人、40.8 萬人及 35.7 萬人。其他產業如：「醫療保健及社會工作服務業」、「其他服務業」、「金融及保險業」、「專業、科學及技術服務業」、以及「運輸及倉儲業」也有超過 20 萬人的規模。就相對比例而言，整體服務業達 52.07%，高於整體服務業比例的產業依序為：「出版、影音製作、傳播及資通訊業」、「專業、科學及技術服務業」、「醫療保健及社會工作服務業」、「不動產業」、「金融及保險業」、「藝術、娛樂及休閒服務業」及「教育服務業」；反之，其它產業之就業比例較整體服務業低。另外從每個細項服務業的年齡階層來看，除了「支援服務業」是以 45~64 歲投入人口占比最高外，其他細項服務產業均以 25~44 歲投入人口占比為最高，顯示各行業幾乎均以此年齡階層為主要投入人口。

③ 45~64 歲投入較多的產業：「批發及零售業」，占比最高為「支援服務業」。

從表中可以看出 45~64 歲以「批發及零售業」的就業人口最多，有 71.1 萬人，而「住宿及餐飲業」、「教育服務業」以及「其他服務業」也有 20 萬人以上的規模；參與最少的為「藝術、娛樂及休閒服務產業」、「不動產業」以及「出版、影音製作、傳播及資通訊業」，皆未達 10 萬人。

④ 65 歲以上投入較多的產業「批發及零售業」。

「批發及零售業」的 65 歲以上就業人口最高，為 7.1 萬人，其次為「其他服務業」的 2.1 萬人，再其次為「住宿及餐飲業」與「支援服務業」，分別是 2.0 萬人與 1.3 萬人。由於 65 歲以上人口多半皆已退休，故有些行業如「出版、影音製作、傳播及資通訊業」及「不動產業」等參與僅千人。

從 4 類年齡區間中，可以發現「批發及零售業」在各年齡區間皆有最多的就業人口，進而可以瞭解到當今中華民國服務業以「批發及零售業」為服務業主要就業人口之大宗，總共有 189.9 萬人，占服務業比重為 27.61%，占全國總就業人口的 16.51%。

◆表 2-3-7 我國各產業與服務業就業人口年齡結構（2020 年）

[單位：千人、%]

	總計 千人	15-24 歲 千人	15-24 歲 結構比	25-44 歲 千人	25-44 歲 結構比	45-64 歲 千人	45-64 歲 結構比	65 歲以 上千人	65 歲以 上結構比
總計	11,504	850	7.39%	5,962	51.83%	4,370	37.99%	321	2.79%
農林漁牧業	548	16	2.92%	128	23.36%	300	54.74%	104	18.98%
工業	4,076	219	5.37%	2253	55.27%	1548	37.98%	56	1.37%
服務業	6,879	615	8.94%	3582	52.07%	2522	36.66%	161	2.34%
G 批發及零售業	1,899	165	8.69%	953	50.18%	711	37.44%	71	3.74%
H 運輸及倉儲業	455	25	5.49%	234	51.43%	187	41.10%	10	2.20%
I 住宿及餐飲業	854	152	17.80%	408	47.78%	273	31.97%	20	2.34%
J 出版、影音製作、傳播及資通訊業	266	21	7.89%	182	68.42%	63	23.68%	1	0.38%
K 金融及保險業	434	23	5.30%	240	55.30%	169	38.94%	2	0.46%
L 不動產業	106	6	5.66%	60	56.60%	40	37.74%	1	0.94%
M 專業、科學及技術服務業	382	27	7.07%	236	61.78%	116	30.37%	3	0.79%
N 支援服務業	298	12	4.03%	121	40.60%	152	51.01%	13	4.36%
O 公共行政及國防	374	22	5.88%	184	49.20%	162	43.32%	6	1.60%
P 教育服務業	657	41	6.24%	357	54.34%	255	38.81%	5	0.76%
Q 醫療保健及社會工作服務業	474	51	10.76%	290	61.18%	126	26.58%	6	1.27%
R 藝術、娛樂及休閒服務業	117	17	14.53%	64	54.70%	34	29.06%	2	1.71%
S 其他服務業	563	53	9.41%	254	45.12%	234	41.56%	21	3.73%

資料來源：行政院主計總處，2021，《109 年人力資源調查統計》。
說　　明：工業包含礦業及土石採取業、製造業、電力及燃氣供應業、用水供應業與營造業。

（3）教育程度

從教育程度來分析服務業就業人口的結構，「國中及以下」、「高中職」、「大專及以上」的占比分別為 10.44%、29.23%、60.33%，可以發現在目前服

務業中，「大專及以上」占了半數以上（60.33%）的就業人口（如表 2-3-8 所示）。且「大專及以上」之比重較上年度上升，「國中及以下」與「高中職」占比則較上年度下降，顯示國內服務業就業人口教育程度亦隨我國高教普及而越來越高。其他分述如下：

①「國中及以下」就業人口投入較多的行業：「批發及零售業」與「住宿及餐飲業」、「其他服務業」。

在此教育程度中，「批發及零售業」為就業人口投入較多的行業，有 25.0 萬人，其次為「住宿及餐飲業」以及「其他服務業」，就業人口分別為 15.7 萬人、11.6 萬人。而「出版、影音製作、傳播及資通訊業」、「金融及保險業」、「不動產業」以及「專業、科學及技術服務業」等產業，「國中及以下」的就業人口皆未達 1 萬人。

◆表 2-3-8 我國各產業與服務業就業人口教育程度結構（2020 年）

[單位：千人、%]

	總計 千人	國中及以 下千人	國中及以 下百分比	高中職 千人	高中職 百分比	大專及 以上千人	大專及以 上百分比
總計	11,504	1,749	15.20%	3,677	31.96%	6,078	52.83%
農林漁牧業	548	308	56.20%	171	31.20%	69	12.59%
工業	4,076	723	17.74%	1,494	36.65%	1,859	45.61%
服務業	6,879	718	10.44%	2,011	29.23%	4150	60.33%
G 批發及零售業	1,899	250	13.16%	693	36.49%	956	50.34%
H 運輸及倉儲業	455	64	14.07%	194	42.64%	197	43.30%
I 住宿及餐飲業	854	157	18.38%	381	44.61%	315	36.89%
J 出版、影音製作、傳播及資通訊業	266	2	0.75%	21	7.89%	243	91.35%
K 金融及保險業	434	3	0.69%	63	14.52%	368	84.79%
L 不動產業	106	2	1.89%	34	32.08%	70	66.04%
M 專業、科學及技術服務業	382	3	0.79%	46	12.04%	333	87.17%
N 支援服務業	298	67	22.48%	116	38.93%	115	38.59%
O 公共行政及國防	374	14	3.74%	50	13.37%	311	83.16%
P 教育服務業	657	11	1.67%	46	7.00%	600	91.32%
Q 醫療保健及社會工作服務業	474	15	3.16%	64	13.50%	394	83.12%
R 藝術、娛樂及休閒服務業	117	15	12.82%	40	34.19%	62	52.99%
S 其他服務業	563	116	20.60%	263	46.71%	183	32.50%

資料來源：行政院主計總處，2021，《109 年人力資源調查統計》。
說　　明：工業包含礦業及土石採取業、製造業、電力及燃氣供應業、用水供應業與營造業。

②「高中職」就業人口投入較多的行業：「批發及零售業」、「住宿及餐飲業」與「其他服務業」。

「批發及零售業」、「住宿及餐飲業」以及「其他服務業」，投入人口分別為 69.3 萬人、38.1 萬人與 26.3 萬人，而「運輸及倉儲業」爲 19.4 萬人、「支援服務業」爲 11.6 萬人，其餘產業皆未達 10 萬人。

③「大專及以上」就業人口投入較多的行業：「批發及零售業」、「教育服務業」、「醫療保健及社會工作服務業」、「金融及保險業」。

「批發及零售業」爲投入最多的就業人口，有 95.6 萬人，其次爲「教育服務業」、「醫療保健及社會工作服務業」以及「金融及保險業」，分別有 60.0 萬人、39.4 萬人，36.8 萬人。在此教育程度中，僅「藝術、娛樂及休閒服務業」及「不動產業」的就業人數未達 10 萬人，此結果也與上年度相同。從以上分析中可以發現，「批發及零售業」不管是從性別、年齡或教育程度來看，皆占最多的就業人口，顯示「批發及零售業」人力需求量大，在就業方面居重要地位。

3. 服務業薪資結構

依據行政院主計總處之統計資料，2020 年服務業每月平均經常性薪資達 44,227 元（如表 2-3-9 所示），超過上年度的 43,572 元，成長率爲 1.50%。從下表可觀察到「金融及保險業」的經常性薪資在服務業中最高，達 63,726 元，其次爲「出版、影音製作、傳播及資通訊業」，達 60,807 元，再其次爲「專業、科學及技術服務業」的 53,359 元；而經常性薪資高於 4 萬元的產業還有「醫療保健服務業」、「運輸及倉儲業」、「不動產業」及「批發及零售業」。而「教育服務業」之經常性薪資是所有細項服務產業最低者，僅爲 27,882 元，未滿 3 萬元。若將 2019 年與 2020 年相比，除「運輸及倉儲業」減少 0.51% 外，各項服務業的經常性薪資都有成長，其中以「出版、影音製作、傳播及資通訊業」成長幅度最大，達 3.22%；「不動產業」、「專業、科學及技術服務業」、「藝術、娛樂及休閒服務業」及「其他服務業」成長幅度均超過服務業平均成長；而「住宿及餐飲業」、「醫療保健服務業」、「教育服務業」、「金融及保險業」、「批發及零售業」及「支援服務業」經常性薪資成長率低於整體服務業平均水準。

「教育服務業」爲服務業中最低薪資者，其經常性薪資爲 27,882 元，非經常性薪資爲 3,132 元，而平均經常性薪資較 2019 年成長 0.94%，非經常性薪資則增加 7.48%。然而依據行政院主計總處之統計資料顯示，「教育服務業」

有 91.32% 就業人口的教育程度為大專以上，這些資料說明教育服務業的內涵、結構及問題仍須進一步研究瞭解。

◆表 2-3-9 我國各業平均經常性薪資與非經常性薪資（2019-2020 年）

[單位：元新臺幣、%]

	2019 年		2020 年		2019 與 2020 年相較	
	經常性薪資	非經常性薪資	經常性薪資	非經常性薪資	經常性薪資	非經常性薪資
工業及服務業	41,776	11,681	42,394	11,766	1.48%	0.73%
工業部門	39,275	13,590	39,835	13,301	1.43%	-2.13%
服務業部門	43,572	10,310	44,227	10,666	1.50%	3.45%
G 批發及零售業	41,306	10,022	41,678	10,603	0.90%	5.80%
H 運輸及倉儲業	44,719	10,869	44,491	10,606	-0.51%	-2.42%
I 住宿及餐飲業	31,487	3,199	31,910	3,108	1.34%	-2.84%
J 出版、影音製作、傳播及資通訊業	58,909	13,235	60,807	13,234	3.22%	-0.01%
K 金融及保險業	63,130	29,929	63,726	30,747	0.94%	2.73%
L 不動產業	41,705	8,726	42,740	11,448	2.48%	31.19%
M 專業、科學及技術服務業	52,133	11,401	53,359	11,209	2.35%	-1.68%
N 支援服務業	34,100	3,516	34,329	3,428	0.67%	-2.50%
P 教育服務業	27,621	2,914	27,882	3,132	0.94%	7.48%
Q 醫療保健及社會工作服務業	52,606	11,439	53,106	11,117	0.95%	-2.81%
R 藝術、娛樂及休閒服務業	36,891	2,629	37,702	2,927	2.20%	11.34%
S 其他服務業	31,671	3,923	32,191	4,112	1.64%	4.82%

資料來源：行政院主計總處，2021，《薪資及生產力統計資料》。

說　　明：1. 工業包含礦業及土石採取業、製造業、電力及燃氣供應業、用水供應業與營造業。
　　　　　　2. 本項統計涵蓋範圍自 2019 年 1 月起新增「研究發展服務業」、「學前教育」及「社會工作服務業」。
　　　　　　3. 本表不含「O 公共行政及國防」之統計資料。

四、服務業研發經費比較

我國服務業包含政府與民間投入的研發經費，雖歷年來比例皆不到製造業的一半，但每年皆有成長，加上近幾年政府大力推展服務業，政策上也推動服務業科技化，復以近年來智慧型手機日趨普遍，行動 APP 興起，數位支付應

用更加普及，OMO（Online Merge Offline）營運模式受到重視，因此服務業各行業業主在研發方面相當重視，投入也相當積極，此將有利於我國服務業的創新及持續發展。

在研發經費方面，由於資料取得之限制僅更新至 2019 年；在研發經費上，從表 2-3-10 可以看到，「出版、影音製作、傳播及資通訊業」的研發經費投入最高，高達 16,987 百萬元，其次是「專業、科學及技術服務業」的 9,404 百萬元，至於「金融及保險業」、「批發及零售業」以及「醫療保健及社會工作服務業」，也分別有 4,640 百萬元、4,556 百萬元、4,308 百萬元以及的研發經費投入；此外，「住宿及餐飲業」及「不動產業」的研發經費投入分別僅 60 百萬元、93 百萬元。就研發經費投入成長率來看，最高者為「金融及保險業」達 11.89%，其次為「其他行業」的 8.44%，「不動產業」的 5.68%，「出版、影音製作、傳播及資通訊業」的 5.65%。而「運輸及倉儲業」衰退 7.82%，「專業、科學及技術服務業」衰退 6.48%，「住宿及餐飲業」衰退 3.23%，「醫療保健及社會工作服務業」衰退 0.35%。其他如「批發及零售業」則為小幅度成長。

◆表 2-3-10 我國服務業歷年研發經費（2014-2019 年）

[單位：新臺幣百萬元、%]

	2014 研發經費	2015 研發經費	2016 研發經費	2017 研發經費	2018 研發經費	2019 研發經費
G 批發及零售業	1,769	1,698	2,044	4,106	4,543	4,556
H 運輸及倉儲業	213	223	339	485	409	377
I 住宿及餐飲業	2	2	18	52	62	60
J 出版、影音製作、傳播及資通訊業	15,286	15,949	17,033	14,669	16,078	16,987
K 金融及保險業	2,558	3,034	3,379	3,880	4,147	4,640
L 不動產業	43	36	39	92	88	93
M 專業、科學及技術服務業	7,191	7,498	7,439	9,594	10,056	9,404
Q 醫療保健及社會工作服務業	3,446	3,522	3,545	4,191	4,323	4,308
其他行業	178	162	186	257	320	347

資料來源：行政院科技部，2021，《全國科技動態調查－科學技術統計要覽》。
說　　明：其他服務業包括藝術、娛樂及休閒、公共行政及國防、強制社會安全及教育服務等。

‖ 第四節　我國商業服務業發展趨勢 ‖

　　我國商業服務業業者多屬中小企業，很容易受到國際情勢與大環境的影響。在國際上因爲受到美國前總統川普發動貿易戰的影響，使得國際經濟產生波動，連帶影響我國企業獲利、進而影響我國內需市場與消費。在國內產業環境上，店面零售業者面臨無店面零售業者的強烈競爭，多半呈現低速成長或衰退；再加上近 2 年全球 COVID-19 疫情的影響，不但造成全球產業的衝擊，也因爲疫情防治的關係，內需服務業也大受影響。所以，2020 年我國服務業整體或個別細項產業的發展與經營概況（見本章前二節），所呈現的指標都不如以往突出。這些情況其實並非只發生在今日，在過往的一段時間裡已逐漸顯現，只是面對國內外不確定因素越來越高，我國商業服務業者應持續提高警覺、積極應對。

　　2020 年初爆發的 COVID-19 疫情迅速席捲全球，我國商業服務業者，如大型餐飲業者與大型零售賣場業者等，因消費者擔心到公共場所容易遭受感染，而減少外出消費，連帶造成業者營收下降。好在我國疫情控制得當，行政院陸續推出紓困、振興等政策來協助企業發展、保障員工就業，進而發行三倍振興券，引發民眾「報復性消費」。雖然在國際間疫情仍然持續發展，與國際生產鏈相關的產業營收仍受到影響，不過大部分的服務業營收因爲國內消費信心的回升而有所改善。

　　到了 2021 年，一開始在年初的署立桃園醫院的群聚感染，造成民眾出外消費的疑慮；5 月中因爲諾富特酒店與萬華地區茶藝館群聚影響，造成疫情延燒，本土確診案例急升，5 月 15 日本土確診 180 例破我國單日確診人數高峰，同時，臺北市及新北市宣布疫情「三級警戒」，並祭出多項防疫限制措施，包括活動停辦、高中以下停課，且陸續多縣市擴大管制「行業禁令」。中央流行疫情指揮中心也爲因應國內 COVID-19 本土疫情持續嚴峻，宣布自 5 月 19 日起提升全國疫情警戒至第三級，其中，與民生息息相關之商業服務業，須強制施行實聯制，且須維持適當距離、使用隔板；無法落實措施之業者，則建議民眾外帶用餐。此外，也嚴格限制室內與室外的聚集人數，連帶影響很多服務業的發展。從這兩年消費行爲的變化，就可以觀察出我國商業服務業未來發展的趨勢。

一、消費者透過各種裝置進行線上購物的比例持續增加

消費者在購物途徑的選擇上，一直都是在線下與線上間遊走。電子商務開展時，消費者透過線上方式購物的比例快速增加，隨後因為實體店面業者越加重視服務、重視帶給消費者不同的體驗，消費者開始回到實體店面來購物。根據 PwC（2019）全球消費者洞察調查顯示，在 COVID-19 爆發之前，消費者每周到實體店家消費的比例，由 2016 年的 40% 提升至 2019 年的 47%，顯示消費者又開始重視實體通路購物。不過，在 COVID-19 爆發之後，這樣的態勢又開始有了變化。由於出門購物會增加感染的風險，甚至很多國家或地區因為疫情嚴重而封城，或管制店家營業與購物的時間，雖然到實體店消費購物的比例略有回升，但是很多的消費者還是偏好透過不同的裝置在線上購物，並運用物流服務送至消費者的家中。

消費者因為COVID-19改變消費方式，我們也可以從國內實際案例觀察到，在 2020、2021 兩年間，大型實體零售店家因為疫情的影響，來客數與營收皆快速減少。在另一方面，消費者線上購物的比例快速增加，連帶提升電商平台的營收。我們也觀察到只要業者有提供線上購物的方式，其所受到的衝擊就會比實體店所受的衝擊小。這個現象不僅呼應了過去年鑑所提到的發展全通路的重要性，更是在「疫情新常態」的狀況下，零售業者必須積極應對的發展方向。

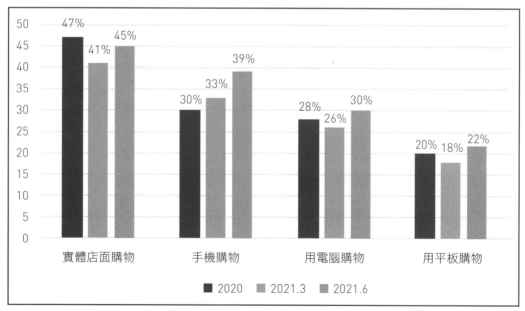

資料來源：PwC（2021）。

◆圖 2-4-1 消費者消費方式的變化

此外，目前經濟部正在推動「引領中小微型企業數位轉型戰略攻頂計畫」，不論是針對商業服務業各項業別，以及如商圈等場域，都在大力推動業者透過導入科技化與雲端技術，強化經營能量，除了是呼應到消費者開始運用相關裝置進行線上購物的發展趨勢之外，也希望透過科技裝置與雲端技術的使用，讓傳統的店家能夠有更好的連結，再透過細膩的服務讓消費者可以從線上、進而到實體店消費。

二、因對未來經濟發展仍有疑慮，消費者對價格會更加的敏感，業者要能提出更加優惠的價格與服務內容才能吸引消費者前來消費

由於近兩年的 COVID-19 疫情的影響，使得很多國家以及產業的發展受到很大的影響。很多國家因為疫情嚴重而必須封城，連帶造成經濟受到很大的衝擊。雖然我國的疫情控制相對較好，不過對於很多商業服務業而言，在 2020 年的 1 月底到 5 月份，以及 2021 年 5 月到 7 月底的三級警戒期間，在營收方面都造成很大的衝擊。尤其今年因為疫情相對較嚴重，中央甚至命令部分服務業必須暫停營業，連帶造成相關產業的就業民眾收入銳減，整體經濟成長力道減弱，也使得大部分民眾的收入受到影響。

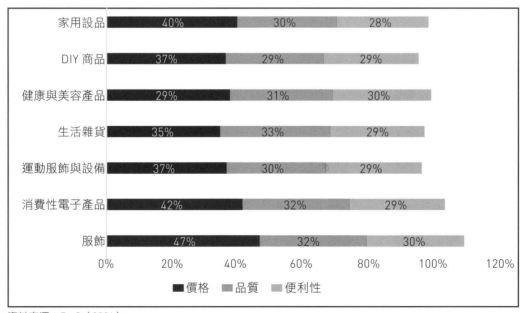

資料來源：PwC（2021）。

◆圖 2-4-2 消費者對於相關產品購買的考量因素

　　截至目前，COVID-19 疫情對產業的影響還不知道何時才能結束，消費者對於未來全球景氣發展仍有疑慮，因此在消費上會漸趨保守，對於服務與產品的價格會更加敏感。從 PwC（2021）所做的調查，不論是服飾、消費性電子產品、運動服飾與設備、生活雜貨、健康與美容產品、DIY 商品與家用設備，消費者在實際消費的考量因素上，價格都是排在第一位，品質或便利性才排在第二、第三位。因此，若要吸引消費者前來消費，給予價格優惠可能是一種方式，或是要提供更實惠的商品或服務內容，才會吸引消費者上門消費。

三、人手一機的行動支付時代即將到來

　　資策會產業情報研究所（MIC）於今年年初發布 2020 年下半年行動支付消費者調查，調查中發現在疫情帶動下，臺灣消費者已經有 60.3% 使用行動支付，雖然低於實體卡的 76.3% 與 75.5% 的現金，卻首度超越實體電子票證（54.8%）。此外，當商家提供支援，消費者會優先選擇行動支付的比例，從2018 年的 22.9% 上升至 2020 下半年的 37.2%，超越 34.5% 的實體卡與 18.8%的現金，這顯示消費者運用行動支付的時代即將到來。[1]

　　近兩年因為 COVID-19 疫情的影響，提升消費者衛生意識，也促使行動支付成為消費者新寵。根據今年 8 月份萬事達卡發布行動支付使用習慣調查，有73% 消費者傾向在不同消費場域使用不同行動支付品牌，由於各品牌、通路提供的回饋不相同，促使消費者在手機上裝更多種行動支付以達回饋最大化，且有 64% 消費者因疫情增加使用行動支付品牌數。再者，疫情增加消費者使用行動支付的場域，包含於超市、量販採買皆成為民眾無處不「嗶」的所在，也促使行動支付平均消費金額上揚。根據萬事達卡調查，疫情前僅 35% 的人平均消費金額超過 250 元，疫情發生後則大幅成長，目前有 46% 行動支付使用者平均消費金額超過 250 元。

　　今年中央政府發行振興五倍券，並透過各項優惠措施鼓勵民眾數位綁定，也透過不同補助計畫來協助業者與支付業者合作，以提供消費者以行動、數位支付的方式消費。相信藉由各級政府的大力推動、消費習慣的逐漸改變，再加上疫情的催化，行動支付的時代將會快速到來。

註 1 ｜ 請參閱 MIC（2021）。

四、除了節約能源外，調整營運模式才可能達到淨零碳排的目標

2020 年開始，極端氣候發生的機率越來越頻繁，如去年加州森林大火、今年年初德州暴雪、臺灣五月之前的「百年大旱」，讓「淨零碳排」成為國際間熱門名詞。

根據科學家的研究，目前氣候危機很大原因是人類工業革命產生大量溫室氣體，造成了地球暖化，如果不控制地球升溫不超過工業革命前 1.5 度 C 到 2 度 C 之內，地球很可能在 2100 年就不適宜人類居住。而要阻止地球持續升溫，一大關鍵就是在 2050 年以前，全球碳排放要降回 2005 年的水準。

國際能源署（IEA）在 2021 年 5 月 18 日，發表了第一份全球能源系統達到淨零排放的預測路徑分析報告「2050 淨零：全球能源部門路徑圖」（Net Zero by 2050: A Roadmap for the Global Energy Sector），盼有助各國制定能源相關政策。歐盟在 2019 年提出 2050 年達到淨零排放目標後，近日也提出將徵收碳邊境稅，在全球帶動淨零討論的雪球效應，截至 2021 年 4 月，全球已有 131 個國家宣示或規劃 2050 年淨零排放目標。

今年 4 月 22 日總統蔡英文於臉書發表「臺灣邁向 2050 淨零排放兩階段」，並說明：「根據 2019 年的數據，臺灣的總碳排中，有 56.4% 來自電力排放。做好能源轉型，才能為邁向淨零轉型的目標，打好基礎。」行政院蘇貞昌院長也宣示 2050 年淨零碳排，並支持能源轉型。

要達到 2050 年淨零碳排不能僅靠單一解決方案，而是必須同時從供給、使用、製造、環境四個方向著手。在供給端找到低碳電力，在使用端採取節約能源，在製造端改變製程與原料，在環境面則透過碳捕捉與封存（Carbon Capture and Storage, CSS）技術，將電廠、工廠排放出來的二氧化碳封存到地底中。在過去，商業服務業部門主要由節約能源著手，透過更換耗能設備、調整行為來進行節能減碳。不過，由於淨零排碳的目標更加遠大，除了上述節能行動之外，必須還要透過營運方式的調整與教育消費者著手，才有可能在 2050 年達到所設定的目標。

就實際做法而言，服務業者可能必須檢視營業時間，在服務顧客與能源消耗上取得平衡；在店鋪的大小、櫃位商品的選擇上也必須進行檢視，可以透過大數據分析來分析人流與熱門商品，而較不熱門的商品則可以透過線上商城的

方式提供，以滿足部分消費者的需求；零售業者可以減少塑膠袋使用／提供環保袋、節省產品包裝與包材、提高食品利用效率；物流業者可以改善物流配送（如提高運輸效率、使用節能的交通工具）及透過綠色消費的宣導來教育消費者，從需求端就能為淨零碳排的目標盡一份心力。雖然上述的調整與努力或許會增加業者的成本，不過為了環境的永續，如此的調整是做為地球公民的一份子應盡的責任與義務。此外，透過數據分析而針對產品設計、經營與物流系統的改善，不但可以降低經營成本，甚至可以是門好生意，我國商業服務業者應對這波綠色趨勢及早應對才是。

‖ 第五節　結論 ‖

　　不論從服務業生產已占實質 GDP 的 62.04%，或是從我國服務業就業人口數達 684.7 萬人，占總就業人數的 59.7%，都可以發現服務業在我國經濟成長與就業所扮演的角色相當重要。

　　不過由於近兩年 COVID-19 疫情的衝擊，連帶影響我國服務業貿易與投資。2020 年我國服務業對外貿易總額為 790.30 億美元，較 2019 年大幅減少27.32%；在服務投資方面，2020 年核准僑外投資服務業投資金額 91.44 億美元，也較 2019 年減少 18%，其中商業投資金額與件數均同時減少。

　　在勞動生產力指數方面，2020 年服務業產值勞動生產力指數為 111.71，是六年來之新高。在每工時產出方面，2020 年服務業為 706.24 元，較上年度之 617.19 元增加；若以次產業觀之，可以發現服務業所有的次產業，除了「住宿及餐飲業」外，2020 年全體產業的每工時產出相較於 2019 年均呈現成長的**趨勢**，顯示近幾年雖然受到外部環境不景氣影響，不過我國服務業仍然呈現緩步發展的格局。

　　在商業服務業發展**趨勢**上，本研究發現消費者在購物途徑的選擇上，過去一直都是在線下與線上間遊走。不過在 COVID-19 爆發之後，由於出門購物會增加感染的風險，更多的消費者偏好透過不同的裝置在線上購物，並運用物流服務送至消費者的家中。本研究也觀察到只要業者有提供線上購物的方式，其所受到的衝擊就會比純實體店所受的衝擊小。這個現象不僅呼應了過去年鑑所

提到的發展全通路的重要性，更是在「疫情新常態」的狀況下，零售業者必須積極發展的方向。

再者，本研究也發現，由於疫情對產業的影響還不知道何時才能結束，消費者對於未來景氣發展仍有疑慮，因此在消費上可能漸趨保守，對於服務與產品的價格會更加敏感。因此，若要吸引消費者前來消費，給予價格優惠可能是一種方式，或是要提供性價比更高的商品或服務內容，才會吸引消費者上門消費。

此外，近兩年因為疫情的影響，提升消費者衛生意識，也促使行動支付成為消費者新寵；再加上政府發行振興五倍券，也鼓勵民眾進行數位綁定。相信藉由各級政府的大力推動、消費習慣的逐漸改變，再加上疫情的催化，我國行動支付的時代將會快速到來。

最後，「淨零碳排」是目前全世界極重視的議題，不過要達到 2050 年淨零碳排這樣艱鉅的目標，不能僅靠單一解決方案，而是必須同時從供給、使用、製造、環境四個方向著手。在商業服務業部門方面，不僅要由節約能源著手，必須還要透過營運方式的調整與教育消費者著手，才有可能在 2050 年達到所設定的目標。

Part 2
基礎資訊

Basic
Information

商研院商業發展與策略研究所
傅中原前研究員

批發業現況分析與發展趨勢

‖ 第一節　前言 ‖

　　批發業在現今商業活動中扮演許多重要角色，除了降低生產端與消費端間的交易成本、搜尋成本及媒合成本外，同時也擔任提供貨物集散、調節市場供需、商品重製加工、融通生產端與消費端資金需求，並且提供市場商品資訊等多元功能，可稱爲串聯生產端與消費端不可或缺的中介者。

　　批發業與零售業的分界線在於購買對象的不同。若爲供貨給下游生產或配銷業者，則屬於批發商（Business to Business, B2B）；若是直接銷售給消費者，則歸於零售商（Business to Consumer, B2C）。

　　根據 Research And Markets 研究報告顯示，全球批發服務的市場產值會從 2019 年的 4.88 兆美元下降到 2020 年的 4.85 兆美元，但受惠各國 COVID-19 疫情管制措施放緩與擴張性政策等利多因素，預計到了 2023 年全球批發服務業產值有望突破 5 兆美元，且達 5.68 兆美元。此外，SOFTENGINE 研究機構彙整 2021 年批發服務業發展趨勢，包含綠色物流興起、全通路／線下聯合（OMO）行銷模式成爲主流、利用供應鏈數位化與自動化解決庫存壓力等趨勢，而本章所蒐集的國際標竿案例亦會盡量涵蓋上述趨勢，以瞭解實務上推動做法，可供國內批發服務業者轉型升級參考依據。

　　本章的內容安排如下：前言之後，第二節爲我國批發業整體發展現況分

析，透過統計數據的呈現，瞭解我國批發業經營現況，並發掘我國批發產業的經營問題；第三節為國際批發業發展情勢與展望，除介紹美國、日本與中國大陸之批發業現況，並且針對新興批發業經營案例進行介紹；第四節為結論與建議，針對企業未來發展提供相關建議。

‖ 第二節　我國批發業發展現況分析 ‖

依據行政院主計總處今（2021）年1月頒布之「行業統計分類（第11次修訂版）」，定義批發業為「從事有形商品批發、仲介批發買賣或代理批發拍賣之行業，其銷售對象為機構或產業（如中盤批發商、零售商、工廠、公司行號、進出口商等）」。另外，若根據臺北市勞動檢查處（2009）的定義，我國批發業可區分為四類，分別為（1）從國內外購入原料經一定程序之加工處理使成一定之半成品，再行分裝販售；（2）從國內外購入原料經一定之加工處理成成品，再行分裝販售；（3）從國內外購入原料半成品，再經簡單加工處理後，進行分裝販售；（4）從國內外購入原料、成品，再行分裝販售。

一、批發業發展現況

（一）銷售額
由表3-2-1的數據顯示，2020年我國批發業的銷售總額為新臺幣105,731億元，較2019年成長1.65%，成長主因為我國去年疫情控制得當，並未影響國內批發業經營動能。

（二）營利事業家數
在營利事業家數方面，2020年批發業整體家數為315,814家，相較於2019年，增加4,124家，成長幅度為1.32%，顯見批發產業仍具發展潛力，足以吸引新業者投入市場。

（三）受僱人數與薪資

2020 年我國批發業的受僱人數為 1,068,579 人，年增率為 0.08%，成長幅度不大，可見此產業就業環境相當成熟，以致整體就業人數較不易受廠商進出與銷售額增減而產生大幅度的變動。2020 年批發業每人每月總薪資 56,502 元，與 2019 年相比，平均每人增加 821 元，成長 1.47%。另外，由男女性員工的薪資亦可看出，男性員工薪資成長率除了在 2016 年時出現小幅負成長外，其餘年度薪資成長幅度都高於女性，且自 2017 年起，男性員工薪資成長幅度已大於女性員工成長幅度，可看出我國批發業男女員工薪資差距越來越不均。

資料來源：整理自財政部統計資料庫，第 7、8 次修訂（6 碼），2016-2020 年。

◆圖 3-2-1 我國批發業家數、銷售額（2016-2020 年）

◆表 3-2-1 我國批發業銷售額、家數、受僱人數與每人每月總薪資統計（2016-2020 年）

[單位：億元新臺幣、家數、人、%、元]

項目	年度	2016 年	2017 年	2018 年	2019 年	2020 年
銷售額	總計（億元）	93,722	100,495	105,454	104,013	105,731
	年增率（％）	-1.95	7.49	4.93	-1.37	1.65
家數	總計（家）	299,136	304,352	308,347	311,690	315,814
	年增率（％）	1.42	1.74	1.31	1.08	1.32

項目	年度	2016 年	2017 年	2018 年	2019 年	2020 年
受僱員工人數	總計（人）	1,039,779	1,050,509	1,061,609	1,067,680	1,068,579
	年增率（％）	-0.04	1.03	1.06	0.57	0.08
	男性（人）	466,300	472,097	475,470	481,285	484,041
	年增率（％）	-0.18	1.24	0.71	1.22%	0.57
	女性（人）	573,479	578,412	586,139	586,395	584,538
	年增率（％）	0.08	0.86	1.34	0.04%	-0.32
每人每月總薪資	總計（元）	49,073	51,413	53,648	55,681	56,502
	年增率（％）	-0.30	4.77	4.35	3.79	1.47
	男性（元）	54,339	56,939	59,922	62,665	64,209
	年增率（％）	-0.77	4.78	5.24	4.58	2.46
	女性（元）	44,791	46,902	48,558	49,950	50,121
	年增率（％）	0.19	4.71	3.53	2.87	0.34

資料來源：家數及銷售額整理自財政部財政統計資料庫；受僱員工人數及每人每月薪資整理自行政院主計總處《薪情平台》資料庫，2016-2020 年。

說　　明：（1）2016 至 2017 年採用財政部「營利事業家數及銷售額第 7 次修訂」資料，2018 至 2020 年則採用「營利事業家數及銷售額第 8 次修訂」資料。

（2）上述統計數值可能會與過去年度數字有些許差異，係因主管機關進行數據校正所致；表格數據會產生部分計算偏誤，係因四捨五入與資料長度取捨所致，但並不影響分析結果。

二、批發業之細業別發展現況

（一）銷售額

為進一步瞭解產業內部銷售額變化情況，本研究採用主計總處行業統計分類的定義，將批發業區分為民生用品批發業（45）與產業用品批發業（46）。[1] 民生用品批發業主要以國內業者與消費者為銷售對象，而產業用品批發業則多以製造商為其主要銷售對象。

由表 3-2-2 可知，民生用品批發業與產業用品批發業於 2020 年的總銷售額分別為 45,094.31 億元與 60,637.47 億元，其年增率分別為 3.23% 和 0.51%。比較 2016 年至 2020 年間的批發業銷售額占比來看，我國批發業仍以產業用品批發業為主，其占比為 57.35%，而民生用品批發業大約維持在 42.65%，代

註 1　民生用品批發業包含 451 商品經紀業、452 綜合商品批發業、453 農產原料及活動物批發業、454 食品、飲料及菸草製品批發業、455 布疋及服飾品批發業、456 家庭器具及用品批發業、457 藥品、醫療用品及化妝品批發業以及 458 文教、育樂用品批發業；產業用品批發業則包含 461 建材批發業、462 化學材料及其製品批發業、463 燃料及相關產品批發業、464 機械器具批發業、465 汽機車及其零配件、用品批發業以及 469 其他專賣批發業。

表我國批發產業發展已呈穩定狀態，並且主要係以製造業供應鏈為主的產業型態。

◆表 3-2-2 批發細業別銷售額、年增率與銷售額占比（2016-2020 年）

[單位：億元新臺幣、%]

業別	年度	2016 年	2017 年	2018 年	2019 年	2020 年
民生用品批發業	銷售額（億元）	40,944.25	42,262.83	42,740.07	43,685.29	45,094.31
	年增率（%）	1.05	3.22	1.13	2.21	3.23
	銷售額占比（%）	43.69	42.00	40.53	42.00	42.65
產業用品批發業	銷售額（億元）	52,778.68	58,232.78	62,713.94	60,328.69	60,637.47
	年增率（%）	-4.17	10.33	7.70	-3.80	0.51
	銷售額占比（%）	56.31	58.00	59.47	58.00	57.35

資料來源：整理自財政部財政統計資料庫，營利事業家數與銷售額統計，2016-2020 年。
說　　明：（1）2018 年以後採用「營利事業家數及銷售額第 8 次修訂」。（2）民生用品批發業係標準行業 2 位碼代碼為 45 之業別，產業用品批發業的 2 位碼代碼為 46。（3）上述統計數值可能會與過去年度數字有些許差異係因主管機關進行數據校正所致，且表格數據會產生部分計算偏誤係因四捨五入與資料長度取捨有關，但並不影響數據分析結果。

　　若以批發業內各業別來看（詳參表 3-2-3），2020 年度銷售額規模前三大的產業分別為機械器具批發業、建材批發業以及食品、飲料及菸草製品批發業，其產業銷售額分別占我國批發業總額比重為 25.90%、13.36% 與 13.21%，三項合計占我國批發業整年度銷售額二分之一強，意味此三項產業興衰與我國批發業整體發展息息相關。機械器具批發業 2020 年銷售額為 27,379.67 億元，年增率為 5.12%，主因手機及其相關零組件拉貨動能強勁，加以遠端應用需求持續，帶動記憶體、面板及中央處理器（CPU）等銷售暢旺；建材批發業 2020 年的銷售額為 14,130.92 億元，其年增率為 1.56%，因建材批發業主要銷售對象屬國內業者，國內市場景氣前景趨於繁榮對營建相關業者將有正向幫助；食品、飲料及菸草製品批發業 2020 年的銷售額為 13,964.46 億元，年增率為 2.80%。

　　另外「燃料及相關產品批發業」與「化學原材料及其製品批發業」，這兩個產業的衰退幅度較高，分別為 -25.22% 以及 -12.71%，主因其市場供應較為寬鬆，能源均價較低，加上全球經濟需求尚未明顯回溫，拖累國內生產與出口動能。

◆表 3-2-3 批發業細業別之銷售額、年增率與銷售額占比（2020 年）

[單位：億元新臺幣、%]

項目 行業別	銷售額（億元）	年增率（%）	銷售額占比（%）
批發業總計	105,731.78	1.65	100.00
機械器具批發業	27,379.67	5.12	25.90
建材批發業	14,130.92	1.56	13.36
食品、飲料及菸草製品批發業	13,964.46	2.80	13.21
商品批發經紀業	7,621.33	6.50	7.21
汽機車及其零配件、用品批發業	7,512.96	6.03	7.11
家用器具及用品批發業	7,355.00	5.75	6.96
化學原材料及其製品批發業	6,342.25	-12.71	6.00
藥品、醫療用品及化妝品批發業	4,536.45	7.42	4.29
布疋及服飾品批發業	4,210.22	-10.67	3.98
綜合商品批發業	3,637.60	6.53	3.44
其他專賣批發業	3,238.94	-1.86	3.06
文教育樂用品批發業	2,152.06	6.59	2.04
燃料及相關產品批發業	2,032.73	-25.22	1.92
農產原料及活動物批發業	1,617.19	-0.20	1.53

資料來源：整理自財政部財政統計資料庫，營利事業家數與銷售額統計，2020 年。
說　　明：（1）2018 年採用「營利事業家數及銷售額第 8 次修訂」。（2）因四捨五入的緣故，表內數字加總未必與總計相等。（3）上述統計數值可能會與過去年度數字有些許差異係因主管機關進行數據校正所致，且表格數據會產生部分計算偏誤係因四捨五入與資料長度取捨有關，但並不影響數據分析結果。

（二）營利事業家數

　　由表 3-2-4 可知，民生用品批發業與產業用品批發業於 2020 年經營家數分別為 152,537 家與 163,277 家，年增率各為 1.78% 和 0.90%。比較近 5 年數據，可知我國批發業每年都有新廠商加入經營，但此趨勢有逐漸減緩態勢，當中又以民生用品批發業尤其明顯，也意味我國批發業產業處於高度競爭狀態。

　　若以 2020 年間的家數占比而言，我國產業用品批發業之廠商家數仍較多，占比達 51.70%，而民生用品批發業為 48.30%，但兩者差距不大；另外，近 5年民生用品批發業家數出現持續成長趨勢，且成長率高於產業用品批發業，以致其占比逐漸提高，未來我國批發業可能轉型成供應民生與產業用品並重的產業結構。

◆表 3-2-4 批發業細業別營利事業家數、年增率與家數占比（2016-2020 年）

[單位：家、%]

業別	年度	2016 年	2017 年	2018 年	2019 年	2020 年
民生用品批發業	家數	143,175	146,272	148,072	149,863	152,537
	年增率（%）	2.18	2.16	1.23	1.21	1.78
	家數占比（%）	47.86	48.06	48.02	48.08	48.30
產業用品批發業	家數	155,961	158,080	160,275	161,827	163,277
	年增率（%）	0.73	1.36	1.39	0.97	0.90
	家數占比（%）	52.14	51.94	51.98	51.92	51.70

資料來源：整理自財政部財政統計資料庫，營利事業家數與銷售額統計，2016-2020 年。
說　　明：（1）2018 年以後採用「營利事業家數及銷售額第 8 次修訂」。（2）民生用品批發業係標準行業 2 位碼代碼為 45 之業別，產業用品批發業的 2 位碼代碼則為 46。（3）上述統計數值可能會與過去年度數字有些許差異係因主管機關進行數據校正所致，且表格數據會產生部分計算偏誤係因四捨五入與資料長度取捨有關，但並不影響數據分析結果。

　　在細行業別分類中，請參閱表 3-2-5，2020 年經營家數最多的產業別為機械器具批發業，有 68,604 家，年增率為 1.23%，占整體批發業家數的比重為 21.72%；其次為建材批發業，家數為 53,503 家，年增率為 0.48%，占比為 16.94%；食品、飲料及菸草製品批發業則排名第三，家數有 51,217 家，其成長率為 2.88%，所占比重為 16.22%。

　　若以各業別內部家數變化來看，細業別家數成長幅度高於整體批發業家數的產業，包括食品、飲料及菸草製品批發業、家用器具及用品批發業、藥品、醫療用品及化妝品批發業、汽機車及其零配件用品批發業等產業別，推測成長動能係因內需市場成長帶動新業者投入經營相關業務。

　　其餘批發業細產業別如機械器具批發業、建材批發業、布疋及服飾品批發業、其他專賣批發業、化學原材料及其製品批發業、商品批發經紀業、文教育樂用品批發業、綜合商品批發業、農產原料及活動物批發業、燃料及相關產品批發業等產業家數成長率低於整體成長率，推測這些產業可能面臨經營轉型困境、海外市場拓展不易、數位能力升級困難等障礙，以致其經營家數無法顯著提升，活絡產業動能。

◆表 3-2-5 批發業細業別之家數、年增率與家數占比（2020 年）

[單位：家、%]

項目 行業別	家數	年增率（%）	家數占比（%）
批發業總計	315,814	1.32	100.00
機械器具批發業	68,604	1.23	21.72
建材批發業	53,503	0.48	16.94
食品、飲料及菸草製品批發業	51,217	2.88	16.22
家用器具及用品批發業	33,881	1.77	10.73
布疋及服飾品批發業	19,908	-0.09	6.30
藥品、醫療用品及化妝品批發業	14,942	5.90	4.73
汽機車及其零配件用品批發業	14,526	1.63	4.60
其他專賣批發業	12,629	0.29	4.00
化學原材料及其製品批發業	12,199	0.65	3.86
商品批發經紀業	11,188	-2.42	3.54
文教育樂用品批發業	10,641	1.17	3.37
綜合商品批發業	5,539	1.11	1.75
農產原料及活動物批發業	5,221	-1.36	1.65
燃料及相關產品批發業	1,816	0.55	0.58

資料來源：整理自財政部財政統計資料庫，營利事業家數與銷售額統計，2020 年。
説　明：（1）2018 年以後採用「營利事業家數及銷售額第 8 次修訂」。（2）因四捨五入的緣故，表內數字加總未必與總計相等。（3）上述統計數值可能會與過去年度數字有些許差異係因主管機關進行數據校正所致，且表格數據會產生部分計算偏誤係因四捨五入與資料長度取捨有關，但並不影響數據分析結果。

三、批發業政策與趨勢

　　為了瞭解我國批發業在實際經營上可能會遭遇到的挑戰，本節由經濟部統計處所公布的 2020 年《批發、零售及餐飲經營實況調查》[2]（以下簡稱《實況調查》）結果，發掘我國批發業發展趨勢及經營障礙。

註 2　《批發、零售及餐飲經營實況調查》係由經濟部統計處每年 4 月完成調查，而相關報告書於當年度 10月出版。調查對象為從事商業交易活動之公司行號且設有固定營業場所之企業單位，調查家數為 3,400家。截至本研究完成前，取得之資料為 2020 年 5 月所辦理《批發、零售及餐飲業經營實況調查》的統計結果，而其調查年為 2019 年資料。

　　由表 3-2-6 可知，我國批發業主要遇到的經營困難包含同業競爭激烈（69.8%）、新市場開拓不易（42.3%）、經營成本增加（34.8%）與匯率波動風險（33.9%）等，而產業面臨上述經營障礙也與我國市場規模、經濟條件息息相關，即我國為一小型經濟開放體，受限於國內市場規模較小，且許多批發業者又以內需市場為主要銷售對象，因此較容易面對到同業間價格競爭，也較難開拓新市場；另一方面，我國因未與主要貿易對手國簽署自由貿易協定，以及在高度對外貿易開放下，若匯率或關稅波動程度大時，將直接侵蝕批發業者利潤，影響企業獲利狀況。

◆表 3-2-6 我國批發業經營障礙來源（2020 年）

[單位：%]

項目／行業別	競爭激烈(%)	關稅障礙(%)	人員招募不易(%)	匯率波動風險(%)	消費需求多變(%)	產品生命週期短(%)	新市場開拓不易(%)	資金融通困難(%)	代理權不易掌握(%)	企業規模小(%)	經營成本提高(%)
批發業	69.8	10.0	14.1	33.9	28.4	10.2	42.3	5.9	10.2	8.9	34.8
商品批發經紀業	51.4	11.4	14.3	31.4	20.0	5.7	54.3	2.9	8.6	25.7	28.6
綜合商品批發業	75.0	10.4	12.5	22.9	39.6	12.5	54.2	8.3	8.3	4.2	37.5
農產原料及活動物批發業	67.7	6.2	13.9	29.2	23.1	10.8	43.1	6.2	3.1	12.3	32.3
食品飲料及菸草製品批發業	69.9	9.5	17.6	25.7	46.8	18.2	37.9	5.5	9.0	6.9	47.7
布疋及服飾品批發業	72.3	12.8	12.1	33.3	41.8	9.9	44.0	9.2	9.9	10.6	36.9
家庭器具及用品批發業	67.5	12.0	9.5	36.0	35.5	13.5	37.0	4.5	14.0	10.0	34.0
藥品醫療用品及化妝品批發業	64.9	3.6	8.1	14.4	34.2	13.5	39.6	0.9	18.9	9.0	23.4
文教、育樂用品批發業	70.7	16.2	16.2	46.5	41.4	15.2	41.4	5.1	4.0	8.1	35.4
建材批發業	71.6	11.3	15.0	33.1	14.7	4.4	40.3	11.3	5.6	10.3	40.3
化學材料及其製品批發業	77.0	10.9	13.3	44.2	15.2	2.4	54.6	3.0	17.0	5.5	28.5
燃料及相關產品批發業	52.9	5.9	5.9	15.7	15.7	2.0	31.4	0.0	9.8	13.7	15.7
機械器具批發業	70.0	7.8	15.3	41.9	20.1	11.4	45.0	5.3	14.3	9.4	29.5
汽機車及其零配件用品批發業	69.5	13.6	19.5	32.5	31.2	5.8	40.3	3.3	4.6	5.8	31.8
其他專賣批發業	70.9	5.8	8.1	43.0	12.8	4.7	43.0	9.3	2.3	7.0	32.6

資料來源：整理自經濟部統計處《批發、零售及餐飲經營實況調查》，2020 年。

四、COVID-19 對我國批發業之影響與因應

（一）COVID-19 對批發業之影響

COVID-19 疫情自 2020 年於中國大陸爆發後，擴散至全世界，造成全球經濟大幅衰退，各業蕭條，民間消費與投資動能呈現緊縮情況，然我國疫情爆發初期因控制得當，防疫措施超前部署，故 2020 年尚未對我國造成嚴重影響。

後因我國疫情轉為嚴峻，確診案例急遽增加，以致我國自今（2021）年 5 月 15 日起，政府宣布雙北（臺北市、新北市）提升疫情警戒至第三級，並且於同月 19 日起，再將第三級疫情警戒範圍擴大至全國，而後續是否還會回復三級警戒，行政院將視疫情發展進行調整。

根據經濟部統計處公布數據顯示（如表 3-2-7 所示），今年 5 月份的批發業營業額不減反增，而且年成長率高達 23.9%。若從細產業別的月增率來看，以綜合商品業 6.7% 最高，其次為汽機車業 4.2%、其他批發業 2.5% 等業別。另外，屬民生用品批發業受影響程度較大，如布疋及服飾品業營業額月增率 -17.9%、家用器具及用品業月增率 -5.4%，推論應因疫情從 5 月中下旬起急速升溫，相關管制措施趨嚴，消費者外出消費意願降低，加上部分下游零售商家縮短營業時間或自主停業，以致民生用品批發業營收表現不佳。

◆表 3-2-7 2021 年 5 月批發業主要行業營業額變動

[單位：億元、%]

行業別	營業額	月增率	年增率
批發業總計	9,881	-1.8	23.9
機械器具業	4,020	-3.7	23.9
建材業	1,199	0.4	40.0
食品、飲料及菸草業	973	0.6	1.8
汽機車業	754	4.2	26.8
家用器具及用品業	602	-5.4	15.3
藥品及化妝品業	589	1.5	22.2
化學材料業	558	-4.2	36.7
綜合商品業	260	6.7	19.9
布疋及服飾品業	250	-17.9	16.1
其他批發業	675	2.5	40.3

資料來源：整理自經濟部統計處，批發、零售及餐飲業營業額統計，2021 年。

（二）產業 / 政府之因應做法

因 COVID-19 疫情急遽升溫，全國防疫提升至第三級警戒，民眾減少外出及聚餐、部分商場自主停業或縮短營業時間等，嚴重衝擊內需消費市場。商業司亦提出商業服務業艱困事業營業衝擊補貼做法。

商業服務業紓困企業若符合商業服務業包括批發業在內之範疇[3]，且具備公司登記、商業登記或有限合夥登記、稅籍登記等之商業服務業營利事業，並具備營業額衰退達五成以上之營運事實，補助金額爲本國全職員工數乘以 4 萬元，發給業者定額補貼款，可運用於相關營運支出、租金及人事費用等維持經營之必要成本，以協助業者降低營運衝擊，並於疫情期間得以持續營運。

‖ 第三節　國際批發業發展情勢與展望 ‖

一、主要國家批發業發展現況

（一）美國

1. 銷售額

由表 3-3-1 的數據顯示，美國批發業 2020 年的銷售總額爲 5,803,256 百萬美元，與 2019 年相比，年增率爲 -2.82%，可看出美國因受到疫情影響，明顯衝擊到國內批發產業之成長動能。

註3　屬於商業服務業中批發業範疇有 G4510-99 其他商品批發經紀、G4520 綜合商品批發業、G4544 冷凍調理食品批發業、G4546 菸酒批發業、G4547 非酒精飲料批發業、G4548 咖啡、茶葉及辛香料批發業、G4549 其他食品批發業、G4551 布疋批發業、G4552 服裝及其配件批發業、G4553 鞋類批發業、G4559 其他服飾品批發業、G4561 家用電器批發業、G4562 家具批發業、G4563 家飾品批發業、G4564 家用攝影器材及光學產品批發業、G4565 鐘錶及眼鏡批發業、G4566 珠寶及貴金屬製品批發業、G4567 清潔用品批發業、G4569 其他家用器具及用品批發業、G4572 化妝品批發業、G4581 書籍及文具批發業、G4582 運動用品及器材批發業、G4583 玩具及娛樂用品批發業、G4611 木製建材批發業、G4612 磚瓦、砂石、水泥及其製品批發業、G4613 瓷磚、貼面石材及衛浴設備批發業、G4614 漆料及塗料批發業、G4615 金屬建材批發業、G4619 其他建材批發業、G4620 化學原材料及其製品批發業各子類、G4641 電腦及其週邊設備、軟體批發業、G4642 電子、通訊設備及其零組件批發業、G4643 農用及工業用機械設備批發業、G4644 辦公用機械器具批發業、G4649 其他機械器具批發業、G4651 汽車批發業、G4652 機車批發業、G4653 汽機車零配件及用品批發業、G4691 回收物料批發業、G4699 未分類其他專賣批發業等。

◆表 3-3-1 美國批發業細業別之銷售額與年增率（2016-2020 年）

[單位：百萬美元、%]

項目 行業別		2016	2017	2018	2019	2020
批發業	銷售額（百萬元）	5,257,774	5,680,023	5,933,902	5,971,393	5,803,256
	年增率（%）	-0.56	8.03	4.47	0.63	-2.82
機動車輛及其零配件用品業	銷售額（百萬元）	426,447	471,163	469,008	474,700	452,031
	年增率（%）	-0.90	10.49	-0.46	1.21	-4.78
家具用品業	銷售額（百萬元）	82,921	82,995	90,389	97,443	90,345
	年增率（%）	4.45	0.09	8.91	7.80	-7.28
木材及其他建築材料業	銷售額（百萬元）	124,923	136,638	143,171	151,068	169,540
	年增率（%）	6.29	9.38	4.78	5.52	12.23
專業及商業設備及用品業	銷售額（百萬元）	459,409	484,131	504,726	528,336	517,095
	年增率（%）	2.47	5.38	4.25	4.68	-2.13
金屬和礦物用品業	銷售額（百萬元）	140,370	164,205	187,028	175,879	146,636
	年增率（%）	-10.37	16.98	13.90	-5.96	-16.63
電子產品業	銷售額（百萬元）	550,677	595,061	617,305	587,509	582,289
	年增率（%）	0.45	8.06	3.74	-4.83	-0.89
五金、水管及暖氣設備及相關用品業	銷售額（百萬元）	134,026	138,391	147,614	155,313	177,424
	年增率（%）	3.70	3.26	6.66	5.22	14.24
機械設備用品業	銷售額（百萬元）	390,071	422,239	465,179	450,227	455,910
	年增率（%）	-2.02	8.25	10.17	-3.21	1.26
其他耐久財用品業	銷售額（百萬元）	209,643	236,461	243,170	235,741	246,956
	年增率（%）	-0.27	12.79	2.84	-3.06	4.76
紙類相關品業	銷售額（百萬元）	95,558	96,452	98,745	91,601	85,831
	年增率（%）	-0.31	0.94	2.38	-7.23	-6.30
藥品與其相關產品業	銷售額（百萬元）	642,350	675,176	695,019	716,523	766,603
	年增率（%）	6.39	5.11	2.94	3.09	6.99
服飾與其相關產品業	銷售額（百萬元）	162,016	153,984	160,608	156,719	129,262
	年增率（%）	-1.84	-4.96	4.30	-2.42	-17.52
食品雜貨用品業	銷售額（百萬元）	625,007	643,033	645,500	695,652	673,309
	年增率（%）	-0.62	2.88	0.38	7.77	-3.21
農產品與其相關產品業	銷售額（百萬元）	204,114	207,810	201,447	194,550	205,712
	年增率（%）	-6.93	1.81	-3.06	-3.42	5.74
化學與其相關製成品業	銷售額（百萬元）	114,038	123,700	135,456	131,642	112,720
	年增率（%）	-3.17	8.47	9.50	-2.82	-14.37
石油及相關製成品業	銷售額（百萬元）	502,470	644,287	716,726	698,996	521,703
	年增率（%）	-8.90	28.22	11.24	-2.47	-25.36
啤酒、葡萄酒和蒸餾酒精飲料業	銷售額（百萬元）	138,958	142,813	155,948	161,146	170,816
	年增率（%）	2.11	2.77	9.20	3.33	6.00
其他非耐久性批發業	銷售額（百萬元）	254,776	261,484	256,863	268,348	299,074
	年增率（%）	1.43	2.63	-1.77	4.47	11.45

資料來源：整理自美國普查局《Monthly Wholesale Trade Report》，2016-2020 年。
說　　明：上述表格數據會產生部分計算偏誤係因四捨五入與資料長度取捨所致，但並不影響數據分析結果。

藥品與其相關產品業爲美國最大的批發業別，銷售額爲 766,603 百萬美元，其銷售額占美國批發業總銷售額比例爲 13.21%；其次分別爲食品雜貨用品業 673,309 百萬美元、電子產品業 582,289 百萬美元、石油及相關製成品業 521,703 百萬美元以及專業及商業設備及用品業 517,095 百萬美元。

2. 受僱人數與薪資

由表 3-3-2 可以看出，2019 年美國批發業的受僱人數爲 3.89 百萬人，相較於 2018 年 3.75 百萬人，成長 3.73%。另外，2019 年每人每月薪資爲 5,523 美元，相較於 2018 年的 5,275 美元，成長 4.70%。

◆表 3-3-2　美國批發業受僱人員數與薪資（2016-2019 年）

[單位：百萬人、美元、%]

項目 ＼ 年度	2016	2017	2018	2019
受僱員工人數總計（百萬人）	3.87	3.84	3.75	3.89
受僱員工人數變動率（%）	-2.27	-0.78	-2.34	3.73
每人每月薪資（美元）	5,070	5,226	5,275	5,523
每人每月薪資變動率（%）	2.28	3.09	0.94	4.70

資料來源：整理自 DATA USA，2016-2019 年。
說　　明：上述表格數據會產生部分計算偏誤係因四捨五入與資料長度取捨所致，但並不影響數據分析結果。

（二）日本

1. 銷售額

由表 3-3-3 顯示，日本 2020 年批發業的銷售總額爲 3,706,470 億日元。與 2019 年相比，大幅成長 17.69%。若以批發業細業別來看，機械產品批發業爲日本批發業之大宗，其 2020 年產值爲 978,980 億日元，相較於 2019 年，大幅成長 43.09%；其次爲食品飲料產品批發業，其產值爲 532,390 億日元，成長幅度達 8.04%。

2. 受僱人數與薪資

根據表 3-3-4 可以看出，2020 年日本批發業的受僱人數爲 323 萬人，就業人數持平。批發業 2020 年每人每月薪資約爲 323.1 千日元，相對於 2019 年呈現小幅衰退 7.74%。

◆表 3-3-3 日本批發業細業別之銷售額與年增率（2016-2020 年）

[單位：十億日元、%]

行業別＼項目		2016	2017	2018	2019	2020
批發業	銷售額（十億元）	302,406	313,439	326,585	314,928	370,647
	年增率（%）	-5.34	3.65	4.19	-3.57	17.69
綜合商品	銷售額（十億元）	35,372	36,989	38,100	33,037	20,228
	年增率（%）	-8.10	4.57	3.00	-13.29	-38.77
紡織品	銷售額（十億元）	2,988	2,955	3,027	2,909	1,992
	年增率（%）	-12.35	-1.10	2.44	-3.90	-31.52
服飾及相關配件產品	銷售額（十億元）	4,826	4,494	4,147	3,803	4,078
	年增率（%）	-15.75	-6.88	-7.72	-8.30	7.23
農漁產品相關產品	銷售額（十億元）	22,135	22,751	23,654	23,663	34,776
	年增率（%）	-4.44	2.78	3.97	0.04	46.96
食品飲料產品	銷售額（十億元）	46,378	48,008	50,561	49,275	53,239
	年增率（%）	2.07	3.51	5.32	-2.54	8.04
建築材料產品	銷售額（十億元）	16,061	16,304	17,307	18,200	21,377
	年增率（%）	-0.04	1.51	6.15	5.16	17.46
化學製成產品	銷售額（十億元）	15,058	15,911	16,547	15,676	22,699
	年增率（%）	-6.67	5.66	4.00	-5.26	44.80
礦物與金屬材料產品	銷售額（十億元）	40,084	43,631	47,709	43,616	48,523
	年增率（%）	-11.15	8.85	9.35	-8.58	11.25
機械產品	銷售額（十億元）	63,345	66,183	68,010	68,415	97,898
	年增率（%）	-4.69	4.48	2.76	0.60	43.09
家具用品	銷售額（十億元）	2,466	2,365	2,259	2,172	4,446
	年增率（%）	-5.84	-4.10	-4.48	-3.85	104.70
醫藥品與化妝品	銷售額（十億元）	24,984	25,206	24,877	25,626	29,005
	年增率（%）	-2.25	0.89	-1.31	3.01	13.19
其他批發業	銷售額（十億元）	28,709	28,644	30,388	28,537	32,387
	年增率（%）	-8.26	-0.23	6.09	-6.09	13.49

資料來源：整理自日本經濟產業省《商業動態統計書》，2016-2020 年。
説　　明：上述表格數據會產生部分計算偏誤係因四捨五入與資料長度取捨所致，但並不影響數據分析結果。

◆表 3-3-4 日本批發業受僱人員數與薪資（2016-2020 年）

[單位：萬人、千日元、%]

項目＼年度	2016	2017	2018	2019	2020
受僱員工人數總計（萬人）	325	331	326	323	323
受僱員工人數變動（%）	-0.31	1.85	-1.51	-0.92	0.00
每人每月薪資（千元）	362.9	359.3	359.3	350.2	323.1
每人每月薪資變動（%）	1.4	-0.99	0.00	-2.53	-7.74

資料來源：整理自日本經產省《勞動力調查》與《基本工資結構統計調查》2016-2020 年。
説　　明：（1）表格中的每人每月薪資項目最低計算基準值為企業聘僱人數達 10 人以上之企業。（2）上述表格數據會產生部分計算偏誤係因四捨五入與資料長度取捨所致，但並不影響數據分析結果。

（三）中國大陸

1. 銷售額

由表 3-3-5 的數據顯示，中國大陸在 2019 年的批發業銷售總額爲 1,059,289.68 億元人民幣，與 2018 年的數據相比，年增率爲 14.86%。若以細業別看，礦產品、建材及化工產品批發產業爲中國大陸批發業中占比最高的業別，其 2019 年銷售額爲 369,584.10 億元人民幣，成長率 16.17%，可見礦產品、建材及化工產品批發業仍係目前中國大陸產業發展之重心。

另一方面，民生相關用品批發產業如「農、林、牧產品」、「食品、飲料及煙草製品」、「米、麵製品及食用油」、「紡織、服裝及日用品」、「文化、體育用品及器材」、「醫藥及醫療器材」、「機械設備、五金交電及電子產品」與「汽車、摩托車及零配件」等業別，其銷售額從 2015 年至 2019 年間均呈現每年成長的趨勢，凸顯中國大陸消費者對於這一類民生產品需求大幅增加，進而推動相關產業之穩健成長。

◆表 3-3-5 中國大陸批發業細業別之銷售額與年增率（2015-2019 年）

[單位：億元人民幣、%]

行業別	項目	2015	2016	2017	2018	2019
批發業	銷售額（億元）	650,522.83	695,818.53	825,012.05	922,225.90	1,059,289.68
	年增率（%）	-8.61	6.96	18.57	11.78	14.86
農、林、牧產品	銷售額（億元）	8,511.60	8,947.15	9,372.52	10,754.90	13,905.88
	年增率（%）	0.68	5.12	4.75	14.75	29.30
食品、飲料製品	銷售額（億元）	42,663.10	44,720.62	45,356.87	47,801.40	54,371.41
	年增率（%）	8.80	4.82	1.42	5.39	13.74
米、麵製品及食用油	銷售額（億元）	5,565.31	6,118.66	6,702.03	7,035.20	8,483.43
	年增率（%）	5.06	9.94	9.53	4.97	20.59
煙草製品	銷售額（億元）	17,502.55	17,111.48	17,530.10	18,363.90	18,957.86
	年增率（%）	1.69	-2.23	2.45	4.76	3.23
紡織、服裝及日用品	銷售額（億元）	35,191.17	36,578.99	40,821.42	46,947.80	53,637.87
	年增率（%）	0.76	3.94	11.60	15.01	14.25
服裝	銷售額（億元）	8,760.71	7,850.93	8,086.13	8,747.20	9,458.11
	年增率（%）	1.08	-10.38	3.00	8.18	8.13
文化、體育用品及器材	銷售額（億元）	7,928.29	8,709.17	9,958.13	11,431.40	12,540.31
	年增率（%）	13.15	9.85	14.34	14.79	9.70
醫藥及醫療器材	銷售額（億元）	20,252.66	23,204.45	27,133.32	29,856.40	35,431.39
	年增率（%）	12.63	14.57	16.93	10.04	18.67
礦產品、建材及化工產品	銷售額（億元）	214,225.29	226,843.37	282,417.27	318,151.00	369,584.10
	年增率（%）	-15.15	5.89	24.50	12.65	16.17
煤炭及製品	銷售額（億元）	25,610.07	25,622.76	29,855.16	33,368.30	40,453.64
	年增率（%）	-18.28	0.05	16.52	11.77	21.23

項目 行業別		2015	2016	2017	2018	2019
石油及製品	銷售額（億元）	56,034.81	56,406.38	69,832.65	76,655.60	72,056.42
	年增率（％）	-20.98	0.66	23.80	9.77	-6.00
金屬及金屬礦	銷售額（億元）	83,201.50	91,419.52	118,490.99	135,370.60	171,634.35
	年增率（％）	-12.29	9.88	29.61	14.25	26.79
建材	銷售額（億元）	11,950.43	12,713.28	14,347.46	17,653.10	23,095.36
	年增率（％）	-6.31	6.38	12.85	23.04	30.83
化肥	銷售額（億元）	5,537.78	4,471.38	4,605.08	4,824.20	5,601.26
	年增率（％）	0.14	-19.26	2.99	4.76	16.11
機械設備、五金交電及電子產品	銷售額（億元）	58,617.64	68,869.30	77,802.79	87,623.40	95,811.78
	年增率（％）	4.40	17.49	12.97	12.62	9.34
汽車、摩托車及零配件	銷售額（億元）	21,048.94	25,619.15	28,503.89	34,684.50	36,122.98
	年增率（％）	4.79	21.71	11.26	21.68	4.15
家用電器	銷售額（億元）	9,457.77	10,862.07	13,617.22	11,737.20	13,327.95
	年增率（％）	-3.96	14.85	25.36	-13.81	13.55
電腦、軟體及輔助設備	銷售額（億元）	4,540.76	5,357.59	6,345.36	7,611.80	7,934.18
	年增率（％）	-1.83	17.99	18.44	19.96	4.24
貿易經紀與代理商品	銷售額（億元）	5,571.30	6,055.45	5,789.84	4,819.00	5,456.32
	年增率（％）	5.26	8.69	-4.39	-16.77	13.23
其他批發商品	銷售額（億元）	8,351.15	8,336.83	8,443.82	8,789.00	11,425.08
	年增率（％）	-9.04	-0.17	1.28	4.09	29.99

資料來源：整理自中國大陸國家統計局，2015-2019 年。

說　明：（1）上述表格數據會產生部分計算偏誤係因四捨五入與資料長度取捨所致，但並不影響數據分析結果。
（2）截至 2021 年 9 月底，中國大陸公布的批發業最新資料僅到 2019 年，請參閱以下網站：中國大陸國家統計局 https://data.stats.gov.cn/easyquery.htm?cn=C01。

2. 受僱人數與薪資

根據表 3-3-6 可看出，2019 年中國大陸批發業的受僱人數為 5,685,374 人，與 2018 年就業人數相比，成長率上升幅度增大，約 7.90%；在受僱人員薪資上，批發業 2019 年每人每年薪資約為 89,047 元人民幣，相對於 2018 年呈現增加，增加幅度為 10.55%。

◆表 3-3-6　中國大陸批發業受僱人員數與薪資（2015-2019 年）

[單位：人、元人民幣、%]

年度 項目	2015	2016	2017	2018	2019
受僱員工人數總計（人）	4,907,000	4,959,341	5,063,213	5,268,895	5,685,374
受僱員工人數變動（％）	-1.88	1.07	2.09	4.06	7.90
每人每年薪資（元）	60,328	65,061	71,201	80,551	89,047
每人每年薪資變動（％）	8.04	7.85	9.44	13.13	10.55

資料來源：整理自中國大陸國家統計局，2015-2019 年。

說　明：（1）表格中的每人每年薪資為批發業與零售業合計數。（2）上述表格數據會產生部分計算偏誤係因四捨五入與資料長度取捨所致，但並不影響數據分析結果。

二、國外批發業發展案例：Glossier[4]

根據 Euromonitor 統計，全球美妝市場將會穩定成長至 6,000 億美元，且該市場長期為大廠如 L'oreal、Estee Lauder 等集團品牌所壟斷，也較容易掌握與建立消費者消費習慣與其對產品之印象。此外，美妝品牌間競爭激烈，需要經常性推出新品來搶占市占率，且產品推出後若無良好的銷售模式或通路，往往較難吸引到消費者的目光，而且消費者善於蒐集產品資訊與使用心得，較不相信業者的行銷策略，也因此品牌往往花費高額的行銷預算卻難以回報在實質銷售金額上。

為了解決上述行銷痛點與吸引消費者購買，美國美妝品牌 Glossier 透過 D2C（Direct to Consumer）的行銷模式，略過中間商等層層通路，直接面對消費者需求，提供給消費者客製化的服務項目。Glossier 係由三位經營團隊人員 Emily Weiss、Alexandra Weiss 與 Maykel Loomans 等人所成立，並且於紐約設立品牌總部，員工人數約有 100 位以上。Glossier 品牌訴求為希望創造與消費者直接對話的品牌以及一站式電商平台。

Glossier 的產品定位主要是鎖定在 26-40 歲的年輕女性消費者，並且針對主打客群設計出保養、彩妝、身體、香氛等產品線，而外包裝則以粉色主題為主，產品形象以追求自然妝感與保養勝於美妝的概念。

資料來源：https://www.businessinsider.com/best-glossier-makeup-skin-care-products#invisible-shield-7。

◆圖 3-3-1 Glossier 產品圖

註4　因商業模式多元發展下，批發商已不會單純進貨來販售給下游零售商，而會透過建立自己的品牌以及代理其他國內外品牌來提供給下游客戶更多的商品選擇，以維繫客戶業務關係。舉例來說，國內原物料批發商開元食品除了代理 MONIN 與 VALRHONA 等國際知名品牌外，更建立戀職人鮮奶等產品品牌，供其他餐飲品牌或消費者使用，而本案例亦屬這類之批發商。

爲了貼近消費者需求，Glossier 在開發產品前會廣泛蒐集消費者的意見，並且從中挑選出可用於產品開發的實質建議，同時也採取一種與死忠消費者雙向對話進行產品設計的流程，設計團隊對產品開發的靈感將參考消費者的建議。除了從產品開發端就非常重視消費者意見外，Glossier 也相當重視行銷端或售後服務端，例如 Glossier 在 Instagram 上擁有 210 萬粉絲人數，且人數也不斷增加中，而且 Glossier 的產品只能在自己的通路上販售，當中包含線上官網以及線下實體店面。

　　Glossier 值得借鏡之處有三點，第一鎖定目標客群且聽取客群建議，並將消費者建議用在開發產品上，設計出適合目標客群使用的產品；第二積極投入行銷，透過社群媒體與粉絲互動，使其品牌產品曝光度增加，吸引消費者目光；第三採取 O2O 模式，利用自有線上線下消費管道，整合與利用會員消費數據，推出適合的行銷方案，提升消費者黏著度。

‖ 第四節　結論與建議 ‖

一、批發業轉型契機與挑戰

　　COVID-19 疫情的爆發，不僅影響全世界經濟，對於國內批發業也帶來衝擊，主要來自兩方面，一是受疫情影響使生產斷鏈而造成的原物料短缺，以致中下游供貨不及，形成供給缺口；另一方面，消費者不願意出門購物消費，形成需求面不足。在產品供需失衡的情況下，趁勢轉型也成爲業者重要的策略課題。此外，綠色物流與全通路 /OMO 行銷及數位自動化的商業模式等新趨勢崛起，對於亟需轉型之業者而言，無疑是應善加把握的新契機。

二、對企業的建議

　　爲了改善我國批發業發展困境以及提升產業發展能量，本研究針對企業提出三項建議，分述如下：

1. 運用新商業模式（OMO、D2C）改善營運模式，創造獲利機會

由國際案例可看出，提出創新商業模式不僅可以創造商機，更可以吸引消費者目光。對於欲轉型之批發業業者而言，雖採取新商業模式可能會增加其營運成本，但較容易與既有競爭者做出差異，也較容易提升品牌或產品之附加價值。

2. 提升數位應用能力，整合企業生態圈

批發業未來可轉型的策略之一係提升數位應用能力，不僅可以提升服務品質，亦可整合批發業的上下游，解決批發業的經營困境。透過建立銷售平台，整合批發業者的金流、物流及資訊流，打造產業生態圈。

3. 參加海外行銷展會，強化與海外消費市場連結

建議業者可積極參與海外展會或是商機媒合會，透過參與國際消費市場，不僅可提升品牌知名度，亦可爭取銷售海外市場的機會。此外，透過海外展覽的觀摩與學習，掌握國外買家或消費市場的需求，提升業者產品設計的能力，接軌國際市場來擴大商機。

‖ 附錄　批發業定義與行業範疇 ‖

根據行政院主計總處「行業統計分類」第 11 次修訂版本所定義之批發業，凡從事有形商品批發、仲介批發買賣或代理批發拍賣之行業，其銷售對象為機構或產業（如中盤批發商、零售商、工廠、公司行號、進出口商等）。批發業各細類定義及範疇如下表所示：

◆表　行政院主計總處「行業統計分類」第 11 次修訂版本所定義之批發業

批發業小類別	定義	涵蓋範疇（細類）
商品批發經紀業	以按次計費或依合約計酬方式，從事有形商品之仲介批發買賣或代理批發拍賣之行業，如商品批發掮客及代理毛豬、花卉、蔬果等批發拍賣活動。	商品批發經紀
綜合商品批發業	以非特定專賣形式從事多種系列商品批發之行業。	綜合商品批發

批發業小類別	定義	涵蓋範疇（細類）
農產原料及活動物批發業	從事未經加工處理之農業初級產品及活動物批發之行業，如穀類、種子、含油子實、花卉、植物、菸葉、生皮、生毛皮、農產原料之廢料、殘渣與副產品等農業初級產品，以及禽、畜、寵物、魚苗、貝介苗及觀賞水生動物等活動物批發。	穀類及豆類批發業 花卉批發業 活動物批發業 其他農產原料批發業
食品、飲料及菸草製品批發業	從事食品、飲料及菸草製品批發之行業，如蔬果、肉品、水產品等不須加工處理即可販售給零售商轉賣之農產品及冷凍調理食品、食用油脂、菸酒、非酒精飲料、茶葉等加工食品批發；動物飼品批發亦歸入本類。	蔬果批發業 肉品批發業 水產品批發業 冷凍調理食品批發業 乳製品、蛋及食用油脂批發業 菸酒批發業 非酒精飲料批發業 咖啡、茶葉及辛香料批發業 其他食品批發業
布疋及服飾品批發業	從事布疋及服飾品批發之行業，如成衣、鞋類、服飾配件等批發；行李箱（袋）及縫紉用品批發亦歸入本類。	布疋批發業 服裝及其配件批發業 鞋類批發業 其他服飾品批發業
家用器具及用品批發業	從事家用器具及用品批發之行業，如家用電器、家具、家飾品、家用攝影器材與光學產品、鐘錶、眼鏡、珠寶、清潔用品等批發。	家用電器批發業 家具批發業 家飾品批發業 家用攝影器材及光學產品批發業 鐘錶及眼鏡批發業 珠寶及貴金屬製品批發業 清潔用品批發業 其他家用器具及用品批發業
藥品、醫療用品及化妝品批發業	從事藥品、醫療用品及化妝品批發之行業。	藥品及醫療用品批發業 化妝品批發業
文教育樂用品批發業	從事文教、育樂用品批發之行業，如書籍、文具、運動用品、玩具及娛樂用品等批發。	書籍及文具批發業 運動用品及器材批發業 玩具及娛樂用品批發業
建材批發業	從事建材批發之行業。	木製建材批發業 磚瓦、砂石、水泥及其製品批發業 瓷磚、貼面石材及衛浴設備批發業 漆料及塗料批發業 金屬建材批發業 其他建材批發業

批發業小類別	定義	涵蓋範疇（細類）
化學原材料及其製品批發業	從事藥品、化妝品、清潔用品、漆料、塗料以外之化學原材料及其製品批發之行業，如化學原材料、肥料、塑膠及合成橡膠原料、人造纖維、農藥、顏料、染料、著色劑、化學溶劑、界面活性劑、工業添加劑、油墨、非食用動植物油脂等批發。	化學原材料及其製品批發
燃料及相關產品批發業	從事燃料及相關產品批發之行業。	液體、氣體燃料及相關產品批發業 其他燃料批發業
機械器具批發業	從事電腦、電子、通訊與電力設備、產業與辦公用機械及其零配件、用品批發之行業。	電腦及其週邊設備、軟體批發業 電子、通訊設備及其零組件批發業 農用及工業用機械設備批發業 辦公用機械器具批發業 其他機械器具批發業
汽機車及其零配件、用品批發業	從事汽機車及其零件、配備、用品批發之行業。	汽車批發業 機車批發業 汽機車零配件及用品批發業
其他專賣批發業	從事 453 至 465 小類以外單一系列商品專賣批發之行業。	回收物料批發業 未分類其他專賣批發業

資料來源：行政院主計總處，2021，《行業統計分類第 11 次修訂（110 年 1 月）》。

商研院商業發展與策略研究所
謝佩玲研究員

零售業現況分析與發展趨勢

‖ 第一節　前言 ‖

　　根據財政部的統計資料，我國零售業 2020 年的銷售額爲新臺幣 49,495.21 億元，約占所有產業銷售額之 11.32%。即使該年爆發 COVID-19 疫情，但在政府與民間齊力防疫並推出系列政策因應下，我國 2020 年整體零售業銷售額仍較 2019 年成長 2.12%。其中，綜合商品零售業銷售額達新臺幣 12,662.31 億元，占整體零售業比例約 25.58%，較前一年增加 7.14%；而代表電子商務的無店面零售業銷售額則爲新臺幣 1,530.38 億元，占整體零售業約 3.09%，年成長率達 17.07%。

　　由此可見零售業在我國之重要性；而與民眾日常生活密切相關的綜合商品零售業則占有相當之比重，至於包含電子商務在內的無店面零售業雖然占比仍低，但成長速度卻遠超過整體零售業，極具發展潛力。

　　就全球零售業而言，依據國際市場研究機構 eMarketer 於今（2021）年 7 月發布的《Global Ecommerce Forecast 2021》，估計 2020 年全球零售業銷售額爲 23.624 兆美元，較 2019 年衰退 2.8%，比該機構於疫情前所預估將達到的 26.46 兆美元減少了約 10.72%；另一方面，電子商務在 2020 年的銷售額則成長了 25.7%，達到 4.213 兆美元；eMarketer 甚至預估全球零售電子商務銷售額在 2021 年還將成長 16.8%，達到 4.921 兆美元。惟全球零售業後續發展仍

視各國對疫情控制狀況而定；此外，eMarketer 也指出，疫情正在加速零售業的典範轉移，朝線上、線下融合並帶給消費者「無摩擦式」購物體驗的方向轉型。

本研究在探討零售業時，除整體零售業外，亦針對綜合商品零售業及無店面零售業，從銷售額、家數的變化趨勢及國內外的發展情勢進行分析，同時，也關注 COVID-19 疫情對零售業之影響。在本節前言之後，本章內容安排如下：第二節將先說明我國零售業的發展現況，再進入我國綜合商品零售業及無店面零售業，描繪並分析其不同業別的發展趨勢及經營模式與特色，並舉國內零售業為例進行說明，亦包括我國政府針對零售業發展所推出的政策措施；第三節則說明全球零售業的發展現況，並選擇代表性個案進行分析；最後，將綜合上述內容提出對企業的發展建議。

‖ 第二節　我國零售業發展現況分析 ‖

相對於前章批發業的銷售對象為下游生產或配銷業者，零售業的對象為一般消費大眾，零售業屬於流通服務業的最下游，擔任批發業與消費者之間商品和資訊的集散點，可以降低消費者的搜尋成本，提高整體經濟的配置效率。

根據行政院主計總處所公布的第 11 次修訂版行業統計分類，中類 47-48 為零售業；零售業定義為「從事透過商店、攤販及其他非店面如網際網路等向家庭或民眾銷售全新及中古有形商品之行業」，其小類包括「綜合商品零售業」、「食品、飲料及菸草製品零售業」、「布疋及服飾品零售業」、「家用器具及用品零售業」、「藥品、醫療用品及化妝品零售業」、「文教育樂用品零售業」、「建材零售業」、「燃料及相關產品零售業」、「資訊及通訊設備零售業」、「汽機車及其零配件、用品零售業」、「其他專賣零售業」、「零售攤販」、「其他非店面零售業」等 13 項。

其中，小類 471 為綜合商品零售業，定義為「從事以非特定專賣形式銷售多種系列商品之零售店，如連鎖便利商店、百貨公司及超級市場等。」在綜合商品零售業的細類上，分別有 4711 連鎖便利商店、4712 百貨公司、4719 其他綜合商品零售業；4719 其他綜合商品零售業又包括消費合作社、超級市場、

雜貨店、零售式量販店。

在本研究所呈現之零售業與綜合商品零售業之銷售額與家數上，係採用財政部的統計資料，而該統計資料則以中華民國稅務行業標準分類為依據。其中，在 2017 年底中華民國稅務行業標準分類進行了第 8 次修訂，自 2018 年 1 月 1 日起實施適用，因此本研究從 2018 年起的數據係皆採用財政部第 8 次修訂版之行業統計資料，2018 年之前的數據則為第 7 次修訂版之資料。

一、零售業發展現況

（一）銷售額

由表 4-2-1 的數據可知，我國零售業於 2020 年的銷售總額為新臺幣 49,495.21 億元，年增率 2.12%，雖然低於 2019 年 5.55%，但仍呈現正成長，主要係因 COVID-19 疫情在 2020 年初爆發後，對零售業 1-5 月的業績影響較大，但自政府 6 月 7 日宣布解封後，以及 7 月後推出振興方案刺激，加上業者強力促銷下，購物人潮開始回流，而邊境管制措施也使民眾留在國內消費，使 2020 下半年零售業業績跟著反彈增長。

（二）營利事業家數

在營利事業家數上，如表 4-2-1，我國零售業在 2020 年達到 373,358 家，年增率為 1.81%，是近 5 年中家數增長率最高的一年，其次為 2019 年的 0.64%，近 5 年來平均落在 0.65% 的成長水準。可知我國零售業家數雖仍持續增加，惟成長幅度有限，市場成熟度高。

（三）受僱人數與薪資

如表 4-2-1，在整體零售業之受僱員工方面，近 5 年中以 2016 年的年增率 2.21% 為最高，之後則呈現逐年遞減趨勢，至 2020 年總受僱員工人數年增率僅 0.04%。在性別方面則是呈現男性受僱員工人數略多於女性的情形。

在薪資方面，整體零售業薪資表現由 2016 年平均的總月薪 38,899 元上升至 2020 年的 45,206 元，上升幅度達 16.21%；近 5 年的平均薪資則為 42,318 元，平均成長率為 3.19%。從薪資與性別方面來看，近 5 年皆以男性的薪資較女性為高。

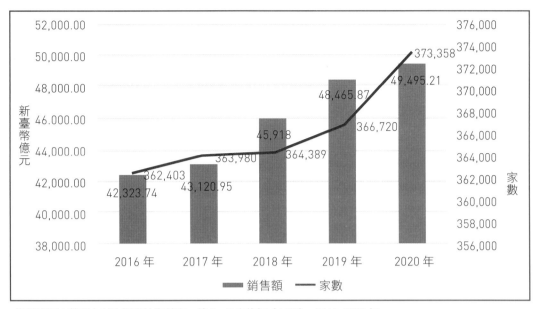

資料來源：整理自財政部統計資料庫，第 7、8 次修訂（6 碼），2016-2020 年。

◆圖 4-2-1 我國零售業家數、銷售額（2016-2020 年）

◆表 4-2-1 我國零售業家數、銷售額、受僱人數及每人每月總薪資統計（2016-2020 年）

[單位：億元新臺幣、家數、人、元、%]

項目	年度	2016 年	2017 年	2018 年	2019 年	2020 年
銷售額	總計（億元）	42,323.74	43,120.95	45,918	48,465.87	49,495.21
	年增率（%）	-0.03	1.88	6.49	5.55	2.12
家數	總計（家）	362,403	363,980	364,389	366,720	373,358
	年增率（%）	0.24	0.44	0.11	0.64	1.81
受僱員工人數	總計（人）	602,576	615,087	627,187	637,316	637,566
	年增率（%）	2.21	2.08	1.97	1.61	0.04
	男性（人）	312,101	319,195	326,815	333,612	337,312
	年增率（%）	2.82	2.27	2.39	2.08	1.11
	女性（人）	290,475	295,892	300,372	303,704	300,254
	年增率（%）	1.56	1.86	1.51	1.11	-1.14
每人每月總薪資	總計（元）	38,899	40,166	43,283	44,035	45,206
	年增率（%）	0.52	3.26	7.76	1.74	2.66
	男性（元）	38,997	40,440	44,126	44,955	46,281
	年增率（%）	1.51	3.7	9.11	1.88	2.95
	女性（元）	38,793	39,871	42,366	43,023	43,997
	年增率（%）	-0.53	2.78	6.26	1.55	2.26

資料來源：家數及銷售額整理自財政部財政統計資料庫；受僱員工人數及每人每月薪資整理自行政院主計總處
《薪情平台》資料庫，2016-2020 年。

說　　明：（1）2016 至 2017 年採用財政部「營利事業家數及銷售額第 7 次修訂」資料，2018 至 2020 年則
採用「營利事業家數及銷售額第 8 次修訂」資料。
（2）上述統計數值可能會與過去年度數字有些許差異，係因主管機關進行數據校正所致；表格數
據會產生部分計算偏誤，係因四捨五入與資料長度取捨所致，但並不影響分析結果。

二、零售業之細業別發展現況

（一）綜合商品零售業發展現況

1. 銷售額

由表 4-2-2 可知，2020 年依綜合商品零售業各細業別的銷售額占比由大至小，分別為：連鎖式便利商店業 [1]（31.47%）、百貨公司業（27.47%）、超級市場業（22.35%）、其他綜合商品零售業 [2]（9.53%），及零售式量販業（9.18%），顯示我國連鎖式便利商店與百貨公司為綜合商品零售業中創造穩定產值的主要來源。

若就 2020 年綜合商品零售業各細業別之銷售額年增率觀之，依序為：超級市場業（11.00%）、連鎖式便利商店業（9.27%）、其他綜合商品零售業（8.35%）、零售式量販業（6.77%）、百貨公司業（1.72%）。與 2019 年相比，可看出以剛性需求為主的綜合商品零售業，例如超級市場業、連鎖式便利商店業等，業績皆有顯著的增長，而百貨公司業的業績雖因疫情而成長有限，但隨著 6 月 7 日後國內解封而民眾又無法出國，反而增加在百貨公司的精品消費，使得百貨公司業在 2020 年的銷售額仍有正成長的表現。

表 4-2-2 零售業暨綜合商品零售業銷售額與年增率（2016-2020 年）

[單位：億元新臺幣、%]

業別		2016 年	2017 年	2018 年	2019 年	2020 年
零售業總計	銷售額（億元）	42,323.74	43,120.95	45,918.00	48,465.87	49,495.21
	年增率（%）	-0.03	1.88	6.49	5.55	2.12
綜合商品零售業	銷售額（億元）	10,774.65	10,821.57	11,373.73	11,818.50	12,662.31
	年增率（%）	5.21	0.44	5.10	3.91	7.14
	銷售額占比（%）	100	100	100	100	100

註 1　本研究所統計之連鎖式便利商店業包含 4711-12 直營連鎖式便利商店、4711-13 加盟連鎖式便利商店、4711-14 加盟連鎖式便利商店（無商品進、銷貨行為）。

註 2　本研究所統計之其他綜合商品零售包含 4719-13 雜貨店、4719-14 消費合作社、4719-15 綜合商品拍賣、4719-99 未分類其他綜合商品零售。

業別		2016 年	2017 年	2018 年	2019 年	2020 年
百貨公司業	銷售額（億元）	3,109.95	3,099.70	3,255.16	3,419.88	3,478.64
	年增率（%）	1.70	-0.33	5.02	5.06	1.72
	銷售額占比（%）	28.86	28.64	28.62	28.94	27.47
超級市場業	銷售額（億元）	2,303.72	2,274.29	2,399.35	2,549.66	2,830.12
	年增率（%）	10.52	-1.28	5.50	6.26	11.00
	銷售額占比（%）	21.38	21.02	21.10	21.57	22.35
連鎖式便利商店業	銷售額（億元）	3,208.47	3,348.60	3,605.79	3,646.67	3,984.55
	年增率（%）	5.58	4.37	7.68	1.13	9.27
	銷售額占比（%）	29.78	30.94	31.70	30.86	31.47
零售式量販業	銷售額（億元）	1,039.25	1,054.64	1,066.54	1,088.52	1,162.23
	年增率（%）	3.98	1.48	1.13	2.06	6.77
	銷售額占比（%）	9.65	9.75	9.38	9.21	9.18
其他綜合商品零售業	銷售額（億元）	1,113.25	1,044.35	1,046.89	1,113.77	1,206.77
	年增率（%）	5.03	-6.19	0.24	6.39	8.35
	銷售額占比（%）	10.33	9.65	9.20	9.42	9.53

資料來源：整理自財政部統計資料庫，第 7、8 次修訂（6 碼），2016-2020 年。

說　　明：上述表格數據會產生部分計算偏誤係因四捨五入與資料長度取捨所致，但並不影響分析結果；此外，財政部 7 次與第 8 次修訂後之業別差異亦會影響統計之數據。

2. 營利事業家數

　　從表 4-2-3 可知我國綜合商品零售業的家數近 5 年皆維持增加趨勢，2020年家數最多的業別依序為：連鎖式便利商店業（19,817 家），其次是其他綜合商品零售業（9,856 家），再其次則是超級市場（2,227 家），最少的是百貨公司業（707 家）及零售式量販業（690 家）。在家數年增率方面，以連鎖式便利商店業的 4.17% 為最高，而百貨公司業則是綜合商品零售業中唯一呈現負成長的業別。

[單位：家數、%]

業別		2016 年	2017 年	2018 年	2019 年	2020 年
綜合商品 零售業總計	家數	29,647	30,514	31,268	32,233	33,297
	年增率（%）	1.81	2.92	2.47	3.09	3.30
百貨公司業	家數	849	822	794	744	707
	年增率（%）	-5.03	-3.18	-3.40	-6.30	-5.00
超級市場業	家數	2,140	2,160	2,199	2,214	2,227
	年增率（%）	3.63	0.93	1.80	0.68	0.59
連鎖式 便利商店業	家數	17,063	17,595	18,175	19,024	19,817
	年增率（%）	1.92	3.12	3.30	4.67	4.17
零售式 量販業	家數	615	639	661	673	690
	年增率（%）	3.36	3.90	3.44	1.82	2.53
其他綜合 商品零售業	家數	8,980	9,298	9,439	9,578	9,856
	年增率（%）	1.77	3.54	1.51	1.47	2.90

資料來源：整理自財政部統計資料庫，第 7、8 次修訂（6 碼），2016-2020 年。
説　　明：（1）連鎖式便利商店包含 4711-12 直營連鎖式便利商店、4711-13 加盟連鎖式便利商店、4711-14 加盟連鎖式便利商店（無商品進、銷貨行為）。
　　　　　（2）上述表格數據會產生部分計算偏誤係因四捨五入與資料長度取捨所致，但並不影響分析結果；此外，財政部 7 次與第 8 次修訂後之業別差異亦會影響統計之數據。

（二）無店面零售業發展現況

在主計總處第 11 次修訂的行業統計分類上，無店面零售業歸類在零售業下的「487 其他非店面零售業」項下，再細分為「4871 電子購物及郵購業」、「4872 直銷業」及「4879 未分類其他非店面零售業」等三項。若依照經濟部公告的營業項目代碼，我國的電子商務歸類為「F399040 無店面零售業」，泛指非店面零售的行業，與百貨公司業、超級市場業、便利商店業、零售式量販業不同的地方在於，其業務範圍包含從事以郵件及廣播、電視、網際網路等電子媒介方式零售商品之行業。

在無店面零售業的銷售額與家數方面，本研究採用財政部的統計資料，而該統計資料係以中華民國稅務行業標準分類為依據。2017 年年底中華民國稅務行業標準分類進行了第 8 次修訂，自 2018 年 1 月 1 日起適用。在第 8 次修訂中，財政部將原歸為一類的「電視購物、網路購物」之網路購物獨立出來統計，可見網路購物之重要性。本研究所整理之 2018 年到 2020 年無店面零售業相關業別，係指包含郵購、電視與電台購物、網路購物、單層直銷（有形商

品）、多層次傳銷（商品銷貨收入）、多層次傳銷（佣金收入）、以自動販賣機零售商品、非店面零售代理等 8 項分類。

1. 銷售額

依表 4-2-4 所整理之資料，我國 2020 年無店面零售業銷售額為 1,530.38 億元，占整體零業業比重約為 3.09%，較 2019 年占比成長 0.39%。近 3 年我國無店面零售業銷售額年增率皆呈現成長趨勢，2019 年更從 2018 年的 8.8% 一舉攀升至 17.85%，2020 年年增率亦達 17.07%，呈現高速成長狀態。

◆表 4-2-4 其他無店面零售業銷售額統計（2018-2020 年）

[單位：億元新臺幣、%]

業別		2018 年	2019 年	2020 年
零售業總計	銷售額（億元）	45,918	48,465.87	49,495.21
	年增率（%）	6.49	5.55	2.12
其他無店面零售業總計	銷售額（億元）	1,109.38	1,307.27	1,530.38
	年增率（%）	8.80	17.85	17.07
經營郵購	銷售額（億元）	0.6	0.48	0.27
	年增率（%）	17.64	-20.00	-43.75
經營電視購物、電台購物（原：電視購物、網路購物）	銷售額（億元）	455.59	550.64	533.92
	年增率（%）	-26.76	20.86	-3.04
經營網路購物（原：網際網路拍賣）	銷售額（億元）	427.28	523.48	756.82
	年增率（%）	133.77	22.51	44.57
單層直銷（有形商品）	銷售額（億元）	9.58	8.24	12.89
	年增率（%）	5.39	-13.99	56.43
多層次傳銷（商品銷貨收入）	銷售額（億元）	83.81	88.19	90.28
	年增率（%）	-0.18	5.23	2.37
多層次傳銷（佣金收入）	銷售額（億元）	18.51	18.29	18.40
	年增率（%）	22.91	-1.19	0.60
以自動販賣機零售商品	銷售額（億元）	5.58	4.90	5.06
	年增率（%）	16.25	-12.19	3.27
非店面零售代理（原：無店面零售代理）	銷售額（億元）	108.43	113.04	112.72
	年增率（%）	7.02	4.25	-0.28

資料來源：整理自財政部統計資料庫，第 8 次修訂（6 碼），2018-2020 年。
說　　明：上述表格數據會產生部分計算偏誤係因四捨五入與資料長度取捨所致，但並不影響分析結果。

就無店面零售業細業別的銷售額觀之，2020 年又以經營網路購物之 756.82 億元為最高，超越電視購物、電台購物之 533.92 億元，顛覆以往由電視購物、電台購物占據無店面零售業銷售額排行之首的狀態，且其 2020 年的

銷售額成長率也一舉由 2019 年的 22.51% 躍升至 44.57%，至於電視購物、電台購物的銷售額增長率則由 2019 年的 20.86% 跌至 -3.04%。經過疫情的洗禮，無店面零售業中的網路購物金額迅速成長，與代表傳統消費主力的電視購物、電台購物呈現明顯的一消一長態勢。

　　觀察無店面零售業細業別銷售額近 3 年的年增率，除了經營網路購物始終維持正成長外，經營郵購已從 2019、2020 年連續 2 年出現負成長，而電視購物、電台購物則曾在 2018、2020 年出現負成長，其他如單層直銷（有形商品）、多層次傳銷（商品銷貨收入）、多層次傳銷（佣金收入）、以自動販賣機零售商品、非店面零售代理等業別，在近 3 年也都曾一度出現幅度不等的負成長。

2. 營利事業家數

　　由表 4-2-5 的家數統計來看，我國 2020 年無店面零售業有 29,215 家，占整體零售業比重約為 7.82%，且無店面零售業近 3 年的家數持續增加中。其中，又以網路購物家數達 24,990 家為最多，其次為非店面零售代理的 1,275 家；而電視購物、電台購物與非店面零售代理在 2020 年的家數年增率則為負成長，至於經營郵購的家數未變，其餘包括網路購物、單層直銷（有形商品）、多層次傳銷（商品銷貨收入）、多層次傳銷（佣金收入）業與以自動販賣機零售商品的家數在 2020 年皆有所增加。

◆表 4-2-5 其他無店面零售業家數統計（2018-2020 年）

[單位：家、%]

業別		2018 年	2019 年	2020 年
零售業總計	家數	364,389	366,720	373,358
	年增率（%）	0.11	0.64	1.81
其他無店面零售業總計	家數	20,819	23,488	29,215
	年增率（%）	18.00	12.82	24.38
經營郵購	家數	16	14	14
	年增率（%）	6.67	-12.5	0.00
電視購物、電台購物 （原：電視購物、網路購物）	家數	960	853	752
	年增率（%）	-74.09	-11.15	-11.84
網路購物 （原：網際網路拍賣）	家數	16,470	19,338	24,990
	年增率（%）	54.8	17.41	29.23
單層直銷（有形商品）	家數	225	249	255
	年增率（%）	-3.43	10.67	2.41

業別		2018 年	2019 年	2020 年
多層次傳銷（商品銷貨收入）	家數	766	797	861
	年增率（%）	0.66	4.05	8.03
多層次傳銷（佣金收入）	家數	487	530	643
	年增率（%）	12.21	8.83	21.32
以自動販賣機零售商品	家數	542	392	425
	年增率（%）	11.75	-27.68	8.42
非店面零售代理 （原：無店面零售代理）	家數	1,353	1,315	1,275
	年增率（%）	-0.95	-2.81	-3.04

資料來源：整理自財政部統計資料庫，第 8 次修訂（6 碼），2018-2020 年。
説　　明：上述表格數據會產生部分計算偏誤係因四捨五入與資料長度取捨所致，但並不影響分析結果。

三、零售業政策與趨勢

（一）國內發展政策

　　為了協助包括零售業在內的商業服務業持續進行創新研發，經濟部商業司多年來透過補助計畫，鼓勵業者推出新服務或商品、新經營模式及應用新商業技術。同時，商業司也針對數位轉型、智慧商業、跨境電商、連鎖加盟等服務業重要發展議題，與時俱進地推出許多政策措施，希望帶動零售業不斷成長。

　　在數位轉型上，為協助零售業者因應疫情及數位經濟帶來之影響，商業司透過籌組數位轉型顧問團為業者提供諮詢診斷，並幫助業者將產品及服務雲端化、數位化，協助業者以數據驅動商業決策，加速發展創新商業模式。

　　在推動智慧商業方面，為了協助發零售業者應用大數據、物聯網等智慧科技，商業司透過補助業者發展創新解決方案與商業模式來建立示範案例，期藉由成功案例於國內擴散並進行海外輸出。

　　針對跨境電商的推廣，商業司一方面輔導代營運商在東協市場強化其服務能力，以帶動更多臺灣業者上架當地平台，另一方面輔導電商業者開發創新服務或商業模式，以建立差異化優勢並提升交易額，同時也與馬來西亞政府機構合辦網購節，希望幫助臺灣業者提升海外知名度。

　　此外，為了協助業者透過連鎖加盟方式壯大，商業司透過客製化輔導方案協助連鎖加盟業者精進其經營體質，也透過辦理國際連鎖線上展會及商機媒合會，協助業者於疫情下持續拓展海外商機，增加臺灣品牌服務輸出機會。

（二）趨勢與案例

1. 綜合商品零售業發展趨勢

我國綜合商品零售業包含百貨公司業、超級市場業、連鎖式便利商店業及零售式量販業，以下依序說明各綜合商品零售業近年發展趨勢與特色。

（1）百貨公司業

觀察百貨公司業近 5 年來的發展趨勢，家數雖然持續減少，然銷售額除了 2017 年曾出現負成長外，即使在疫情爆發的 2020 年，皆仍有正成長表現，顯示百貨公司業似有大者越大的跡象。受疫情影響，原本為吸引消費者體驗而積極引進知名或獨家餐飲品牌的百貨公司業，這兩年的轉型重心則在於數位轉型，主要透過推出整合線上購物、點餐、支付、會員集點等服務的 APP 來結合線下實體店，也推出免下車的取貨服務，以便在民眾減少出門逛街時，仍能持續消費。

（2）超級市場業

就超級市場業的銷售額而言，近 5 年來除了在 2017 年曾出現負成長外，其餘各年皆維持在 5-11% 的年增率，這與近年來超級市場積極打破與便利商店及量販店的界限有關。例如販售咖啡與微波即食的個人商品，也販售適合家庭餐桌上的熟食和烘焙西點，並推出線上線下結合的 APP，以及與外送平台合作，使得超級市場不僅越來越貼近民眾生活需求，而民眾的日常採買也越來越仰賴超級市場。從家數變化觀之，除了 2016 年出現 3.63% 的年增率外，近 4 年的家數成長並不明顯，市場似已趨於成熟。

（3）連鎖式便利商店業

近 5 年來我國連鎖式便利商店業家數與銷售額均維持正成長，在疫情干擾的 2020 年，銷售額年增率更達 9.27%，遠高於 2019 年的 1.13%。乃因便利商店具有分布密度高並提供各種繳費和取貨等生活服務之優勢，且在綜合商品零售業中，也是較早積極推動數位轉型與創新服務的產業。例如推出 APP 後又開創以「量販優惠＋雲端寄杯＋跨店取貨／轉贈」模式結合會員經濟搶攻消費者荷包，另外也運用團購模式，由各地門市扮演團購主的角色，揪附近熟客組成 LINE 群組進行推播，促進其線上網站商品的銷售量。

（4）零售式量販業

近 5 年來我國零售式量販業銷售額與家數同樣維持正成長趨勢，在疫情爆發的 2020 年，銷售額年增率更達到 6.77%，較 2019 年的 2.06% 高出 3 倍，是

近 5 年中成長最多的一年，而 2020 年的家數也有 2.53% 的年增率。由於在疫情期間，民眾一度搶購民生與防疫物資，並且一次大量購足以減少採買次數，使得零售式量販業業績表現亮眼；另一方面，零售式量販業除了在賣場中導入自助結帳機提供零接觸式結帳外，也推出整合線上購物、支付、集點的 APP，並與外送平台合作，在疫情期間同時搶占線上與線下的商機。

2. 無店面零售業發展趨勢

根據財政部的統計資料，無店面零售業在 2018 年、2019 年與 2020 年的銷售額年增率分別為 8.80%、17.85% 和 17.07%，而家數年增率則分別為 18.00%、12.82% 和 24.38%，顯示近來無店面零售業不僅銷售額成長快速，家數也持續增加，可見無店面零售業發展潛力巨大，但同時競爭亦相當激烈。

近年來電子商務隨著網路與上網裝置的普及，加上許多電商平台的造節行銷活動與優惠促銷而大為興盛，且自 2020 年疫情爆發以來，民眾為了防疫又更常運用網路來購物，使得網路購物在 2018 年、2019 年與 2020 年的銷售額年增率分別達 133.77%、22.51%、44.57%。

另一方面，隨著直接面對消費者（Direct to Customer）的 D2C 趨勢興起，實體零售業紛紛推出自己的電商通路，電子商務平台也面臨實體零售業走向線下線上融合（OMO）的競爭，因此，近年來電子商務除了透過快速到貨的物流服務來增強競爭優勢外，也有電商業者開始轉型，例如 UDN 買東西電商平台宣布於今年 8 月底停止服務，並將聚焦於電商代營運服務；而 momo 除了開發多元的非宅配取貨通路，包括與便利商店、台灣大哥大 myfone 門市及中華郵政 i 郵箱等合作外，亦嘗試開設實體店。

此外，疫情期間各種「蔬菜箱」、「水果箱」、「海鮮箱」大賣，事實上近年來看好生鮮商機而投入生鮮電商市場的業者也陸續增加，例如外送平台 foodpanda 順勢經營起熊貓超市，而韓國電商龍頭 Coupang 也於今年 7 月來臺試營運，提供生鮮雜貨外送服務。

3. 案例分析

統一超商便利商店

（1）經營現況與特色

在勤業眾信（Deloitte）於 2021 年所公布的全球前 250 大零售業中，國內的統一超商已連續 7 年入榜，排名 142，領先今年首次入榜、排名第 247 的全聯福利中心。統一超商便利商店 2020 年營收 2,584.95 億元，較 2019 年增加

0.95%，2020 年 12 月底的總店數達 6,024 家，其推出的 OPEN POINT APP 會員數也已超過 1,200 萬名。

統一超商近年來除了持續擴展實體店外，也透過開發「複合店」與「聯名店」來強化實體店帶給消費者的嘗新體驗，且為滿足疫情期間民眾無法出國購物的異國體驗需求，引進日、韓、東南亞等國際商品販售，以掌握另類的「偽出國」商機；同時，為因應國內日益普遍的健康養生飲食潮流，也推出包括自有蔬食品牌「天素地蔬」在內的多元鮮食。另一方面，統一超商亦積極進行數位轉型，持續優化整合線上線下服務的 OPEN POINT APP，並於 2020 年底在臺中開設出第 4 間無人智慧商店「X-STORE」。

（2）創新應用

身為國內便利商店龍頭，統一超商在迎合消費潮流、創造「便利」服務，以及跟上全球的環境、社會、公司治理（ESG）趨勢上，皆不斷推出創新做法。

為了吸引更多族群造訪，統一超商從 2018 年開始推出「Big7 複合店」，依據商圈特性、消費者偏好與需求來設計「複合內容」，複合內容主要涵蓋美妝、健身、麵包、生啤酒、烤雞、咖啡、糖果、閱讀、披薩、聯名店等；以去年改裝過的市鑫門市為例，即複合了咖啡廳、書店、烘焙麵包、糖果屋及生啤酒等至少 5 種型態，而複合店的裝潢也設計成網美打卡點，如同迷你百貨公司，成功帶動消費者上門體驗與營收成長，業績增加甚至達 3 成。

在線上線下融合的 OMO 創新方面，統一超商持續優化其數位平台 OPEN POINT APP 的服務，不僅整合實體店內的 ibon 服務，例如售票、列印、繳費、寄件、數位儲值、好康紅利、生活服務、購物等，也導入 i 預購、行動隨時取與行動支付的功能，提供「線上買、跨店取」的服務，透過更便利的 OMO 服務與優惠紅利吸引更多消費者成為會員。

統一超商為響應聯合國永續發展目標 SDG 12「促進綠色經濟，確保永續消費及生產模式」之消費模式，提出「一次性塑膠使用量逐年減少 10%」目標，期在 2050 年達到 100% 零使用，同時將 2021 年訂為企業的「永續元年」，董事會轄下的「永續委員會」設置了減塑、減碳、惜食與永續採購等專案小組，以促進各家門市落實產銷永續計畫，如擴大現調飲品自帶杯優惠、推出剩食優惠與低碳的蔬食商品，並展開網購循環包裝與寶特瓶回收機等永續消費測試方案。另外，為因應超高齡社會即將來臨，統一超商也設置「樂齡門市」店型，推出失智症關懷與預防服務的「好鄰居送餐隊」與「幾點了咖啡館」，打造銀

髮族社區照顧網絡。

i3Fresh（愛上新鮮）

（1）經營現況與特色

i3Fresh（愛上新鮮）為一本土的生鮮品牌電商，成立於 2013 年，創辦人原本從事漁產批發，因此一開始憑藉其專業，鎖定在自有品牌的電商平台上銷售海鮮水產，後來陸續擴展產品線，增加了包括肉類、蔬果與冷凍調理食品乃至於零嘴等，其中冷凍產品約占 8 成，常溫商品約占 2 成。

該品牌以「淨食主義」為核心理念，訴求提供純淨無污染的食材，並且也主打快速出貨服務，包括「北北桃三小時到貨服務」、「全臺 24 小時到貨服務」以及「超商冷凍取貨付款服務」；同時，對消費者提供以量制價的銷售模式，即買越多則價格越便宜，搭配各種回購優惠，吸引許多消費者成為忠實顧客。目前會員數達 150 萬，2020 年營收已突破 12 億新臺幣，為國內最大的生鮮電商品牌。

（2）創新應用

i3Fresh 在生鮮產品的貨源上，以直接向生產源頭採購及買斷為主，以爭取較好價格；同時，也開發獨家產品以建立差異化的產品特色並提高毛利率。例如，針對增肌減脂與減重族群所開發的舒肥雞胸肉，雖然售價較便利商店略高，但分量較大，口味選擇也較多，熱賣時月銷售量 30 萬片，高於便利商店的 20 萬片。

目前 i3Fresh 採購通路已遍及世界各地，以持續找出國內外「優質平價」產品在平台上銷售，也由於 i3Fresh 強調產品差異化，因此從成立之初就非常重視網路行銷與大數據分析，在網路上大量投放廣告來與潛在客群溝通其品牌理念與產品特色，行銷金額甚至達成本的 2 成。i3Fresh 善用各種社群媒體進行整合行銷，並累積大量數據進行分析，再依照消費者不同的消費喜好推薦商品、提高購買率，以達到快速銷售、高周轉、低損耗、高市占與高回購率的效果。

此外，為了提高大量網購訂單的出貨速度與效率，i3Fresh 也自行建造倉儲與出貨系統，並設計人機協作的揀貨及分貨流程；在物流方面，除了透過黑貓宅急便、Lalamove 與 GOGOX 機車快遞等業者提供宅配和外送服務外，並與全家通路合作，提供冷凍店取服務。值得一提的是，為了善用公司既有的行

銷與倉儲資源，創造年二成長動能，i3Fresh 近年還成立「i3BData（愛上大數據）」子公司，提供有網路銷售需求的客戶代出貨、電商代營運的服務，跨入食品電商代營運的領域。

四、COVID-19 對我國零售業之影響與因應

（一）COVID-19 對零售業之影響

根據經濟部統計處的資料，2020 年我國零售業 1 到 5 月之營業額受 COVID-19 疫情影響較深，年減為 3.59%，其中，又以包含因邊境管制而旅客遽減的免稅店在內的其他綜合商品零售業受創最多，1 到 5 月營業額年減 30.09%，而百貨公司也因來客數減少，使 1 到 5 月營業額年減達到 11.11%；然而，同期的超級市場、量販店、便利商店業及其他非店面零售業營業額則分別大增 16.63%、12.47%、5.03% 及 13.42%。在 6 月 7 日國內宣布解封後，由於政府陸續推出振興方案，加上業者強力促銷，帶動國內消費買氣，使得 2020 年零售業全年營業額仍維持正成長。

在 2021 年 5 月本土疫情擴大前的 1 到 4 月，我國零售業營業額在去年基期較低下，年增率達 11.3%。隨著 5 月中下旬全國進入三級警戒，5 月零售業營業額雖仍有 2.8% 的年增率，但 6 月零售業營業額則年減達 13.3%。究其原因，在三級警戒管制下，民眾再度減少出門、維持低度活動，使汽機車零售業、布疋及服飾品零售業、家用器具及用品零售業、百貨公司、便利商店分別年減 22.9%、53.9%、28.6%、64.7% 及 7.4%；另一方面，由於民眾改成在家辦公、遠距上課，帶動筆電、平板、視訊等設備銷量增長，資通訊及家電設備零售業的 6 月年增率達 15.6%。而民眾對生活物資的需求，則改由網購與外送來滿足，也使得電子購物及郵購業、超級市場及量販店的 6 月營業額分別年增 33.7%、33.2% 及 7.6%。

隨國內疫情趨緩，疫情指揮中心宣布自 7 月 27 日全國三級警戒降為二級，而民眾消費也逐漸回溫，使 7 月零售業營業額雖仍年減 10.3%，但較 6 月增加 13.2%。由 2020 年經驗觀之，當疫情獲得控制後，配合政府推行振興措施與業者推出各種優惠促銷，可望有效刺激買氣，帶動零售業持續復甦。

（二）產業／政府之因應做法

經濟部商業司為了因應本土疫情對零售等商業服務業造成的衝擊，繼 2020 年推出的「艱困事業薪資及營運資金補貼」政策後，再於 2021 年 6 月 7 日啟動商業服務業艱困事業營業衝擊補貼作業，針對營業額衰退達 5 成以上的商業服務業艱困事業，按全職員工數乘以 4 萬元發給定額補貼款，用於企業相關營運支出、租金及人事費用等必要成本，以協助業者降低營運衝擊，並維持營運。

對於中央政府命令停業的業者，停業期間給與員工薪資未達基本工資之企業，所領取的營業衝擊補貼 4 萬元，其中 1 萬元得由企業支應停業期間必要支出（如租金），另 3 萬元則由企業轉發給員工，做為停業期間之薪資補貼，而就業安定基金會亦加發 1 萬元生活補貼給其員工，由企業轉發。

而企業為了因應民眾防疫的低接觸、零接觸消費需求，紛紛加速推動線上銷售與服務，例如辦理線上展售活動，或在實體店內增設外送外帶取貨區，甚至為消費者提供免下車取貨服務，如遠東百貨推出「速利便」服務；此外，店內許多專櫃銷售員也更加善用網路行銷，例如變身網紅透過直播介紹商品來與消費者互動，強化線上與線下融合的銷售力道。

∥ 第三節　國際零售業發展情勢與展望 ∥

隨著去年爆發 COVID-19 疫情，消費者不得不轉向線上購物，使得數位化已成為全球零售業共同的發展趨勢。在國際市場研究機構 eMarketer 於 2021 年 3 月發布的《More digital trends for 2021: The future of grocery is digital》報告中便明確指出，日常用品零售的主流趨勢為「數位化／線上線下融合（OMO）」，而在其《Future of Retail 2021: 10 Trends that Will Shape the Year Ahead》報告中所歸納出的 10 大零售趨勢，幾乎也以此為核心而展開，包括：

1. 隨著 D2C（Direct to Customer）直接面向消費者的趨勢興起，電子商務的競爭將更加激烈；
2. 在媒體與數位商務結合下，將激盪出可交易的內容（content）商務；
3. 大型零售商受惠於「線上買線下取」的優勢有助於其成長；

4. 民眾從線上採買生活用品的行爲將逐漸常態化；
5. 零售媒體正在數位廣告市場中崛起；
6. 尊榮會員訂閱制有助於強化大型零售商的跨通路忠誠度；
7. 隨著健身品牌走入消費者健康市場，數位健身將成爲大趨勢；
8. 次世代的交易市場將善用「稀有性經濟」打造行銷飛輪；
9. 全通路化 /OMO 的「未來商店」將持續擴展；
10. 因應消費者緊縮的預算，「先買後付」的交易選項將日益普遍。

一、全球零售業發展現況

　　根據國際市場研究機構 eMarketer 在今年 7 月所發布的《Global Ecommerce Forecast 2021》中指出，2020 年全球零售業銷售額約 23.624 兆美元，較 2019 年衰退 2.8%，而電子商務在 2020 年的銷售額則成長了 25.7%，達到 4.213 兆美元，且該機構預估全球電子商務銷售額在 2021 年仍將成長 16.8%，達到 4.921 兆美元。

　　在全球零售企業的發展概況上，依據勤業眾信（Deloitte）的「2021 零售力量與趨勢展望」報告，全球前 250 大零售業者的零售營收成長率爲 4.4%，比 2019 年高出 0.3%，但前 250 大業者中有 55 家銷售業績與去年相比出現下滑；而 2020 年前 10 大零售業者在前 250 大零售業者總銷售額中占比爲 32.7%，略高於 2019 年的 32.2%，零售企業似有大者越大的趨勢。

　　2020 年全球前 10 大零售業者依序爲：Walmart（沃爾瑪）、Amazon（亞馬遜）、Costco（好市多）、Schwarz（施沃茨）、Kroger（克羅格）、Walgreens（沃爾格林）、The Home Depot（家得寶）、Aldi Einkauf GmbH & Co. oHG（奧樂齊超市與 ALDI 母公司）、CVS Health Corporation（CVS 健康連鎖藥店）、TESCO（特易購）等。其中，以電子商務爲主的 Amazon 較 2019 年的第 3 名再躍升 1 名，超越 Costco，且其銷售額也上漲約 1/3。

　　此外，由於 2020 年爆發 Covid-19 疫情使得消費者減少外出，全球前 25 大零售業者在電子商務方面的銷售額皆攀升至少 50%，像家居裝修零售業者 The Home Depot 受惠於消費者對「居家防疫」的重視，而食品零售商則受惠於消費者習慣轉變爲在家用餐，使得銷售額均有所提升；至於銷售額下跌較多的則是專營時尚與奢侈品、經營旅遊零售以及電子商務實力偏弱的零售商。

二、國外零售業發展案例

（一）Kroger（克羅格）

1. 經營現況與特色

Kroger（克羅格）是一家美國超市，成立於 1883 年，旗下超市品牌包括 Harris Teeter、Ralphs 和 King Soopers，2020 年公司整體營收達 1,325 億美元，在 Deloitte 於 2021 年公布的全球前 10 大零售業中排名第 5，全美擁有 2,700 間以上的商店以及約 40 餘萬名員工。

這家已有 100 多年歷史的美國老牌超市，2017 年有感於企業長久以來的營收增長趨勢不再，甚至出現停滯或下滑，因此開始推出 90 億美元的轉型計畫，包括整修門市、推動電子商務並投資數位科技等，也收購了英國食品雜貨電商 Ocado Group PLC 部分股權，以幫助 Kroger 打造自動化倉庫，及優化線上訂單的配送流程，補強 Kroger 的線上銷售業務。這樣的轉型投資也使 Kroger 在面臨 COVID-19 的疫情下，2020 年的電商業績年增率達 103%。

2. 創新應用

Kroger 指出，在疫情前僅有 18% 的人在家吃午餐、21% 的人在家吃晚飯，然而疫情爆發後，這樣的比例分別提高到 31% 與 33%，正因為意識到在家做飯的人變多了，因此 Kroger 的因應策略包括強化生鮮商品的供應，以及為消費者提供節省時間的解決方案，例如增加即食、即熱、套餐等便利烹調享用的鮮食或特色商品，且提供消費者多元的購物及配送方式，例如到店購買、線上訂購到店取貨，或外送、宅配等。

對於以實體店為主的 Kroger 而言，為了因應消費者購物行為的改變，不得不加速往線上發展，然而根據其估算，相對於到店購買，消費者從線上訂購後，超市還必須負擔挑選物品和準備裝袋及配送等額外費用，需要更高的人力成本，並侵蝕其利潤，因此 Kroger 藉由 Ocado 的幫助，準備建立多個自動化倉庫以提升線上訂單的處理效率，首個自動化倉庫設立於俄亥俄州，在倉庫中由機器人負責挑選和打包訂單商品，5 分鐘內便可完成一件包含 50 項商品的訂單。

此外，Kroger 也善用通路對消費者偏好與購買模式的瞭解，推出其零售媒體的精準廣告服務（Kroger Precision Marketing, KPM），為製造商或品牌商

提供第一手的數據分析報告並客製化行銷方案,例如產品組合、銷售方式、優惠活動等,以協助供應商提高行銷效率,同時也增加 Kroger 的營收來源。

(二)SHEIN 服飾品牌電商

1. 經營現況與特色

SHEIN 是一家成立於 2008 年的服飾品牌電商,雖然源自中國大陸,但為了避開中國大陸過於競爭的市場,選擇以全球為其銷售市場,消費者來自 200 多個國家,其中,又以美國為其最大市場。

該公司以「人人盡享時尚之美」為品牌理念,產品一路從女裝延伸到男裝、童裝、美妝時尚及家居和寵物等,在 2020 年的營收近 100 億美元,連續 8 年超過 100% 增長。由於訴求國際化,SHEIN 與不同國家的時尚設計師合作,再委由中國大陸等地的工廠生產,所銷售的產品以平價時尚為特色,鎖定 20 歲到 35 歲者為主要客群,女性消費者占了至少 70%,其餘才是男性消費者。

2. 創新應用

SHEIN 從新創成立後藉由超過 3 輪的募資,籌得其持續發展的資金。身為跨境電商,網站上的模特兒多半為外國人,且為了維持國際性的競爭力,SHEIN 的據點分布於全球多處,例如於南京、深圳、廣州、杭州等設有研發辦事處,在佛山、南沙、比利時、印度、美國的東西海岸也設有協調社群,而在新加坡也有辦公室,並與各地的時尚設計師及供應商建立緊密的合作網絡,形成快時尚的基礎。

SHEIN 從打樣、布料製作、裁剪、車縫、收尾到加工繡花或印花等的流程可縮短至 7 天,比 ZARA 最快生產時間還少 7 天。而大部分 SHEIN 委託生產的工廠就在出口重地廣東省,以便利用當地已發展出的高效物流系統,搭配海外倉庫,快速將貨品寄送給消費者或處理退換貨。

此外,為了快速驗證市場需求並觸及更多消費者,SHEIN 的行銷策略著重在網路宣傳及取得網站流量,同時與名人、網紅、行銷聯盟等合作,增加在 Instagram、Facebook、YouTube、Twitter、Pinterest、TikTok 等社群媒體的曝光。SHEIN 與各地明星、網紅合作帶貨並導購其服飾,從而獲得其粉絲的反饋,有助於瞭解目標客群的需求及偏好;而素人也可以是 SHEIN 的行銷夥伴,撰寫評論、拍攝開箱影片或上傳穿搭照片便可獲得回購的折價優惠。SHEIN 也

善於營造話題行銷，例如 2020 年邀請歌手凱蒂佩芮和饒舌歌手納斯小子等名人舉辦直播活動 SHEIN together，在 SHEIN APP 獨家播放，吸引上百萬人觀看。

‖ 第四節　結論與建議 ‖

一、零售業轉型契機與挑戰

由於受 COVID-19 疫情的衝擊，2020 年全球零售業銷售額較 2019 年衰退 2.8%，而電子商務則成長了 25.7%。我國零售業於 2020 年 1 到 5 月時受疫情影響較大，後半年因國內疫情控制得宜，加上政府推出振興方案與業者強力促銷，而國外疫情嚴峻也強化民眾留在國內消費的力道，使我國零售業 2020 年仍有 2.21% 的成長率。

雖然 2021 年 5 月中下旬為防止本土疫情擴散，中央疫情指揮中心宣布進入三級警戒，使 6、7 月零售業營業額年減逾 10%，然而隨國內疫情趨緩，自 7 月 27 日起由三級警戒降為二級，民間消費已逐漸回溫，而政府也規劃於 10 月推出振興五倍券等政策。由 2020 年經驗觀之，面對疫情的挑戰，若政府與民間齊心抗疫、控制住疫情，配合政府的振興措施與業者的優惠促銷，可望有效刺激買氣，帶動零售業持續復甦。

包括我國在內的許多國家刻正積極施打疫苗，惟全球病毒變異株不斷出現，疫情的未來發展仍充滿不確定性，可預見接下來的世界還將與疫情共存一段時間。疫情除了帶動電子商務快速成長，同時也加速了零售業數位轉型以及 OMO 的步伐，較早布局 OMO 的零售業者，在疫情期間所受影響相對也較小，展現出企業的韌性與彈性，因此，零售業宜善用政府與公協會等資源，跟上這股轉型趨勢，當疫情出現變化時，猶能由線上為消費者提供服務。

二、對企業的建議

（一）打造疫情新常態下的 OMO 商業模式

　　線下融合線上已是零售業難以逆轉的趨勢，而 COVID-19 疫情更使得消費者為避免接觸而更常選擇線上訂購，因此，在疫情仍充滿不確定性下，建議業者應及早打造 OMO 的商業模式，讓商品組合、行銷模式、支付與交貨方式等，都能滿足消費者不論來自線上或線下的購物需求。

（二）掌握疫情新常態下衍生的各種新商機

　　在疫情新常態下，同時也衍生新的商機，例如因邊境管制使民眾難以出國旅遊而衍生出「偽出國」商機；建議零售業者可利用新臺幣今年以來常出現的升值契機，增加異國商品、服務的引進，營造異國氛圍，吸引消費者購買或體驗。此外，也可善用本身資源或核心能力，開發第二成長動能；例如 i3Fresh 看準傳統業者轉型到線上的商機，運用既有的行銷與倉儲資源，提供具網路銷售需求的客戶代出貨與電商代營運的服務。

‖ 附錄　零售業定義與行業範疇 ‖

　　根據行政院主計總處「行業統計分類」第 11 次修訂版本所定義之零售業，從事透過商店、攤販及其他非店面如網際網路等向家庭或民眾銷售全新及中古有形商品之行業。零售業各細類定義及範疇如下表所示：

◆表 行政院主計總處「行業統計分類」第 11 次修訂版本所定義之零售業

零售業小類別	定義	涵蓋範疇（細類）
綜合商品零售業	從事以非特定專賣形式銷售多種系列商品之零售店，如連鎖便利商店、百貨公司及超級市場等。	連鎖便利商店 百貨公司 其他綜合商品零售業
食品、飲料及菸草製品零售業	從事食品、飲料、菸草製品專賣之零售店，如蔬果、肉品、水產品、米糧、蛋類、飲料、酒類、麵包、糖果、茶葉等零售店。	蔬果零售業 肉品零售業 水產品零售業 其他食品、飲料及菸草製品零售業

零售業小類別	定義	涵蓋範疇（細類）
布疋及服飾品零售業	從事布疋及服飾品專賣之零售店，如成衣、鞋類、服飾配件等零售店；行李箱（袋）及縫紉用品零售店亦歸入本類。	布疋零售業 服裝及其配件零售業 鞋類零售業 其他服飾品零售業
家用器具及用品零售業	從事家用器具及用品專賣之零售店，如家用電器、家具、家飾品、鐘錶、眼鏡、珠寶、家用攝影器材與光學產品、清潔用品等零售店。	家用電器零售業 家具零售業 家飾品零售業 鐘錶及眼鏡零售業 珠寶及貴金屬製品零售業 其他家用器具及用品零售業
藥品、醫療用品及化妝品零售業	從事藥品、醫療用品及化妝品專賣之零售店。	藥品及醫療用品零售業 化妝品零售業
文教育樂用品零售業	從事文教、育樂用品專賣之零售店，如書籍、文具、運動用品、玩具及娛樂用品、樂器等零售店。	書籍及文具零售業 運動用品及器材零售業 玩具及娛樂用品零售業 影音光碟零售業
建材零售業	從事漆料、塗料及居家修繕等建材、工具、用品專賣之零售店。	
燃料及相關產品零售業	從事汽油、柴油、液化石油氣、木炭、桶裝瓦斯、機油等燃料及相關產品專賣之零售店。	加油及加氣站 其他燃料及相關產品零售業
資訊及通訊設備零售業	從事資訊及通訊設備專賣之零售店，如電腦及其週邊設備、通訊設備、視聽設備等零售店。	電腦及其週邊設備、軟體零售業 通訊設備零售業 視聽設備零售業
汽機車及其零配件、用品零售業	從事全新與中古汽機車及其零件、配備、用品專賣之零售店。	汽車零售業 機車零售業 汽機車零配件及用品零售業
其他專賣零售業	從事472至484小類以外單一系列商品專賣之零售店。	花卉零售業 其他全新商品零售業 中古商品零售業
零售攤販	從事商品零售之固定或流動攤販。	食品、飲料及菸草製品之零售攤販 紡織品、服裝及鞋類之零售攤販 其他零售攤販
其他非店面零售業	從事486小類以外非店面零售之行業，如透過網際網路、郵購、逐戶拜訪及自動販賣機等方式零售商品。	電子購物及郵購業 直銷業 未分類其他非店面零售業

資料來源：行政院主計總處，2021，《中華民國行業標準分類第11次修訂（110年1月）》。

商研院商業發展與策略研究所
李曉雲研究員

餐飲業現況分析與發展趨勢

‖ 第一節　前言 ‖

　　餐飲業為人民基本需求中最重要的傳統產業之一，發展至今已有上千年的歷史。隨著經濟結構與生活型態的轉變，我國外食人口逐年增加，根據行政院主計總處「108 年家庭收支調查報告」統計，我國餐廳及旅館之家庭消費支出占比從 99 年的 9.7%，逐年上漲至 108 年的 12.8%，漲幅達 3.1%，帶動我國餐飲業發展，營業家數亦逐年成長，雖然我國餐飲業進入門檻低，然而在市場競爭激烈下，也造就我國餐飲業多變的樣貌。

　　2020 年的 COVID-19 疫情除了改變我們原有的社交方式外，也影響著餐飲業，消費者飲食習慣的改變，讓餐飲業既有的營運模式逐漸不適用於未來的趨勢。根據 2020 年 6 月《彭博社》（Bloomberg News）的報導指出，美國民眾約半數已經不想上夜店酒吧，三分之一的人吃飯傾向於叫外送。經濟部統計處統計，2021 年 1 月受到許多公司、企業紛紛取消尾牙的影響，飯店和宴會館生意銳減，導致 1 月餐飲業營業額竟年減 15.3%，來到新臺幣 702 億元，其中外燴及團膳承包業是影響最為嚴重的細項產業，去（2020）年同期年成長率為 -23.5%。

　　除了減少聚餐或聚會，吃飯選擇外送或外帶取餐之外，疫情同樣促使消費者開始朝向增強免疫健康的方向思索。Innova Market Insights 於 2020 年消費

者調查研究顯示，全球超過 5 成的消費者表示因為 COVID-19 疫情，開始自學增強免疫健康的方法，更有 6 成的消費者是更加積極地尋找增強免疫健康的食品，因此如何洞悉消費者的轉變和市場需求的變化，調整經營方向，成為餐飲業者今（2021）年重要的課題。

在政策方面，為了降低疫情對我國民生經濟帶來的衝擊，政府於去年相繼推出「經濟部辦理商業服務業受嚴重特殊傳染性肺炎影響之艱困事業薪資及營運資金補貼政策」、「經濟部推動餐飲業上架外送服務方案補助」、「經濟部因應嚴重特殊傳染性肺炎振興商圈補助」、「振興三倍券」和「客庄旅遊券」等與餐飲業相關之振興經濟政策，並投入包括科技化、人才培訓、市場拓銷等面向資源，期待協助餐飲業渡過疫情危機外，仍可繼續朝向轉型升級方向前進。

為洞悉餐飲業發展現況與趨勢，本研究第二節將介紹我國餐飲業發展現況，依餐飲業（中業別、細業別）近年來銷售額、營利事業家數、受僱人數之變化趨勢進行分析，並闡述我國餐飲業發展政策與趨勢，輔以實際案例說明，也針對衝擊民眾生活的 COVID-19 對餐飲業的影響進行簡要說明，並指出產業 / 政府目前主要因應對策；第三節說明主要國家餐飲業發展情勢與展望，第四節將彙整上述國內外餐飲業發展趨勢之研析結果，並歸納可能影響餐飲業的關鍵議題，據此提出對於我國餐飲業之建議，以供我國餐飲業者參考。

‖ 第二節　我國餐飲業發展現況分析 ‖

行政院主計總處於 2021 年 1 月完成我國行業統計分類第 11 次修訂，將服務業範圍劃分為 13 大類[1]。餐飲業屬於 I 類「住宿及餐飲業」中之細項，係指從事調理餐食或飲料供立即食用或飲用之行業，另餐飲外帶外送、餐飲承包等亦歸入本類；其涵蓋類別包含餐食業（餐館、餐食攤販）、外燴及團膳承包業、飲料店業（飲料店、飲料攤販）。其中，餐食業係指從事調理餐食，並供立即

註1　服務業範圍劃分為 13 大類：G 類「批發及零售業」、H 類「運輸及倉儲業」、I 類「住宿及餐飲業」、J 類「出版影音及資通訊業」、K 類「金融及保險業」、L 類「不動產業」、M 類「專業、科學及技術服務業」、N 類「支援服務業」、O 類「公共行政及國防；強制性社會安全」、P 類「教育業」、Q 類「醫療保健及社會工作服務業」、R 類「藝術、娛樂及休閒服務業」、S 類「其他服務業」。

食用之商店及攤販。外燴及團膳承包業係指從事承包客戶於指定地點舉辦運動會、會議及婚宴等類似活動之外燴餐飲服務，或是專為學校、醫院、工廠、公司企業等團體提供餐飲服務之行業，而承包飛機或火車等運輸工具上之餐飲服務亦歸入本類。

一、餐飲業發展現況

（一）銷售額

依據財政部公布之資料顯示（參見圖 5-2-1），2020 年餐飲業銷售額約新臺幣 5,747 億元，受疫情影響，年成長率驟減至 0.63%，遠低於 2016 年的 8.54%。觀察 2016 年至 2020 年的銷售額變化，從 4,803 億元逐年攀升至 5,747 億元，銷售額年成長率介在 0.63%-8.54% 之間，年平均成長率為 5.40%，但若排除疫情爆發的 2020 年，則 2016 年至 2019 年之年平均成長率上升至 6.59%，由此可知，受到我國民眾飲食習慣的改變，外食人口逐年成長，確實帶動了我國餐飲業營收增長，然而 2020 年年初開始的 COVID-19 疫情，對於民眾餐飲消費支出產生的衝擊力，亦十分地顯著。

相較於 2019 年的餐飲業銷售額年成長率為 5.18%，2020 年因 COVID-19 疫情急遽升溫，各國政府相繼實施封城，國際觀光客來客人數驟減，民眾外出用餐和旅遊意願明顯下降，銷售額較 2019 年僅略為成長 0.63%（參見圖 5-2-1、表 5-2-1）。

（二）營利事業家數

在營利事業家數方面，2020 年底共計 153,689 家，相較於 2019 年增加了 7,680 家，年增率竟達 5.26%，高於前 3 年的家數成長率，主要受惠於 2020 年 5 月後我國疫情控制得當，6 月 7 日解封後，民眾逐漸恢復消費信心，餐飲業者營運得以逐步回歸正常，甚至因應疫情出現多家新型態餐廳。觀察 2016 至 2020 年家數的變化，從 2016 年的 130,651 家逐年成長；每年成長率落在 2.95%-5.26% 之間，以 2016 年和 2020 年增幅最大，達 5.26%（參見圖 5-2-1、表 5-2-1）。

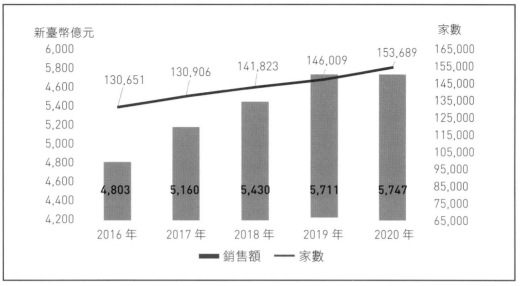

資料來源：整理自財政部統計資料庫，第 7、8 次修訂（6 碼），2016-2020 年。

◆圖 5-2-1 餐飲業銷售額與營利事業家數趨勢（2016-2020 年）

◆表 5-2-1 餐飲業銷售額、營利事業家數、受僱員工數與每人每月總薪資統計（2016-2020 年）

[單位：家、%]

項目	年度	2016 年	2017 年	2018 年	2019 年	2020 年
銷售額	總計（億元）	4,803	5,160	5,430	5,711	5,747
	年增率（%）	8.53	7.43	5.24	5.18	0.63
家數	總計（家）	130,651	136,906	141,823	146,009	153,689
	年增率（%）	5.26	4.79	3.59	2.95	5.26
受僱員工人數	總計（人）	371,945	391,654	403,605	412,725	393,515
	年增率（%）	5.82	5.30	3.05	2.26	-4.65
	男性（人）	161,537	169,006	173,163	180,111	170,503
	年增率（%）	7.12	4.62	2.46	4.01	-5.33
	女性（人）	210,408	222,648	230,442	232,614	223,012
	年增率（%）	4.85	5.82	3.50	0.94	-4.13
每人每月總薪資	總計（元）	34,253	35,274	36,282	36,974	36,311
	年增率（%）	1.24	2.98	2.86	1.91	-1.79
	男性（元）	36,500	37,114	37,954	38,785	39,088
	年增率（%）	0.47	1.68	2.26	2.19	0.78
	女性（元）	32,762	34,038	35,163	35,801	34,701
	年增率（%）	1.69	3.89	3.30	1.81	-3.07

資料來源：家數及銷售額整理自財政部財政統計資料庫；受僱員工人數及每人每月薪資整理自行政院主計總處《薪情平台》資料庫，2016-2020 年。

說　　明：（1）2016 至 2017 年採用財政部「營利事業家數及銷售額第 7 次修訂」資料，2018 至 2020 年則採用「營利事業家數及銷售額第 8 次修訂」資料。

（2）上述統計數值可能會與過去年度數字有些許差異，係因主管機關進行數據校正所致；表格數據會產生部分計算偏誤，係因四捨五入與資料長度取捨所致，但並不影響分析結果。

（三）受僱人數與薪資

2020 年餐飲業之受僱員工為 393,515 人，較 2019 年衰退 4.65%，是臺灣整體，也是餐飲業近 11 年來首次出現衰減的一年。近年來，以 2016 年的年增率最高，達 5.82%，之後則逐年遞減至 2019 年的 2.26%，受疫情衝擊，2020 年甚至銳減了 4.65%。在性別方面，如同往年，女性受僱員工人數多於男性，以年增率來看，男性在 2016 年時年增率達近 5 年新高，為 7.12%，然 2017 年至 2018 年成長率持續下滑至 2.46%，惟 2019 年反彈至 4.01%，2020 年則遇到疫情衰退 5.33%；女性自 2017 年開始有逐年下降趨勢，尤其是 2019 年，受餐館僱用女性人數下降的影響，年增率僅有 0.94%，2020 年甚至下滑到 -4.13%。

在薪資方面，2020 年平均薪資為新臺幣 36,311 元，比 2019 年下降 1.79%，與 2016 年的 34,253 元相比，5 年來成長幅度僅 6.01%，顯示餐飲業規模擴增已趨緩；在歷年成長率方面，2016 年至 2019 年皆有正的成長，僅 2020 年受疫情衝擊下降 1.79%。從薪資與性別方面來看，男性的薪資皆高於女性，差異幅度以 2020 年的 4,387 元最高，與之前差距逐年縮小的狀況迥然不同，顯示就餐飲業而言，雖然男性受僱員工人數減少幅度較高，達 -5.33%，但男性離職者似乎以低於平均薪資者為主，故就男性每人每月總薪資來看，仍呈現成長狀態，為 0.78%，取而代之，則是由較平均薪資低的女性受僱員工代替其工作，因此造成男女薪資差異擴大（參見表 5-2-1）。

二、餐飲業之細業別發展現況

（一）銷售額

由表 5-2-2 可看出，2020 年餐飲業中的細項產業──餐館業、飲料店業、餐飲攤販業以及其他餐飲業，「餐館業」的銷售額占比明顯高於其他業別，約占 8 成左右，受到疫情影響，民眾外出用餐意願降低，餐館業之銷售額僅略為成長 0.49%。「飲料店業」之銷售額成長率明顯趨緩，由 2016 年之 30.49% 下降至 2018 年之 3.88%，2019 年略為上升至 4.91%，值得注意的是，COVID-19 爆發的 2020 年，「飲料店業」仍維持 3.27% 的成長率，是此次疫情中，成長幅度最高的餐飲業細項產業，其銷售額 5 年來從 2016 年的 647.77 億元，成長到 2020 年的 795.51 億元，變動幅度為 22.81%。「餐飲攤販業」近年來皆處於負成長狀態，直至 2018 年才翻轉為正成長，2019 年銷售額成長率為 0.22%，

受惠於疫情改變民眾消費習慣，餐點轉變成外帶方式，「餐飲攤販業」逆勢成長，2020 年銷售額成長率為 1.29%，是餐飲業中唯一年增率不減反增的細項產業。

◆ 表 5-2-2 餐飲業銷售額與年增率（2016-2020 年）

[單位：億元、%、%]

項目 \ 年度		2016 年	2017 年	2018 年	2019 年	2020 年
餐飲業總計	銷售額（億元）	4,803	5,160	5,430	5,711	5,747
	年增率（%）	8.53	7.43	5.24	5.18	0.63
餐館業	銷售額（億元）	3,871.08	4,146.21	4,380.09	4,620.00	4,642.69
	年增率（%）	6.03	7.11	5.64	5.48	0.49
	銷售額占比（%）	80.60	80.36	80.67	80.90	80.79
飲料店業	銷售額（億元）	647.77	706.84	734.25	770.31	795.51
	年增率（%）	30.49	9.12	3.88	4.91	3.27
	銷售額占比（%）	13.49	13.70	13.52	13.49	13.84
餐飲攤販業	銷售額（億元）	88.72	88.3	88.79	88.98	90.14
	年增率（%）	-0.15	-0.47	0.55	0.22	1.29
	銷售額占比（%）	1.85	1.71	1.64	1.56	1.57
其他餐飲業	銷售額（億元）	195.16	218.40	226.78	231.61	218.63
	年增率（%）	3.39	11.91	3.84	2.13	-5.61
	銷售額占比（%）	4.06	4.23	4.18	4.06	3.80

資料來源：整理自財政部統計資料庫，《銷售額及營利事業家數第 7 次、第 8 次修訂（6 碼）及地區別》，2016-2020 年。

說　　明：上述表格數據會產生部分計算偏誤係因四捨五入與資料長度取捨所致，但並不影響分析結果。

（二）營利事業家數

在營利事業家數方面，整體餐飲業 2016 年至 2020 年呈現逐年遞增趨勢。其中，「餐館業」的家數明顯高於其他類型，近 5 年來餐館類家數呈現逐年增加的趨勢，增幅為 18.36%，有趣的是疫情期間的「餐館業」家數增長幅度竟較 2018 年的 3.87% 和 2019 年的 3.37% 來得高，而疫情促使「餐館業」者轉型，也促使新型態餐廳出現，如虛擬餐廳、雲端廚房。

「飲料店業」家數也是逐年成長，2020 年達 24,917 家，比起 2016 年的 20,121 家，變動幅度高達 26.17%，與「餐館業」相似，2020 年之家數年增率竟高於 2017 年至 2019 年，達 7.54%，為餐飲業細項產業當中，家數年增率最高的，此外，由表 5-2-2 銷售額年增率 3.27% 得知，亦為餐飲業細項產業年增率最高的，雖然 2020 年上半年受到疫情影響，消費者消費頻率減少，但由

於飲料店本來就以外帶或外送居多,因此疫情對於飲料店影響較小,再加上 2020 年下半年,國內疫情趨緩,以及夏季天氣較去年同期炎熱,故除了先前民眾已逐漸養成正餐搭配手搖飲、上班飲用咖啡等習慣外,氣候又進一步帶動民眾購買意願,使得「飲料店業」為我國餐飲業 2020 年表現最佳的細項產業。

至於「餐飲攤販業」原本家數逐年減少,於 2019 年已低於 9,000 家,但受惠於民眾消費習慣的改變,店面多處於室外且以外帶為主的餐飲攤販業,2020 年家數逆勢增加,年增率達 5.60%,店家數重回 9,000 家,來到 9,410 家(參見表 5-2-3)。

◆表 5-2-3 餐飲業營利事業家數與年增率（2016-2020 年）

[單位：家、%]

項目 \ 年度		2016 年	2017 年	2018 年	2019 年	2020 年
餐館業總計	家數	98,927	103,969	107,991	111,630	117,089
	年增率（%）	5.04	5.10	3.87	3.37	4.89
飲料店業	家數	20,121	21,346	22,464	23,169	24,917
	年增率（%）	9.57	6.09	5.24	3.14	7.54
餐飲攤販業	家數	9,266	9,141	9,020	8,911	9,410
	年增率（%）	-0.62	-1.35	-1.32	-1.21	5.60
其他餐飲業	家數	2,337	2,450	2,348	2,299	2273
	年增率（%）	3.41	4.84	-4.16	-2.09	-1.13

資料來源：整理自財政部統計資料庫,《銷售額及營利事業家數第 7 次、第 8 次修訂（6 碼）及地區別》,2016-2020 年。

説　　明：上述表格數據會產生部分計算偏誤係因四捨五入與資料長度取捨所致,但並不影響分析結果。

三、餐飲業政策與趨勢

（一）國內發展政策

在全球疫情接連爆發之下,民眾外出用餐及消費意願大幅降低,造成餐飲業營收下滑,面對 COVID-19 疫情的衝擊影響,為了協助餐飲業發展,增強國內消費動能,擴大業者展店能量,經濟部於 2020 年推出餐飲業振興相關政策,對於餐飲業投入相關資源,包括科技化、人才培訓、市場拓銷等面向的主題活動,以協助我國餐飲業轉型升級。

1.科技化

為提升臺灣餐飲業競爭力,政府於 2020 年評選出 7 家連鎖餐飲業者進行

科技化應用輔導，鼓勵餐飲業業者升級轉型，投入新服務產品、新商業模式或新科技應用等。此外，在我國實施社交距離及人流管制等防疫規範，聚餐宴會活動明顯受限，消費者也減少外出消費或用餐之下，為了協助餐飲業者擴大銷售、增加營收，甚至進一步進展至數位轉型，以降低餐飲業營運受到衝擊程度，政府補助首次導入外送服務的餐飲業者，協助業者於數位平台上架、拍照、接單、點餐自取、行銷服務、配送服務等，由於餐飲業者大多沒有導入外送服務的經驗，因此政府甚至提供外送業者的服務內容和計價方式，給予餐飲業者一項參考依據。希望透過科技導入，解決人力短缺問題，藉由線上點餐、外送服務至會員經營等方面的協助，提升營業效益及競爭力。

2. 人才培訓

為協助餐飲業者突破疫情困境，政府辦理餐飲人才加值培訓，開辦多元培訓課程，協助企業於疫情中，仍舊可以提供員工進修機會，並培育或精進餐飲業各種人才，提升服務能量，持續增強員工戰鬥力，2020 年政府已陸續推出將近 20 門數位課程，並於 2020 年 6 月疫情趨緩之後，與餐飲業者及公協會合辦超過 200 班的實體課程，以待疫情結束後能迅速恢復正常營運。

3. 市場拓銷之主題活動

（1）臺灣滷肉飯節

美食，一直是吸引觀光客來臺的主因之一，為帶動我國餐飲業發展，經濟部自 2017 年辦理首屆「臺灣滷肉飯節」，2020 年共計 156 家滷肉飯業者入選，經過評審團激烈評比後，推薦 10 個結合傳統與創新的滷肉飯業者為「十全十美滷肉飯」，並於 10 月 10 日在臺中市舉辦 2020 年「臺灣滷肉飯節」，此次活動除了邀請民眾品嚐匯集全國各地的「國飯」外，還搭配逾 30 家的手搖茶飲。本次於國慶日舉辦的「臺灣滷肉飯節」吸引了數萬人次參加，並帶動整體滷肉飯業者營業額增長。

（2）米其林摘星活動

2020 年是《米其林指南》登入臺北的第三年，今年的米其林指南與以往不同，評鑑範圍首度跨足臺中地區，成為「雙城版臺灣米其林指南」。配合米其林所舉辦的「餐飲新食代國際論壇—米其林篇」亦是第三屆，經濟部邀請香港、義大利及臺灣等 3 類型餐廳之米其林業者分享星級餐廳應具備的特質，以及如何提升用餐環境和如何制定營運策略等，透過持續引進國際新穎觀念，提升我國餐飲業業者國際視野。

（3）臺灣美食行動 GO

　　爲振興受疫情影響的消費，政府特別集結全臺特色美食，並於北中南東辦理一系列主題性美食活動，精選臺灣數百家餐飲名店，規劃四大主題區，包含「經典美饌」、「名品擔露」、「沁涼手搖」及具場次特色的主題區。除實體活動外，政府亦與平台業者 GOMAJI 夠麻吉公司合作，舉辦線上週週抽獎活動，推廣民眾透過 APP 購買 2020「臺灣美食行動 GO」活動網站產品，從線上線下全面協助餐飲業者。

　　2021 年經濟部商業司持續透過辦理國際媒合交流活動、參與國內外多元展會行銷及餐飲環境優化、科技導入與開發特色產品等，協助臺灣餐飲業者開拓國際知名度、加速國際展店、提升營運效能、行銷臺灣美食國際品牌，並加強輔導業者數位行銷能力及數位轉型。

（二）趨勢與案例

1. 我國餐飲業競爭態勢分析

　　2020 年上半年受到疫情衝擊，多數業者獲利表現走弱，受到嚴重衝擊的部分老店選擇停業，例如老字號「老上海菜館」、「頂上魚翅」、「鄉香西餐廳」等，也有部分連鎖名店選擇退出臺灣市場，例如日本「麻布茶房」於 2020 年 4 月全面撤出臺灣，頂新集團旗下的「布列德麵包」於 2020 年 6 月停止 9 家實體店面營業，知名天婦羅丼飯「天丼てんや」於 2020 年 10 月陸續撤櫃，部分連鎖業者則選擇淘汰績效不彰店面，例如「KiKi 老媽川菜館」復興旗艦店、「拉拉熊茶屋」中山店、「可利亞」高雄和平店等。

　　爲了彌補營收缺口，許多業者推出毛利相對較低的便當外送、外帶餐點，及相應的促銷方案，希望藉此開拓新的銷售管道。例如 2020 年 4 月王品集團宣布與外送業者 Uber Eats 合作，旗下「王品」、「夏慕尼」、「西堤」等 17 個品牌爲此推出了超過 353 道外送料理。和億集團旗下「添好運」、「了凡油雞飯‧麵」則與 foodpanda 熊貓合作，開始強化外送外帶服務。饗賓餐旅集團之「饗食天堂」自助餐廳推出個人餐盒和家庭分享餐，甚至集結餐廳人氣菜色推出共享餐，供民眾外送外帶選擇。

　　由於 2020 年 6 月後疫情獲得控制，餐飲業者下半年加速展店進度，例如豆府餐飲集團 2020 年展店數達 15 家，包括 8 家「飛機河粉」、3 家「涓豆腐」、2 家「北村豆腐家」、「姜滿堂」與「韓姜熙的小廚房」各 1 家，也帶動豆府餐

飲 2020 年營收逆勢成長將近 30%。瓦城集團旗下「瓦城泰國料理」、「時時香 SHANN RICE BAR」與「YABI KITCHEN」等於 2020 年則有 8 家新展店，集團在 2020 年的 EPS 亦創歷史新高，達 15.95 元。

2. 我國餐飲業發展趨勢

餐飲業受景氣、習慣、偏好的影響，本研究提出四項我國餐飲業營運模式之轉變，藉此說明未來餐飲業的發展趨勢。

（1）衛生升級，食得健康

疫情促使消費者更加關心食材來源、製作過程與用餐環境，安全、衛生成為消費者選擇餐廳的基本要求，然而根據美國 FDA 的研究，卻有 73% 的員工洗手方式不符合標準程序。為了應對疫情，許多餐飲業者開始加強防疫措施，例如增設酒精消毒器、加強門口體溫檢查、員工全面配戴口罩或防護罩。此外，疫情也促使民眾更在乎食得健康，據 Innova Market Insights 於 2020 年消費者調查研究顯示，疫情之下，全球有 6 成的消費者更加積極地尋找增強免疫健康的食品，因此不論是安全的食品、健康的食材，或是增強免疫的產品，都將日顯重要，檢驗食品溯源，販售健康餐點，打造「安心餐廳」，成為餐飲業者即將面對的趨勢。

（2）異業合作，開發產品

疫情導致消費者大幅減少至餐廳內用體驗餐點，除了我們所知道的強化數位化能力、增加餐點外送外帶外，越來越多連鎖餐廳或知名餐館開始與超商異業合作，透過與超商合作擴大銷售管道，將觸角延伸至街頭巷尾，降低民眾無法外出用餐所造成的衝擊。根據全家的統計，山海樓的「古早味炒炊粉」上市一周平均每分鐘賣 3 個，鼎泰豐的「香腸香辣醬黃金蛋炒飯」上市一周平均每分鐘賣 10 個，與超商合作的聯名效益確實顯著。然而超商多為微波食品或冰凍食品，如何將餐點表現得如同現場製作般，則需要仰賴各家餐飲業者的產品開發功力。

（3）外送體驗，提升銷售

資廚 iCHEF 公司於 2021 年 4 月公布的《2020 年臺灣餐飲景氣白皮書》指出，我國餐廳 2020 年每月外帶外送比例皆在 45% 以上。疫情改變了民眾的消費習慣，也改變了餐飲業的營運模式，外帶外送成為了餐飲業者必須具備的服務項目，除了評估自身餐點現況，發展外帶外送菜單外，如何給予消費者一次好的外帶外送體驗，提升消費者再次購買意願，亦是不可忽視的行銷手法。

（4）社會責任，友善包裝

　　除了重視顧客需求外，在民眾日益重視永續發展和公民責任之下，環境永續的產品設計就越顯重要了。根據勤業眾信聯合會計師事務所（Deloitte & Touche）於 2021 年 3 月發布的《2021 全球行銷趨勢：聚焦核心價值》報告指出，全球有將近五分之四的人能夠舉例說明某一品牌在面對疫情時採取的積極對策，而五分之一的人則強烈同意（strongly agree）這將會提高自己對於該品牌的忠誠度。隨著餐飲業者們紛紛以外送外帶來擴大服務範疇，因應而生的丟棄式包材用量也將隨之增加，業者該如何兼顧已成趨勢的外送外帶服務，以及對於環境友善的社會責任，成為餐飲業的重要課題。

3. 案例分析

（1）全面導入 SGS 餐飲衛生稽核服務

　　瑞士通用公證行（Société Générale de Surveillance，簡稱 SGS）所提供之餐飲衛生稽核服務（Hygiene Monitored Program）為一個衛生管理、監督和授證計畫，是對餐飲業提供食品安全作業規範之設立、良好衛生標準執行之監督等服務。瓦城泰統集團從 2015 年起開始導入 SGS 餐飲衛生稽核，該稽核主要針對服務、環境、食材等三大環節建置衛生安全標準流程管控，因應 COVID-19 疫情，瓦城於 2020 年 8 月宣布旗下「瓦城」、「非常泰」、「1010湘」、「時時香」、「大心」、「YABI KITCHEN」、「月月泰 BBQ」等 7 大品牌，共 130 家店全面升級稽核標準，即 SGS 核發的升級版餐飲衛生管理標章（Hygiene monitor plus program, HM PLUS），成為臺灣第一個旗下品牌全數通過 SGS 國際性認證的餐飲集團。

（2）鮮食料理、外送店取多方合作

　　疫情帶來衝擊，也帶動新商業模式出現，透過與超商異業合作，餐飲業者可以擴大銷售管道，彌補疫情造成的虧損，而超商業者除了可提升銷售額，亦可帶動消費者購買其他產品，可說是多贏的合作。全家便利商店繼與台鐵、山海樓合作後，2020 年 9 月再與鼎泰豐獨家合作，推出鼎泰豐熱門的蛋炒飯，以及炒麵和烤飯糰等 3 款鮮食料理，鼎泰豐耗費半年研發，從原物料選用、製程到包裝皆是由餐廳主廚和品管的嚴格管控，全家便利商店則是於 2020 年初就先利用店舖 LINE 群組團購鼎泰豐冷凍商品來試水溫，在開賣一周銷售量就超過 8,000 盒的銷售佳績下，雙方展開合作。

　　便利商店龍頭統一超商看好外送市場發展，2020 年 9 月與王品集團的 Su/

food 和晶華酒店聯手推出「外送店取」的服務，消費者至其門市的 ibon 下單，隔日取餐，免支付外送費，等於將超過 6,000 家店面的統一超商視爲餐點中繼站，爲此業者耗時半年在門市建置大型鮮食保溫櫃，以 60 度恆溫確保餐點新鮮度，讓消費者能夠一次訂到不同名店的料理，拉升超商鮮食等級。

（3）從菜單至外送員，全程服務考量

如何提供好的外送體驗，讓顧客願意持續回購，在現今外送銷售比例日增的情況之下，成爲餐飲業者應考量的重點。爲此鼎泰豐在與 Uber Eats 合作之前已花費 2-3 個月的時間做內部測試，模擬從餐點製作到送達客人手中所可能遭遇到的問題，由於每道菜烹製時間不一，鼎泰豐透過數位化系統安排餐點製作順序，針對賣相、溫度和口感做全面檢視，並調整餐點烹煮時間、外送之餐點項目、餐點打包和排列方式，在每份外送餐點內附上小卡片，希望藉此傳遞溫度至消費者手中。鼎泰豐甚至還考量到外送員品質，要求 Uber Eats 外送員爲高評等者，不可同時接兩份訂單，或是穿拖鞋、背心、背方型外送箱送餐點給顧客，讓顧客就算是採取外送方式，也能感受到鼎泰豐的服務。

（4）減少餐點包裝，降低環境傷害

根據聯合信用卡中心統計資料，我國 2020 年上半年外送平台營業額達 50 億元的同時，免洗餐具約使用了 670 公噸。外送對環境造成最大的負擔即是一次性包裝與一次性餐具問題，外送平台 foodpanda 於 2019 年推出訂餐不索取一次性餐具的選項，據 foodpanda 統計，該功能自 2019 年開放以來，一年已經累計減少 500 萬公斤的垃圾。2020 年 11 月，foodpanda 與行政院環保署合作，於臺南提供「循環容器出餐」服務，消費者可以於點餐時選擇使用「好盒器」可回收餐具出餐，以減少容器包裝，foodpanda 目標在 2021 年底前減少 1,500 萬公斤以上的垃圾。此外，該業者預計在 2021 年推出「環境友善餐廳」認證機制，鼓勵消費者向使用環保包裝的餐飲業者訂餐，讓消費者有機會爲環境生態盡一份心力。

四、COVID-19 對我國餐飲業之影響與因應

（一）COVID-19 對餐飲業之影響

2020 年因我國疫情控制得宜，隨著 5 月趨緩後，6 月 7 日即解封，也因此我國成爲全球防疫模範生，然而在 2021 年 5 月中下旬本土疫情升溫，再度帶

給餐飲業嚴苛挑戰。

　　雖然 2021 年 1 月中旬爆發桃園醫院群聚感染事件，使得許多公司相繼取消尾牙外燴宴席，幸而 2 月上旬疫情就獲得控制，民眾外出用餐頻率回升，外出遊玩人數增加，再加上去年基期偏低，依經濟部統計處統計，我國餐飲業 2021 年第 1 季營業額為 2,072 億元，創歷年同季新高，年增率為 7.4%；4 月餐飲業營業額為 658 億元，同樣創歷年同月新高，年增率高達 37.3%，連受衝擊最劇烈的外燴及團膳承包業，也終止 15 個月來的負成長，年增率來到 3.5%；統整今年 1 月到 4 月餐飲業營業額為 2,730 億元，年增率為 13.3%，創下歷年同期新高。

　　然而隨著 5 月中下旬全臺升至第三級防疫警戒，所有的休閒娛樂場所暫停開放，餐飲業禁止內用，夜市被迫暫停營業，民眾無法外出用餐，情勢較去年更加嚴峻，造成餐飲業者營收下滑，部分攤商甚至毫無收入。但也為因應去年爆發的疫情，許多連鎖餐飲業者已完成外送機制，或朝向冷凍即食品發展，百貨商場則縮短營業時間，轉向自家電商平台布局，推出美食街餐廳外送服務，期望透過多元銷售管道來降低疫情衝擊。疫情改變了餐飲業整體生態，就算 7 月 27 日後降為二級警戒，施打疫苗人口也持續增加，但 COVID-19 疫情對餐飲業的影響仍然十分深遠。

（二）產業／政府之因應做法

　　1. 面對 COVID-19 疫情，國內知名餐飲集團除了紛紛與外送平台合作外，亦開始朝向雲端發展。瓦城泰統餐飲集團雖於 2018 年 6 月即與外送平台合作，但在疫情推波助瀾之下，2020 年 3 月首創推出 LINE 官方帳號「點來速」服務，2021 年 5 月 20 日宣布增建全臺最大雲端廚房，並於 6 月初讓近 300 家的雲端廚房陸續上線。乾杯集團於 2020 年成立自有電商平台「乾杯超市」，2021 年 6 月初推出雲端燒肉「宅家乾杯」，透過乾杯超市線上訂購，宅配全套燒烤設備、頂級澳洲和牛、生鮮食材到家，並於線上教導燒烤，舉辦招牌活動。

　　2. COVID-19 疫情之下，新加坡政府推出「Stay Healthy Go Digital」政策，其中針對餐飲業的餐飲數位救濟計畫，是由星展銀行和兩家新創公司 Oddle 和 FirstCom 一同推出的。餐飲數位救濟計畫以開拓餐飲業者的收入來源為目標，於疫情期間免費協助餐飲業者三個工作日內建構自身的線上訂購網站。我國政府亦有推行產業數位轉型計畫，例如協助餐飲業者導入雲端候位服務、雲端收

銀（POS）服務等雲端解決方案，協助餐飲業者有效結合數位工具與雲端服務，提升服務能量與經營效率。

‖第三節　國際餐飲業發展情勢與展望‖

　　本節針對全球餐飲產業概況進行分析，第一部分探討主要國家餐飲業現況，第二部分探討主要國家餐飲業發展趨勢與案例，聚焦餐飲外送平台。

一、全球餐飲業發展現況

（一）美國

　　美國為世界強國之首，然而卻也是 COVID-19 疫情中確診人數最多的國家，而餐飲業則是本次疫情受創最嚴重的產業之一。據全美餐飲業協會（The National Restaurant Association）2020 年 12 月發布的調查結果顯示，隨著疫情日益嚴重，已有 87% 的受訪餐飲業者營業收入下降 36%，而且有 11 萬家餐廳被迫停止營業，其中約 17% 是永久停業。根據美國普查局（United States Census Bureau）的資料顯示（參見表 5-3-1），美國餐飲業銷售額 2018 年突破 7,000 億美元大關，2019 年達 7,735.45 億美元，然而 2020 年卻受疫情影響跌破 6,500 億美元，低於 2016 年的 6,579.23 億美元，來到 6,214.83 億美元，成長率為 -19.66%。

　　餐飲服務業為美國第二大勞動產業，然而根據美國勞動部（United States Department of Labor）於 2020 年 5 月公布的數據，2020 年 4 月餐飲業就有 550 萬人失去工作，是其他產業的 3 倍之多。依美國勞動部的資料顯示（參見表 5-3-2），餐飲業受僱員工人數自 2016 年的 11,57.73 萬人，每年以平均 2% 左右的速度成長至 2019 年的 12,21.03 萬人，但卻於 2020 年跌至 1,000 萬人以下，到 9,996.9 萬人，成長率為 -18.13%，跌至 2011 年（979.21 萬人）時的就業人數。

◆表 5-3-1 美國餐飲業銷售額與年增率（2016-2020 年）

年度 項目	2016 年	2017 年	2018 年	2019 年	2020 年
銷售額（億美元）	6,579.23	6,926.49	7,320.38	7,735.45	6,214.83
年增率（%）	5.42%	5.28%	5.69%	5.67%	-19.66%

資料來源：United States Census Bureau，2016-2020 年。
說　　明：上述表格數據會產生部分計算偏誤係因四捨五入與資料長度取捨所致，但並不影響分析結果。

◆表 5-3-2 美國餐飲業員工僱用人數與年增率（2016-2020 年）

年度 項目	2016 年	2017 年	2018 年	2019 年	2020 年
受僱員工人數總計（千人）	11,577.3	11,814.7	11,964.3	12,210.3	9,996.9
受僱員工人數變動（%）	2.71%	2.05%	1.27%	2.06%	-18.13%

資料來源：Bureau of Labor Statistics，2016-2020 年。
說　　明：上述表格數據會產生部分計算偏誤係因四捨五入與資料長度取捨所致，但並不影響分析結果。

（二）中國大陸

中國大陸為全球第二大經濟體，據中華人民共和國國家統計局 2020 年 1 月發布的第七次人口普查數據，人口總數已達 14.1 億人。隨著生活型態改變，中國大陸餐飲業成長迅速，但同樣地，受到全球 COVID-19 疫情影響，2020 年呈現負成長，這也是中國大陸自開放以來餐飲業首次呈現負成長的年度。根據中國飯店協會與新華網於 2020 年 9 月聯合發布的《2020 中國餐飲業年度報告》顯示，受疫情影響，2020 年 1 月至 7 月份中國大陸餐飲業收入為 1.8 兆元人民幣，較 2019 年同期下降 29.6%。到 2020 年下半年度疫情趨緩，根據中國大陸國家統計局的數據資料，2020 年全年來看雖然成長率為 -15.40%，但已較 2020 年上半年度回升，餐飲業營業收入退回至 2017 年的水準，為 39,527 億元人民幣，較 2016 年的 35,799 億人民幣，僅增加 10.41%，餐飲業成為中國大陸受損最嚴重的產業之一（參見圖 5-3-1）。

基於此，2021 年 1 月商務部等 12 部門印發了《關於提振大宗消費重點消費促進釋放農村消費潛力若干措施的通知》，明確指出應提振餐飲消費。提振內容主要有三方面：（一）完善相關扶持政策，促進綠色餐飲發展；（二）鼓勵餐飲企業豐富提升菜品，創新線上線下經營模式；（三）完善餐飲服務標準，支持以市場化方式推介優質特色飲食。

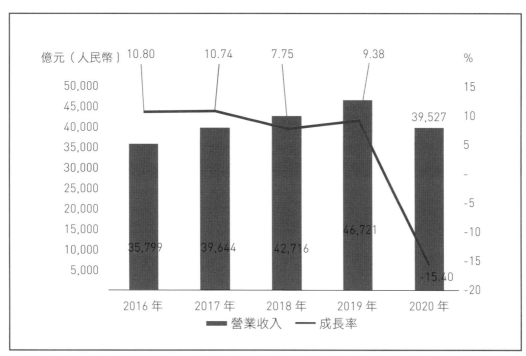

資料來源：整理自 2016~2020 中國餐飲業年度報告。

◆圖 5-3-1 中國大陸餐飲業營業收入及年增率（2016-2020 年）

（三）日本

　　由於少子化及高齡化，再加上 2020 年 COVID-19 疫情影響，日本餐飲業近年來的經營可說十分嚴峻。隨經濟發展與市場變化，2018 年日本餐飲業銷售額已有些微衰退，成長率為 -1.71%（參見表 5-3-3），於 2019 年則有逾 53% 的日本餐飲業者計畫漲價，略為改善餐飲業經營困境。然而 2020 年的疫情再給予日本餐飲業重重一擊，日本研調機構東京商工（Tokyo Shoko Research）2021 年 1 月公布的調查結果指出，2020 年日本餐飲業有 842 家企業倒閉，較 2019 年同期增加 5.3%，超過 2011 年的 800 家，創下歷史新高。

　　但疫情也改變了日本餐飲業以內用為主流的經營模式，根據日本厚生勞動省 2020 年 11 月所提供之數據顯示，與疫情相關的解僱或被終止僱用的餐飲業從業人數，截至 2020 年 9 月 25 日約 1 萬人，而外送服務成為這些人的去處，據日經中文網調查，日本外賣送餐員已超過 4 萬人，然而與臺灣一樣，日本送餐員非全職人力。因此，依據日本統計網（e-Stat）的資料顯示（參見表 5-3-4），餐飲業受僱員工人數自 2016 年的 276 萬人成長至 2019 年的 296 萬人，平均成

長率爲 2.26%，然 2020 年減少至 274 萬人，成長率衰退 7.43%。在薪資方面，2019 年平均月薪爲 288,500 日元，比 2018 年成長 0.84%，相對於 2016 年平均月薪 281,100 日元，這 4 年來薪資僅成長了 2.63%，低於每年約 1% 的通貨膨漲率。

◆表 5-3-3 日本餐飲業銷售額與年增率（2016-2020 年）

項目 ＼ 年度	2016 年	2017 年	2018 年	2019 年	2020 年
銷售額（億日圓）	183,647.9	196,648.5	193293.7	N/A	N/A
年增率（%）	1.25%	7.08%	-1.71%	N/A	N/A

資料來源：日本統計網（e-Stat），2016-2020 年。
說　　明：上述表格數據會產生部分計算偏誤係因四捨五入與資料長度取捨所致，但並不影響分析結果。

◆表 5-3-4 日本餐飲業員工僱用人數與年增率（2016-2020 年）

項目 ＼ 年度	2016 年	2017 年	2018 年	2019 年	2020 年
受僱員工人數總計（萬人）	276	276	294	296	274
受僱員工人數變動（%）	1.85%	0.00%	6.52%	0.68%	-7.43%
每人每月薪資（千日圓）	281.1	282.3	286.1	288.5	N/A
每人每月薪資變動（%）	0.04%	0.43%	1.35%	0.84%	N/A

資料來源：日本統計網（e-Stat），2016-2020 年。
說　　明：上述表格數據會產生部分計算偏誤係因四捨五入與資料長度取捨所致，但並不影響分析結果。

二、國外餐飲業發展趨勢與案例

（一）線上餐飲外送已成為新常態

依據 Statista（2021）資料顯示（參見圖 5-3-2），全球線上餐飲外送市場（Global online food delivery market）總營收金額於 2019 年突破 1,000 億美元，到 1,113.2 億美元，2020 年則爲 1,150.7 億美元，在複合年增長率（CAGR）爲 10.3% 之下，2021 年爲 1,269.1 億美元，若以 11% 的複合年增長率增長，預估到 2023 年將突破 1,500 億美元，而 2025 年市場規模將可達 1,921.6 億美元。從線上餐飲外送市場之總營收金額逐年增高，便可知道外送已爲全球不可逆的發展趨勢，餐飲業者除了要從COVID-19的影響中恢復營運外，還必須體認到，線上訂餐與外送已經成爲新常態。

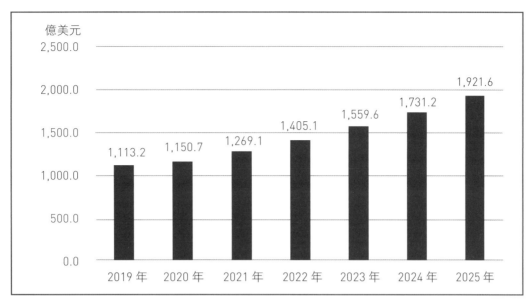

資料來源：Statista（2021），本研究整理。

◆圖 5-3-2 全球線上餐飲外送市場總營收金額預估（2019-2025 年）

在疫情推波助瀾之下，Statista（2021）統計數據預測，2020 年餐廳外送顧客為 760.2 百萬人、平台外送顧客為 704.7 百萬人，到 2024 年時餐廳外送顧客為 958.8 百萬人、平台外送顧客為 965.8 百萬人，平台外送顧客人數將超越餐廳外送顧客人數，顯示出平台外送服務成長迅速。（參見圖 5-3-3）

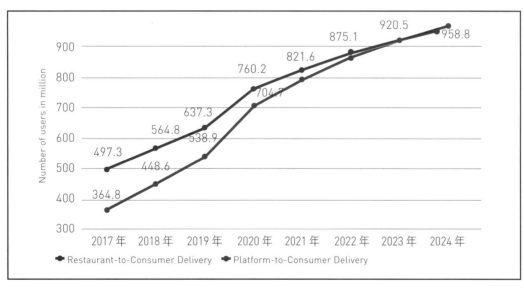

資料來源：Statista（2021）。

◆圖 5-3-3 全球線上餐飲外送之用戶數量預測（2017-2024 年）

（二）國際主要外送平台

在美國，成立於 2013 年的 DoorDash 於 2019 年超越原處於優勢地位的 GrubHub，成為美國外送市場中市占率最高的線上餐飲外送公司，GrubHub 則於 2020 年被歐洲第一大外送平台 Just Eat Takeaway 併購。在中國大陸，騰訊支持的美團（Meituan）市占率約 60%，訂餐領導者的地位已不可動搖，由阿里巴巴支持的餓了麼（Ele.me）則是位居第二，市占率約 30%。在歐洲，陸續併購英國成立的 Just Eat 和美國的 Grubhub 後，Just Eat Takeaway.com 目前已經是全球最大外送平台。

1. DoorDash

DoorDash 成立於 2013 年，總部位於美國加州，以服務郊區用戶聞名，截至 2020 年 12 月 31 日，平台服務店家有 45 萬家，消費者 2,000 萬人，配送員 100 萬人。DoorDash 於 2019 年市占率超過 GrubHub，成為美國最大餐飲外送平台，根據數據分析公司 Second Measure 的數據顯示，2020 年 9 月營收占市場整體營收的 49%，於 2020 年 12 月 9 日上市時，市值已高達 390 億美元。

除了外送平台外，DoorDash 於 2019 年 10 月在加利福尼亞州（California）紅木城開設第一間「共享廚房」，DoorDash Kitchen，並在該廚房經營 4 家虛擬餐廳。直到 2020 年 11 月，DoorDash 才與舊金山緬甸料理業者合作，於加州奧克蘭市開設第一家實體餐廳 Burma Bites，該餐廳與一般餐廳不同，僅提供外帶和外送服務。

2. 美團（Meituan）

以「幫大家吃得更好，生活更好」為使命的美團成立於 2013 年，根據移動物聯網資料監測平台 Trustdata 2020 年 8 月發布的《2020 年 Q2 中國外賣行業發展分析報告》，美團 2020 年第二季度之外送市場占有率為 68.2%，遠高於餓了麼的 25.4%。依 QuestMobile 平台於 2020 年 6 月的資料，餓了麼月活躍用戶數（MAU）為 7,661 萬戶，美團是餓了麼約 2 倍，為 1 億 4,478 萬，不論是覆蓋據點、APP 用戶留存率、用戶活躍程度，美團都已是中國大陸外送市場之龍頭。

2018 年在香港上市的美團，2021 年初市值已超過 3,120 億美元，僅次於騰訊控股（Tencent Holdings Ltd.）和阿里巴巴（Alibaba Group Holding Ltd.），為中國大陸市值排名第三的物聯網公司。美團除了餐飲外送外，事業版圖還擴及生鮮日用品外送、飯店旅行預約、共享單車、線上叫車等，經營範

疇十分多角化。

3. Just Eat Takeway.com

Just Eat Takeaway 原名為 Takeaway，於 2000 年在荷蘭成立，在 2020 年 2 月併購於 2000 年在英國成立的 Just Eat 後，改名為 Just Eat Takeaway。在併購 Just Eat 後，事業版圖遍及全球，涵蓋荷蘭、英國、法國、德國、奧地利、比利時、保加利亞、以色列、羅馬尼亞及越南等國家，然 Just Eat Takeaway 版圖並沒有就此停住，2020 年 6 月收購美國第二大外送平台 Grubhub、Just Eat Takeaway 版圖擴及到美洲市場，目前已經是涵蓋 24 個國家的外送平台業者。

Just Eat Takeaway 有 6,000 萬活躍用戶，光 2020 年就處理了 5.88 億張訂單，合作餐廳數量高達 24.4 萬家，總營業額達 129 億歐元，目前於英國、德國、荷蘭和加拿大等國都居有領先地位，對於這次疫情，Just Eat Takeaway 除了給予醫護人員提供免費或折扣外，亦提供各種救濟措施給予合作餐廳。

（三）外送綠色化帶出新型態商業模式

美國知名雜誌《快公司》（Fast Company）指出，美國食物與包裝所產生的垃圾就占美國整體垃圾量的 45%；澳洲墨爾本大學也統計了澳洲的狀況，澳洲約 40% 人口使用外送服務，但垃圾量也因此增加了 20%，因應外送所增生的垃圾量比我們想像中更加驚人。

澳洲紙袋包裝品公司 Detpak 針對餐廳外送服務開發設計了玉米纖維餐盒，以易分解的玉米纖維為餐盒的主要材料，為了保有食物原有風味，增加大氣孔於炸物盒中，以確保外送過程中炸物仍保有酥脆口感。

美國新創公司 DeliverZero，於 2019 年在美國紐約成立，成立初期僅有 5 家合作餐廳，目前已有超過 100 家，預計服務將從原來美國紐約擴展至荷蘭阿姆斯特丹及美國芝加哥。DeliverZero 所設計的「回收餐盒」運作模式為：顧客用餐完畢後，可自行將餐盒送回至合作餐廳，亦可於下次點餐時，將餐盒交給外送員，再由外送員送回給合作餐廳。每個容器須支付押金 2 美元，6 周內歸還容器，押金可全數退回，6 周以上，消費者將支付每個容器 3.25 美元，並可保留此容器。由於 DeliverZero 透過外送員當作媒介，因此可於甲地租乙地還。

‖ 第四節　結論與建議 ‖

一、餐飲業轉型契機與挑戰

　　疫情帶給我們危機，也帶給我們轉機，面對疫情所帶來的「新常態」牽引著餐飲業者開創新的經營模式與人才培育的方向。雖然疫情使得實體店面的餐飲業者遭受重大衝擊，幸得在智慧型手機和行動裝置普及的現代社會，接連2年受疫情洗禮下，消費者已逐漸養成線上購物、線上點餐及使用外送平台的習慣，促使餐飲業者不得不學習如何使用相關的雲端工具，透過雲端服務控管營運成本、增加銷售管道，以及創造餐飲新價值，因此與雲端服務業者合作，朝向「數位化經營」儼然成為餐飲業發展的主流。

　　為了朝向「數位化經營」，原被餐飲業者忽視的人才培育，就顯得更加重要了。面對接二連三的疫情打擊，導致餐飲業者出現為期不短的經營空窗期，這也給了餐飲業者一個好好培訓人才的機會，除了加強食品安全衛生訓練外，提升員工雲端、數位工具的操作與應用能力，也應列為培訓重點。為此，政府在紓困及振興計畫中提供餐飲業人才培訓相關補助，不論是一般性的顧客溝通、門市管理、雙語訓練，或是與數位化相關的社群媒體行銷、虛實通路整合、電商平台操作與應用等，皆有提供相關課程，業者們不妨利用這些免費資源，培訓員工的同時，也可提振整體士氣，凝聚員工向心力，讓大家共同為渡過疫情難關而努力。

二、對企業的建議

　　綜觀目前餐飲業者面臨多變的市場環境，除了國際疫情影響外，消費模式也隨著科技進步產生改變，再加上國外餐飲品牌不斷引進帶來的威脅，使得餐飲業經營模式勢必需要隨之調整，才能在競爭激烈的市場中占有一席之地，茲列述以下建議供企業參酌：

（一）線上與實體服務升級
疫情加速了民眾消費模式及生活習慣的轉變速度，使得餐飲市場產生跳躍

式的變化，線上訂餐和餐點外送、外帶已不再只是趨勢，而是新常態，在複合年增長率（CAGR）為 11% 之下，2025 年全球線上餐飲外送市場規模將可達 1,921.6 億美元，外送成為全球不可逆的發展趨勢。雖然我國 2020 年疫情控制得宜，然根據未來流通研究所 2020 年 11 月的統計，我國外送平台滲透率（外送平台占整體餐飲產業之比例）從 2019 年初的 0.24%，上升至 2020 年 4 月份的 2.79%，2020 上半年外送平台消費金額較去年同期成長將近 300%，外送在臺灣也成為銳不可擋的重要趨勢。

為了順應這趨勢，建議業者可以採取線上和實體同步操作的經營策略，採取多元化經營方式，例如與超商異業合作擴大銷售管道，將觸角延伸至街頭巷尾；或在與外送平台合作之際，同時也思考如何給與消費者好的外送服務體驗；或是導入國際性餐飲衛生稽核服務認證，精進實體餐廳在服務、環境、食材等各環節的管控；或是提供自助點餐機和無線服務鈴，給予消費者便利的用餐服務；或是利用大數據分析消費者偏好，調整餐廳菜單和價格。透過線上和實體同步操作，提升消費者服務體驗，讓企業就算在疫情之下，仍可維持獲利狀態，持續成長。

（二）健康環保日益重要

COVID-19 疫情促使民眾開始朝向增強免疫健康的方向思索，根據 Uber Eats 統計發現，2020 年臺灣熱門餐點類別中，「健康美食」從 2019 年的第 10 名攀升至 2020 年的第 7 名。除了提供透明的食材產銷履歷外，建議業者亦可提供增強免疫的健康餐點，例如少油、少鹽、低脂的高蛋白營養餐，業者不妨選擇具有抗氧化及提升免疫力的食材入菜，並提供足夠的蛋白質幫助合成免疫細胞，以及足夠的膳食纖維來照顧腸道。強調增強免疫力的健康餐點，未來將成為吸引民眾消費的因素之一。

除了消費者需求外，在日益重視永續發展和公民責任的現今社會中，將友善環境的觀念運用在產品設計上，亦十分重要。如何在提供外帶和外送的同時，又能夠盡社會責任，而選擇友善包裝或減少餐點包裝將是未來趨勢。例如澳洲紙袋包裝品公司 Detpak 針對餐廳外送服務設計易分解的玉米纖維餐盒，美國新創公司 DeliverZero 設計「回收餐盒」運作模式，在臺灣 foodpanda 外送平台也提供訂餐不索取一次性餐具的選項，並與環保署合作提供「循環容器出餐」的服務，皆是餐飲相關業者希望在提供外送外帶服務的同時，亦能盡到

環境友善的社會責任。

‖ 附錄　餐飲業定義與行業範疇 ‖

　　根據行政院主計總處所頒訂之「行業統計分類」第11次修訂版，「餐飲業」定義為從事調理餐食或飲料供立即食用或飲用之行業，餐飲外帶外送、餐飲承包等亦歸入本類。餐飲業依其營運項目不同，範圍可細分如下：

◆表　行政院主計總處「行業統計分類」第 11 次修訂版本所定義之餐飲業

餐飲業小類別	定義	涵蓋範疇（細類）
餐食業	從事調理餐食供立即食用之商店及攤販。	餐館、餐食攤販
外燴及團膳承包業	從事承包客戶於指定地點辦理運動會、會議及婚宴等類似活動之外燴餐飲服務；或專為學校、醫院、工廠、公司企業等團體提供餐飲服務之行業；承包飛機或火車等運輸工具上之餐飲服務亦歸入本類。	外燴及團膳承包業
飲料業	從事調理飲料供立即飲用之商店及攤販。	飲料店、飲料攤販

資料來源：行政院主計總處，2021，《行業統計分類第 11 次修訂（110 年 1 月）》。

商研院商業發展與策略研究所
陳世憲研究員

CHAPTER 6

物流業現況分析與發展趨勢

‖ 第一節　前言 ‖

　　2020 年 COVID-19 疫情延燒全球，衝擊各國的經濟發展，為避免疫情擴散，各國政府紛紛祭出停工、封城與維持社交距離等措施，造成國際分工的產業斷鏈；隨著全球供應鏈逐漸從長鏈轉變成短鏈，在地供貨成為趨勢。同時為了保持營運彈性，持有更多現金以因應變局，越來越多企業減少囤貨以降低風險，取而代之的是提高下訂頻率但降低訂貨數量。

　　企業需求型態的改變也對於物流業帶來影響，物流業者必須透過各種智慧化技術，如透過人工智慧（AI）演算法，預測客戶的訂貨頻率與數量，藉此管理倉儲架位，或是導入車隊管理機制，精準調度派送車輛，提高企業資源使用率，以達到更好的營運效能。

　　另一方面，受到疫情的影響，民眾出門消費意願降低，在民生用品剛性需求下，民眾轉而透過線上購物網站採購泡麵、罐頭、衛生紙等日常生活物資，也帶動電子商務的大幅成長，根據經濟部統計處「批發、零售及餐飲業營業額統計」的數據顯示，代表電子商務的非店面零售業 2020 年營業額為新台幣 3,293 億元，較 2019 年同期成長 12.2%。此外，在民眾減少外出用餐的情況下，對於生鮮蔬果及易於久存且料理簡易的冷凍食品之網購需求也大幅增加。與以往的電商產品品項迥然不同，在避免外出消費的情況下，這些疫情所帶動的電

商需求品項，更趨向於日常生活所需，也因此有別於以往電商之需求，近期電商物流需求具有配送頻率高、商品多元化且數量少樣等特性，同時消費者對於商品運送及時性的要求也更高，亦成為當前物流業需要克服之重大挑戰之一。

緣此，本章的內容安排如下：第二節為針對物流業經營現況進行分析，分析內容包含銷售額、營利事業家數、受僱人員與薪資、政策與趨勢案例等內容進行說明，以瞭解我國物流業目前產業經營現況；第三節為國際物流業發展情勢與展望，透過物流業企業案例分析，瞭解主要國家之物流業如何因應疫情帶來的商機與挑戰，以及提供我國物流業者經營創新之啟發與思考；第四節進行結論統整，將針對我國物流業該如何因應疫情帶來之趨勢變化提出建言。

‖ 第二節　我國物流業發展現況分析 ‖

我國對物流服務業範圍的界定尚無一致的標準，本研究以美國物流協會之「物流」定義為主，同時參考我國主計總處行業統計分類第 11 次修訂，將物流業歸屬於 H 大類的運輸及倉儲業，並依照物流業特性歸納為三大部分，包括運輸業（客運除外）、倉儲業（含加工）以及物流輔助業（包含報關、承攬），向下展開後可細分為 H.49 陸上運輸業、H.50 水上運輸業、H.51 航空運輸業、H.52 運輸輔助業、H.53 倉儲業及 H.54 郵政及遞送服務業等 6 個中類，並扣除其中非物品之運送服務業別。以下針對物流業及其三大部分來探討我國物流業發展現況。

一、物流業發展現況

（一）銷售額

根據財政部的統計，我國近 5 年物流業營利事業銷售額受部分細產業因景氣影響所受衝擊較巨，故銷售額呈現較大之波動（圖 6-2-1）。2020 年我國物流業之銷售額為 9,517 億元，較 2019 年衰退 6.93%，主要是因為受到 COVID-19 疫情之影響，衝擊到運輸業的營運。其中，因各國採取禁航及封城等防疫措施，造成全球經濟衰退，也使得國際間的物流需求減少，海洋水運與

航空運輸兩個細項產業銷售額分別較 2019 年衰退 7.07% 與 48.61%；而疫情所帶動的宅經濟需求則是使電子商務蓬勃發展，商品配送需求大增也使得汽車貨運業 2020 年的銷售額逆勢增加 5.47%。

（二）營利事業家數

根據財政部的統計，我國物流業近 5 年的營利事業家數持續成長。雖然 2020 年受疫情衝擊導致不少運輸業與物流輔助業之業者退出，但隨著宅經濟需求升溫使配送需求大增，因有利可圖而持續吸引新的汽車貨運業者與倉儲業者加入，2020 年整體物流產業家數為 14,895 家，較 2019 年增加 240 家，年增率為 1.64%。

（三）受僱人數與薪資

在物流業受僱人數部分，根據行政院主計總處薪資及生產力統計資料顯示，我國物流業近 5 年受僱人數基本上呈現逐年增加的趨勢，2020 年物流業受僱人數為 265,551 人，較 2016 年增加 5,967 人，不過增加趨勢有逐年縮減的情況，年增率從 2016 年的 2.02% 下滑至 2019 年的 0.92%，整體就業人數趨於穩定。2020 年則是因為疫情影響製造業、供應鏈以及人員和貨物的流動，造成物流業中的航空運輸業、其他運輸輔助業、郵政業及遞送服務業之受僱員工人數減少，整體受僱人數較 2019 年減少 0.87%。

整體物流業的平均總月薪近 5 年大致呈現逐年上升的趨勢，2020 年為 56,475 元，較 2016 年的 53,841 元增加 2,634 元，不過由於疫情延燒全球，各國實施嚴格的邊境管制、城市封鎖等措施，試圖阻絕病毒的擴散，全球經濟遭逢嚴重打擊，也使國際間的人流急速凍結，進一步使得我國的航空運輸業之客運業務急速萎縮，雖然國際間防疫物資、醫療用品，以及資通訊電子產品大賣，推升了航空貨運需求，但國內航空公司為降低客運萎縮衝擊，採取各種薪酬與假期調整措施，例如中華航空不論客貨運全員均減薪 15%-25%，導致航空運輸業 2020 年每人平均總月薪大幅減少，連帶拉低整體物流業平均總月薪較 2019 年減少 0.79%。

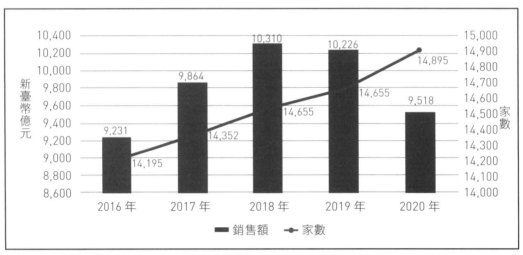

資料來源：整理自財政部統計資料庫，第 7、8 次修訂（6 碼），2016-2020 年。

◆圖 6-2-1 我國物流業家數、銷售額（2016-2020 年）

◆表 6-2-1 我國物流業家數、銷售額、受僱人數及每人每月總薪資統計（2016-2020 年）

[單位：家數、億元新臺幣、人、%、元]

項目	年度	2016 年	2017 年	2018 年	2019 年	2020 年
銷售額	總計（億元）	9,231	9,864	10,310	10,226	9,517
	年增率（%）	-2.98	6.86	4.52	-0.81	-6.93
家數	總計（家）	14,195	14,352	14,531	14,655	14,895
	年增率（%）	0.72	1.11	1.25	0.85	1.64
受僱員工人數	總計（人）	259,584	262,825	265,441	267,892	265,551
	年增率（%）	2.02	1.25	1.00	0.92	-0.87
	男性（人）	167,829	168,929	171,060	172,208	170,855
	年增率（%）	0.81	0.66	1.26	0.67	-0.79
	女性（人）	91,755	93,896	94,381	95,684	94,696
	年增率（%）	4.30	2.33	0.52	1.38	-1.03
每人每月總薪資	總計（元）	53,841	54,783	56,388	56,927	56,475
	年增率（%）	1.82	1.75	2.93	0.95	-0.79
	男性（元）	57,163	57,706	59,321	59,755	60,016
	年增率（%）	1.95	0.95	2.80	0.73	0.44
	女性（元）	47,764	49,525	51,072	51,834	50,087
	年增率（%）	1.96	3.69	3.12	1.49	-3.37

資料來源：家數及銷售額整理自財政部財政統計資料庫；受僱員工人數及每人每月薪資整理自行政院主計總處《薪情平台》資料庫，2016-2020 年。

說　　明：（1）2016 至 2017 年採用財政部「營利事業家數及銷售額第 7 次修訂」資料，2018 至 2020 年則採用「營利事業家數及銷售額第 8 次修訂」資料。

（2）上述統計數值可能會與過去年度數字有些許差異，係因主管機關進行數據校正所致；表格數據會產生部分計算偏誤，係因四捨五入與資料長度取捨所致，但並不影響分析結果。

二、物流業之細業別發展現況

（一）銷售額

在物流業的各細項產業銷售額方面，占比最大的為運輸業，2020 年運輸業的銷售額為 4,936 億元，年增率為 -17.10%，銷售額約占整體物流業的 51.85%，較 2019 年下降 6.37 個百分點；主因是各國為防止疫情擴散，實施城市封鎖與社交距離限制等措施，造成國際分工的產業斷鏈，連帶降低了國際間的貨運需求，使得與國際景氣較為相關之海洋水運業、航空運輸業等，受到嚴重的負面衝擊。至於在物流輔助業方面，2020 年的銷售額為 3,340 億元，較前一年度成長 7.85%，占整體物流業的 35.09%。而倉儲及郵政遞送服務業 2020 年的銷售額為新臺幣 1,242 億元，較 2019 年成長 5.67%。綜觀物流業細業別之銷售額占比與走勢，可以發現運輸業受到國際間的景氣影響較大，也因此其銷售額的波動較其他細項產業來得更大，尤其 2020 年的 COVID-19 疫情更是造成該產業銷售額兩位數的衰退。而倉儲及郵政遞送服務業則是受惠於防疫宅經濟的需求帶動，其銷售額在 2020 年仍持續成長。

◆ 表 6-2-2 物流業細業別銷售額與年增率（2016-2020 年）

[單位：億元新臺幣、%、%]

業別	年度	2016 年	2017 年	2018 年	2019 年	2020 年
物流業總計	銷售額（億元）	9,231	9,864	10,310	10,226	9,518
	年增率（%）	-2.98	6.86	4.52	-0.81	-6.92
運輸業	銷售額（億元）	5,539	5,968	6,182	5,953	4,936
	年增率（%）	-1.69	7.75	3.58	-3.70	-17.10
	銷售額占比（%）	60.00	60.50	59.96	58.22	51.85
物流輔助業	銷售額（億元）	2,617	2,790	2,962	3,097	3,340
	年增率（%）	-5.16	6.61	6.18	4.56	7.85
	銷售額占比（%）	28.34	28.28	28.73	30.29	35.09
倉儲及郵政遞送服務業	銷售額（億元）	1,076	1,106	1,166	1,176	1,242
	年增率（%）	-4.09	2.84	5.37	0.82	5.67
	銷售額占比（%）	11.66	11.22	11.31	11.50	13.05

資料來源：整理自財政部財政統計資料庫，2016-2020 年。
說　　明：（1）2016 至 2017 年採用「營利事業家數及銷售額第 7 次修訂」，2018 至 2020 年則採用「營利事業家數及銷售額第 8 次修訂」。
（2）上述表格數據會產生部分計算偏誤係因四捨五入與資料長度取捨所致，但並不影響分析結果。

（二）營利事業家數

在物流業的各細項產業營利事業家數部分，以運輸業的 7,873 家爲最多，占整體物流業家數的 52.86%，家數較 2019 年增加 1.52%，其中又以汽車貨運業增加 122 家爲最多，主要是因爲民眾傾向居家防疫，出門消費意願降低，日常生活所需之採購改以電子商務爲之，也帶動相關的配送需求大增，因而吸引更多的汽車貨運業者投入運輸業。而在物流輔助業與倉儲及郵政遞送服務業的部分，2020 年的營利事業家數分別爲 5,211 家與 1,811 家，各較 2019 年增加 1.40% 與 2.84%，其中，在倉儲及郵政遞送服務業方面，因居家防疫提升線上購買日常生活物資之需求，也帶動了相關的冷鏈倉儲與遞送服務服務的業務發展，因此吸引了新的業者投入該產業，使得 2020 年倉儲及郵政遞送服務業的營利事業家數年增率爲近年新高。

◆表 6-2-3　物流業細業別營利事業家數與年增率（2016-2020 年）

〔單位：億元新臺幣、%、%〕

業別	年度	2016 年	2017 年	2018 年	2019 年	2020 年
物流業總計	家數	14,195	14,352	14,531	14,655	14,895
	年增率（%）	0.72	1.11	1.25	0.85	1.64
運輸業	家數	7,422	7,558	7,677	7,755	7,873
	年增率（%）	1.17	1.83	1.57	1.02	1.52
	家數占比（%）	52.29	52.66	52.83	52.92	52.86
物流輔助業	家數	5,066	5,051	5,102	5,139	5,211
	年增率（%）	0.10	-0.30	1.01	0.73	1.40
	家數占比（%）	35.69	35.19	35.11	35.07	34.98
倉儲及郵政遞送服務業	家數	1,707	1,743	1,752	1,761	1,811
	年增率（%）	0.65	2.11	0.52	0.51	2.84
	家數占比（%）	12.03	12.14	12.06	12.02	12.16

資料來源：整理自財政部財政統計資料庫，2016-2020 年。

說　　明：（1）2016 至 2017 年採用「營利事業家數及銷售額第 7 次修訂」，2018 至 2020 年則採用「營利事業家數及銷售額第 8 次修訂」。

（2）上述表格數據會產生部分計算偏誤係因四捨五入與資料長度取捨所致，但並不影響分析結果。

三、物流業政策與趨勢

（一）國內發展政策

由於網路數位科技的快速發展，打破了商業發展的限制，對於消費者而言，消費行爲不再受限於時間與國境；而對於企業而言，電子商務則是提供了

一個以較低成本切入海外市場的方式，有助於國內企業的產品邁向國際市場。根據 Google、外貿協會與臺經院在 2020 年所共同發布的「臺灣企業跨境關鍵報告 2.0」指出，臺灣已經發展跨境電商的中小企業中，有 52% 在過去一年中的跨境電商業務呈現成長態勢，平均成長幅度為 14%；而更有 65% 的業者預期自己的跨境電商業務在未來一年將會繼續成長，平均增幅達到 19%，前述數據顯示跨境電商成為國際貿易的新興發展領域。然跨境電商若要能夠成為臺灣商品順暢流動的重要管道，則須有跨境電商物流體系的充分支持，故跨境電商物流為我國政府政策積極推動的目標之一。

再者，隨著電子商務的蓬勃發展，傳統的物流業也必須轉型升級，結合資通訊、大數據、人工智慧（AI）、物聯網（IoT）、影像辨識、擴增／虛擬實境（AR/VR）等科技的智慧物流成為物流產業轉型趨勢。為推動我國物流業結合資通訊與智慧科技，開發創新物流服務模式，發展智慧自動化儲運配銷的軟硬體系統，從進貨至交貨，達到高品質、高彈性、高效率的服務，讓物流作業速度更快、運作模式更多元，進而打造具國際競爭力的智慧物流服務產業，是我國政府針對物流業的重大推動政策之一。

此外，隨著時代演進與社會發展，人群往城市聚集靠攏，都市化使消費者對於生鮮產品的需求與要求越來越高。另一方面，高齡化社會的到來，也提升銀髮族對於醫藥保健產品的需求；相關社會發展型態之演變推升了對於冷鏈物流的需求，尤其是 2020 年的 COVID-19 疫情帶動「宅經濟商機（Stay-at-Home Economy）」，消費者為了減少到各賣場消費而感染的疑慮，因此轉移至虛擬通路購買生鮮食品與覆熱即食（Ready-to-Heat）商品等，均進一步推升對冷鏈物流之需求。因此，冷鏈物流的發展為政府積極推動的政策目標。

面對上述的發展趨勢，經濟部商業司為協助我國物流業升級轉型，推出許多政策措施，茲分述如下：

1. 推廣物流士輔助助理平台

由於電子商務的急速發展，消費者對於商品運送及時效性的要求也越來越高，帶動物流配送需求大增，惟勞動法規的修正，使得物流配送人力出現短缺，進而影響出貨、配送效率。經濟部商業司為了協助物流從業人員更方便、周延地進行收送貨與後台管理，推動「物流士收送貨輔助助理系統」的研發，運用報表協助車輛配送統計，以及車輛行駛與現在位置的快速定位，便於管理人員掌握車輛配送情況與行駛軌跡等，以便隨時追蹤配達狀況，調整物流配送

策略，爲物流士做最佳路徑規劃。

物流士輔助助理平台特點有三：一是使用共用化平台架構之功能模組，降低業者導入系統之成本與 IT 人員需求；其次是能夠協助派車人員快速進行配送資料分析管理，而物流士也能透過行動裝置規劃與管控配送路線、時間與流程；最後，此平台也能有效提升國內物流產業智慧化與科技化程度，以符合快速、有效配送的物流需求。2020 年經濟部商業司推廣物流士輔助助理平台實證計畫中，參與業者包含大昌華嘉股、中華僑泰物流、全順物流、嘉里大榮、嘉里快遞、通盈貨運及金百利克拉克等業者，累積約 1 萬 6,779 車次，總計 17 萬 2,391 個配送點，平台累計流量約 124 萬 2,720 次。

2. 推動多通路物流服務

爲協助我國跨境電商物流業者依據市場趨勢建構競爭優勢，經濟部商業司以電子商務爲主體推動多通路物流服務，建立具有市場競爭力之物流服務，以期能支援我國商品流通於海內外市場。具體的推動措施包括：促成國內外物流業者合作，提供我國商品於海外之暫存、發貨、配送、退貨重整等服務，支援國內業者拓展東南亞、美國、日本等跨境電商市場；以及運用資訊整合及物流技術，協助國內物流業者提升作業效率。至 2020 年爲止，共促成 36 家國內外物流業者共同推動電商物流服務，透過集貨代運、保稅轉運等模式以及材積辨識、儲揀位配置等技術應用，支援供應商與品牌商銷售至馬來西亞、新加坡、泰國、日本、美國等市場，帶動跨境電商商品銷售 9 億 5,000 萬元、跨境物流服務營收 1 億 8,000 萬元。

3. 打造冷鏈物流創新服務

在冷鏈物流方面，爲打造臺灣成爲冷鏈物流創新服務基地，並連結東南亞市場拓展國際，經濟部商業司應用多溫層保冷、溫溼度監控及配送排程等技術，協助物流業者提升冷鏈集運與配送的效率與品質；聯合物流相關協會與企業，將冷鏈服務、技術或設備輸出至東南亞市場。具體的推動措施包括：與國內物流商合作，發展區域型冷鏈集運服務模式，建立冷庫、低溫車輛等儲運資源與保溫系統設備之共用方案，服務產品集聚區域之保鮮運送；集結臺灣農漁、製造（食品加工）、物流、通路等業者及協會，組織南向發展聯盟，共同行銷與擴大推動越南等地之食品與國際冷鏈服務市場，並與海外臺商合作，擴大冷鏈物流服務模式或技術之輸出應用；發展蓄冷及擴增濕度感測技術，並結合冷鏈規範，擴散應用各項冷鏈物流技術與管理系統，輔導業者建立低溫品長

途儲運與短程店配、宅配之服務流程，提高物流服務品質。

2020 年達成之效益包括：推動儲運資源整合與冷鏈技術共用，降低低溫車車次等物流成本 35%；應用冷鏈保鮮、品質監測、儲運管理等技術，協助冷鏈業者提升物流運作效率 25%；擴散冷鏈物流服務模式、技術與系統，並促成技術移轉金額達 200 萬元；應用軟硬體技術，引導業者應用保鮮設備等智慧化物流解決方案，支援 12 億元低溫品海內外銷售服務，促成冷鏈物流服務營收 1.8 億元。

4. 改善、升級物流業物聯網資訊安全

為了因應日趨複雜的資通訊技術所帶來的資安風險，協助國際物流業者強化資訊安全防護能量，提升物流業資安防護能力與跨國供應鏈安全，經濟部商業司亦補助國際物流業者強化資訊安全防護能力，同時協助國際物流業者檢視其資安現況。具體的推動措施包括：（1）分析國際物流作業流程，找出資安疑點，解析國際物流作業流程中，各環節所須輸入與輸出之資訊項目、格式與設備，以及各項資訊相互傳遞的傳輸方式與須訊串流彙整的需求，釐清較有資安疑慮的節點；（2）按照國際物流作業流程資安疑慮環節之分析結果，為國際物流業者提出合適之資安檢測與軟硬體系統資安改善方案，並協助強化其資訊系統或物聯網技術弱點環節之資安防護等級，建立國際物流資安問題分析與技術評估檢視表，以利業者自我評估；（3）建置物流資訊安全驗證場域與推動物流資訊安全驗證場域測驗解決方案，補助物流業者及物流資訊業者導入資安解決方案或提升其軟體服務之資訊安全性，以改善國際物流資訊安全。

（二）趨勢與案例

COVID-19 疫情自 2020 年初起在全球大流行，各國政府採取包括邊境管制、維持社交距離、禁足與封城等措施，嚴重衝擊全球經濟與產業活動，同時也顛覆了工作、生活與消費的模式。因防疫而停課、停班、居家隔離等限制與要求，使得宅居（Stay at Home）成為新的生活型態，消費者原本在不同空間進行的行為都轉移至家中，也加速了原本就逐漸從實體零售轉向線上零售的趨勢。此外，與過去的電子商務需求不同，此波疫情所帶動的線上購物需求為泡麵、罐頭、衛生紙等日常生活物資，而且在減少外出用餐的情況下，民眾「自煮防疫」的意願增加，也帶動對生鮮蔬果以及覆熱即食的冷凍食品網購需求大幅增加。因此，從需求端來看，疫情大幅加速網路購物需求，不但消費者的需求品項更多、更複雜，而且配送頻率更高、對於商品運送及時性的要求也更高，

在在都對於物流業形成重大挑戰。

1. 加速自動化與智慧化設備導入，提升配送效率

隨著電子商務的蓬勃發展，消費者的消費品項越趨多元化與個人化，除了提高配送頻率，消費者對於商品運送及時性的要求也越來越高。由於物流業屬於勞力密集產業，面對電商需求的增加，物流業者透過運用大量人力進行輪班或夜間作業，以及更大量的物流士來進行配送，進而滿足消費者日益增加的需求。隨著過去幾年我國勞動法規調整後，對於勞動時間與休假的規範趨於嚴格，除了導致人事成本上漲外，也使得物流業面臨人手不足的情況。同時面對需求的大幅增加，以及人力的短缺，應用自動化設備與智慧化科技，進一步優化物流流程，已成為物流業重要的發展趨勢之一。

導入自動化與智慧化設備為近年來物流業的國際趨勢，國內也不乏物流業者運用自動化與智慧化設備，以更有效率的方式提升揀貨與出貨速度，例如由 Yahoo! 奇摩購物中心、新竹物流與工研院合作建構全臺首座 AI 立體化物流中心。過去物流業從產品的入倉儲存、揀貨包裝到出貨，無一不是仰賴大量人力來運作，而電子商務訂單的特色為少量多樣，商品的大小、重量也不一，如何在有限的空間中進行儲放，同時還要兼顧揀貨與出貨的流程順暢，雖然有電腦輔助，但多半還是需要依靠人員經驗，難以因應訂單的情況進行即時與動態調整。而 Yahoo 的物流中心在導入 AI 立體式智慧倉儲系統後，在貨品進入倉庫時，系統會立即自動測量商品大小，並安排合適的儲放空間，省去人工丈量、安排儲位的誤差。同時也會透過 AI 演算法及大數據分析，自動判斷商品熱銷程度或相關性，調整適當的儲存位置，而常見的商品組合也會放在相鄰位置，進而大幅縮減倉儲移動距離與揀貨等待時間。而在消費者下單後，系統也會根據訂單商品類型與數量，自動規劃最佳揀貨路徑，並利用穿梭車與垂直升降機等自動化設備跨樓層輸送，將儲放商品物流箱帶往揀貨區與包裝區，而貨品封箱後，自動配送系統也會根據配送商、時段、尺寸、區域進行分流，讓最後一哩的配送服務能夠更有效率，也能將貨品更快送到消費者手中。

而 2020 年突來的 COVID-19 疫情，使消費者的生活模式朝居家發展，隨著新消費行為的改變也帶動電子商務需求爆增；根據經濟部統計處的數據指出，2020 年電子購物及郵購業的銷售額 2,441.9 億元，年成長率 16.1% 創下新高。此外，基於防疫需求必須維持一定的社交距離，也增添了屬於勞力密集的物流產業在工作場域人力安排上的難度。在消費需求進一步擴大，以及人力更加短缺等兩

項因素的影響下，促使物流業加速導入自動化與智慧化設備，以期提升配送效率。例如線上零售領導業者之一的 momo，就因為運用自動化與智慧化設備，大幅提升機動性與效率，也得以因應疫情期間的電商需求爆增。momo 與台灣大合作導入無人搬運車（AGV），取代人力揀貨，由自動化系統進行 AGV 撿貨排程，降低從揀料傳送架到中央包裝區的勞力需求，不但減少錯誤率也大幅提升效率。

再者，為了能夠提前掌握與預測消費者「需求」，以及物流倉儲的「供給」能量，包括庫存量、運輸承載及暢銷品等，momo 也透過 AI 演算法及大數據分析等技術，調節供需間流動的平衡，提升物流配送效率。例如在 2020 年疫情初起，momo 就透過 AI 預測，將體積大且消耗大量運能的品項如衛生紙，不進主倉而直接配送到衛星倉，避免阻塞其他防疫熱銷產品的倉儲路線，節省不少轉運時間。此外，在揀貨裝箱部分，momo 也研發了「商品裝箱建議系統」，利用 3D 模擬視覺化系統，分析紙箱大小、商品的擺放、配送成本與出貨包裝等，輔助揀貨裝箱人員選擇最適合之紙箱，不但能夠加快包裝速度，也能提升紙箱容積率、降低包材使用量，大幅降低成本。

運用資訊化、自動化及網路應用等智慧化科技，藉以提高作業效率、降低成本已成為物流業重要的發展趨勢，臺灣不少大型電商或零售業者已經投入資源建構智慧倉儲。面對 2020 年以來疫情帶動的網購熱潮，建構智慧倉儲系統的物流業者透過作業流程優化，大幅減少作業時間，進而能夠在不大量擴建倉儲空間的情況下，因應受疫情而爆量成長的倉儲空間需求。這些業者的成功經驗也將帶動我國物流業加速自動化與智慧化設備導入。

2. 疫情帶動外送商機，速配物流需求大增

民眾出門消費意願受到疫情的影響而降低，越來越多人透過電子商務來購買泡麵、罐頭、衛生紙等日常生活所需的商品，加上減少外出用餐的情況下，民眾「自煮防疫」的意願增加，也帶動對生鮮蔬果以及覆熱即食（Ready-to-Heat）的冷凍食品之網購需求大幅增加，各大零售平台及通路也爭相加入宅配外送服務的行列。這些疫情帶動的商品需求，相較過去電商需求產品最大之差異，在於需求的「急迫性」；由於主要產品多為日常生活與飲食所需的生鮮、低溫食品，對於配送的時效性要求更高，快速配送需求也帶動物流業掀起速度革命。零售通路業者在最短時間內配送上相互較勁，以爭取龐大的防疫商機，而到貨速度也從小時轉變為以分鐘計算；然而不論是原本自建的物流體系，或是配合的第三方物流夥伴，都無法完全負荷如此急速的配送需求，因此，與外送平台業者合作成為趨勢。

自 2018 年起，全家便利商店開始與外送業者合作推出外送服務，將超商貨架及消費便利性向外延伸，2019 年陸續與 Uber Eats、foodpanda 結盟，目前可提供外送服務的店家已超過千家。OK 超商則是和 foodpanda 合作，在其平台上架 200 項商品，服務範圍主要涵蓋西半部，於全臺近 500 間門市提供外送服務。萊爾富也是與 foodpanda 推出外送服務，提供民眾多達數百項的商品組合，外送服務擴及全臺共 600 家指定門市，並且於雙北精華區提供 24 小時不打烊的外送服務。統一超商則是從 2019 年起在 6 都及新竹市區共 2,606 家門市與全球快遞合作，提供周邊熟客外送與會員集點服務；2020 年則是與 foodpanda 策略合作，於雙北 500 間門市導入外送服務，提供超過 200 種商品，目前全臺已有超過千家門市提供 24 小時外送服務。

此外，家樂福、大潤發、愛買等量販通路，以及超市龍頭全聯亦紛紛和外送平台合作。其中，家樂福 2020 年與 Uber Eats、foodpanda 合作，將全臺量販與家樂福超市門店全數上線外送平台；家樂福併購的 Jasons 超市和頂好超市部分門市則是在 2021 年陸續加入。在銷售品項方面，使用外送平台配送之消費者購買商品高達 5 成為生鮮食品，相較於家樂福實體通路 8 成營收來自雜貨，生鮮僅占 2 成的情況大異其趣，正好反映 2020 年疫情影響下所帶動的「自煮防疫」商機。家樂福看好外送商機持續成長，雖然與 Uber Eats、foodpanda 兩家外送平台合作，但是由於上架外送平台之產品數較少，為了鞏固未使用外送平台而習慣於至實體門市消費的顧客，家樂福推出自行配送的速配服務，在家樂福自身購物網站上的 3 萬多品項之產品，都可以搭配家樂福自己的外送車隊，消費者可以在 1 小時內收到訂購之商品，目前全臺家樂福量販門市都已投入此項服務。

對於零售通路業者而言，透過與外送平台業者合作，有助於取得外送平台業者所屬之外送員配送能量，進而達到速配之目的，以助於爭取消費者之使用黏著度。對於外送平台業者而言，與對手除了在系統、軟體、金流與客服上進行差異化競爭外，外送人員的數量更是競爭的重點，因為有越多的外送人員，便能達到更加全面的覆蓋服務區域，盡速完成商品配送，外送平台也能因而更加獲得消費者的青睞。而外送平台想要留住外送人員就必須提高其收入，當外送平台只提供餐飲外送服務時，由於消費者對於餐飲的需求主要集中在用餐時間，外送人員在用餐尖峰時間非常忙碌，但過了用餐時間之後的配送需求則是大幅減少，將出現配送能量閒置的情況。因此，若能與零售平台及通路業者合作，提供日常用品的配送服務，不僅可以充分運用運能，也能夠提高外送人員

的收入，進一步提高外送平台之同業競爭力。

四、COVID-19 對我國物流業之影響與因應

（一）COVID-19 對物流業之影響

2021 年 5 月中旬國內 COVID-19 疫情突然加劇蔓延，臺北市與新北市自 5 月 15 日率先進入三級防疫警戒，隨後全國也於 19 日起升至第三級警戒，中央流行疫情指揮中心宣布強化相關防疫措施，包括民眾外出時應全程佩戴口罩；關閉休閒娛樂場所；全國餐飲業一律外帶，賣場及超市加強人流管制等。由於整體管制強度高於 2020 年，對於民眾的心理衝擊也更加巨大，民眾出門消費意願降低，日常生活物資如泡麵、衛生紙等剛性民生用品之需求轉以線上購買取代實體採購，帶動電子商務的爆發性成長。此外，因民眾自行開伙而減少外出用餐，對於生鮮冷凍食品之網購需求也大幅增加。根據經濟部統計處的零售業網路銷售額統計調查，2021 年第二季的零售業網路銷售金額為 1,058.7 億元，較 2020 年同期增加 33.7%。在電子商務需求提升的帶動下，國內與電商相關的物流產業也有顯著的成長，根據財政部的統計數據顯示，其他汽車貨運業、普通倉儲經營業與宅配遞送服務等產業在 2021 年 5-6 月的銷售額，分別較 2020 年同期增加 19.9%、28.2% 與 42.9%。

為了減少染疫風險，許多民眾轉而透過網購消費，爆增的電商物流需求對於物流業者而言雖然是龐大的商機，但是堆積如山的訂單也讓物流業者出現處理量能跟不上，而需要更長的時間才能配送完成的窘境。其中需要消費者在配送後立即進行冷凍冷藏的低溫配送包裹部分，因為物流業者的冷鏈配送能量不足，為了確保配送服務的品質，宅配通、黑貓宅急便與嘉里大榮等物流業者，在 2021 年 6 月初甚至出現暫時停止低溫包裹配送至特定縣市服務的情況。COVID-19 帶動爆量的物流配送訂單對於我國的物流業形成一次壓力測試，也凸顯出在物流效率方面，還有可以精進的空間。

（二）產業之因應做法

針對疫情帶動爆量物流配送需求的問題，第一線的物流業者除了透過暫停低溫包裹收送，以及跟電商業者溝通調整運能外，也透過與外部車隊合作的方式擴大配送能量。例如因為國境封鎖與學校停課，在機場接送或是學校接送學

生的計程車隊都面臨生存困難的情況，而宅配通透過與這些外部車隊的合作，即時擴充配送運能。至於在長期的因應措施部分，疫情催化消費行為轉往線上，電商發展趨勢樂觀，也將帶動物流業者擴大智慧化與自動化的相關設備與軟體之投資，以因應未來持續擴張的電商物流需求。

‖ 第三節　國際物流業發展情勢與展望 ‖

一、全球物流業發展現況

2020 年 COVID-19 疫情延燒全球，衝擊各國的經濟發展，為避免疫情擴散，多國政府紛紛祭出停工、封城與維持社交距離等措施，而疫情影響層面不僅人類健康，也改變了一般民眾的消費與生活方式。由於疫情的衝擊，越來越多人被迫遠離公共場所並留在室內，消費者在線上購物的比例持續增加，爆量的線上購物訂單也造成物流運能的壓力；許多消費者在線上訂購的商品無法按照預期的時程送達，或者是商品配送錯誤的比例增加。此外，部分國家在疫情間，將實體門店通路區分成「必要」與「非必要」兩大類，其中，像是與民眾維持日常生活相關的超市與量販店等，被歸類為必要的商業活動，可以繼續營業；而花店、服飾店、書店則是被歸類為非必要商業活動，對外開放的店面被迫暫時關閉，也導致許多小型零售店家面臨到極大的生存壓力。

因此，如何將線上訂購的新鮮食品和雜物能夠更快、更準確地送到消費者手中，以及小型零售店家要如何在疫情衝擊下存活，不但是產業面臨的重大挑戰，也是轉型的契機，而「微型配送中心」（micro-fulfillment center）與「影子商店」則是產業為了因應前述問題所產生的創新商業模式。

「微型配送」是零售商提高訂單履行過程效率的一種策略，包含兩個重要之組成要件，一是運用管理系統軟體處理線上訂單；二是使用小型、高度自動化倉儲設施。傳統的物流中心占地相當寬廣，因此通常位在郊區，增加了商品從物流中心到消費者的運送時間與成本；而「微型配送中心」通常只需要傳統物流中心約莫 1/10 的空間，由於採取小型設計能夠節省空間成本，因此可以建置於實體零售店中，或是停車場、地下室等。除了空間較小，微型配送中心也與

傳統物流中心相同，運用機器人與人工智慧等自動化、智慧化技術，來提高運作效率。透過人工智慧系統協助優化商品在倉庫中的配置與運送路徑，以及採用機器人等自動化設備，進行揀貨與運送的工作，將商品送到人員面前進行確認與包裝，有效的降低成本並大幅增加效率，進而加快最後一哩路的配送速度。

「微型配送中心」在類型上區分為兩種形式，一是直接與零售商的實體門店建置在一起，由零售商直接進行營運；另一種型態則是由企業經營的獨立微型配送中心，業主將倉儲設施空間轉換成「微型配送中心」，零售業者可以向其租用空間，運用微型配送中心業者提供的自動化、智慧化設備，以及合作的物流配送夥伴，完成收單、揀貨打包與配送的任務，與近年流行的「雲端廚房」之共享方式相似。

而所謂「影子商店」則是企業為了在疫情衝擊中存活所做的一種轉變，將實體門店暫時關閉，改成小型的網路訂單處理和物流中心，亦即將門市空間變成線上訂單的集貨中心，提供客人到店取貨或外送服務。因為門店關閉，在沒有消費者的情況下，較容易維持安全的社交距離，因此政府可以放寬防疫的管制，而企業也可以持續營運降低經濟衝擊。「影子商店」與「微型配送中心」的概念與模式十分相似，只是「影子商店」並未如「微型配送中心」有運用自動化與智慧化設備，而是運用人工方式進行揀貨包裝。

隨著數位科技與行動裝置的發展，帶動電子商務迅速的發展，大多數的商品都可以在線上購買，因此可銷售之商品種類已經不是吸引消費者購買的重要因素，是否能夠快速地收到訂購的商品成為更重要的關鍵，特別是在COVID-19疫情的影響下，更多的日常用品與生鮮食品被訂購，快速配送需求的重要性更加被凸顯。「影子商店」與「微型配送中心」具有在地化、自動化與智慧化的優勢，能夠更加地貼近消費者，所提供的快速配送服務甚至能在1小時內完成，而且在疫情期間也能增加零售業者的敏捷性和靈活性運作，預期未來或將有更多業者採用此種配送模式。

二、國外物流業發展案例

（一）沃爾瑪（Walmart）—實體門市倉儲化，速配服務爭取商機

沃爾瑪（Walmart）為全球最大零售商，雖然2020年北美受疫情衝擊嚴重，但沃爾瑪年度總營收仍達到5,239.6億美元，較2019年成長1.9%，與絕大多

數的實體通路哀鴻遍野的情況相比，沃爾瑪在疫情下逆勢成長的營運成績著實令人驚豔，主要原因在於沃爾瑪運用「微型配送」策略，加強投資微型倉揀貨技術，將實體門市倉儲化，提高線上訂單的速配效率，也爭取到疫情下的生鮮食品外送商機。

面對電商平台業者亞馬遜（Amazon）的快速崛起，沃爾瑪決定運用實體門店遍布全美的優勢，採用「門市即倉儲」的策略，將物流配送去中心化。因為全美有 90% 的人口居住在距離沃爾瑪門市 15 公里內，若將沃爾瑪遍布全美的高密度實體門市變成物流倉儲，除了能夠快速地將商品送到消費者手中，不論是外送或是消費者自行到店取貨，都能節省可觀的配送成本，大幅增加沃爾瑪與電商平台業者亞馬遜競爭的能力。

「門市即倉儲」的策略下，沃爾瑪加強投入「微型配送中心」的投資，包括從接收線上訂單後的揀貨、打包到最後一哩配送，大幅提升訂單履行流程的效率與彈性。在自動化與智慧化設備部分，沃爾瑪採用以色列專營微型配送技術 Fabric 的產品貨架、輪式機器人和升降機器人，能適用於各種尺寸和形狀的空間，所以沃爾瑪的「微型配送中心」只需占地 1 萬平方英尺（約 280 坪），也因此沃爾瑪可以利用既有門市空間或停車場，在全美成立超過 100 間「微型配送中心」。由於運用了揀貨機器人等自動化設備，可以在狹小的有限空間中進行揀貨的動作，機器人可以將消費者訂購的絕大多數商品快速挑揀備齊，再由人工補上無法使用自動化設備揀取的商品（如家電或衣物），從揀貨到包裝的速度遠勝於單純的人工運作。

此外，沃爾瑪也不斷優化最後一哩配送的流程。由於沃爾瑪擁有高密度的門市店面，所以消費者無論是選擇配送，或是到店自取等，都相當便利。在配送的部分，沃爾瑪除了有自己的物流配送車隊，也與網路叫車平台業者 Uber 與 Lyft 合作，運用這些叫車平台旗下的兼職司機來協助送貨。透過這樣的合作方式，沃爾瑪省下了自行僱用外送人員的成本，而叫車平台龐大的兼職司機網絡則是使得快速配送成為可能。至於在消費者自行取貨部分，沃爾瑪提供幾種消費者自行取貨的服務，一是在門店裡建構大型的取貨櫃，消費者透過網路訂購後，沃爾瑪利用「微型配送」機制將訂單商品揀貨並由人員包裝後，放置到大型的取貨櫃，並通知消費者到店自助領取。此外，由於消費者在疫情期間會因避免與人接觸而不願進入賣場，因此沃爾瑪也擴大提供類似麥當勞的得來速服務，消費者在網上訂購並付款後，沃爾瑪會與消費者約定時間與地點，屆

時再由專人協助將購買的商品直接放入後車廂裡。

透過「門市即倉儲」的策略，沃爾瑪運用「微型配送中心」的技術，提高處理消費者訂單的速度與靈活性，並且搭配多樣的配送與消費者自行取貨機制，不但能夠應付日益增加的電子商務訂單，也在 COVID-19 疫情的衝擊下，持續保持企業競爭力並成長。

（二）Woolworths 導入「微型配送」技術，訂單處理速度提升 10 倍以上

澳洲超市龍頭 Woolworths 在全澳洲有超過 3,000 家的超市門店，市占率約 37% 左右，每周服務的消費者近 3,000 萬人。由於超市與雜貨零售行業在澳洲競爭十分激烈，除了價格競爭外，Woolworths 也越來越重視改善購物體驗，以利爭取顧客，尤其是消費者的生活越來越繁忙，因此有越來越多消費者從實體店面購物轉向線上購物，加上 2020 年的 COVID-19 疫情影響下，有 1/4 的澳洲消費者更加喜愛線上購物，爆量的線上訂單造成商品無法按時送達，配送商品出現錯誤的機率也提高不少，成為 Woolworths 亟待解決的問題。

對此，Woolworths 與美國 Takeoff Technology 公司合作，在其實體門店的後方建構一個占地 2,400 平方公尺的「微型配送中心」，可以容納超過 1 萬種消費者需求量最大的雜貨商品。Woolworths 導入 Takeoff Technology 所開發的微型配送技術，使用包括機器人揀貨和包裝商品的自動化設備，過去使用人工在超市或倉庫通道上揀取訂單商品，需要花費 30 分鐘至 1 小時才能完成一張訂單的揀貨、打包與發貨，而改以自動化揀貨後，完成 10 張訂單的揀貨包裝只需 4 分鐘，大幅度提高了處理線上訂單的速度和準確度。而在最後一哩的配送上，Woolworths 則是透過與叫車平台業者 Uber 以及快遞公司 Sherpa 和 Drive Yellow 合作，透過綿密的配送網路，將商品更快、更準確地送到消費者手中，滿足疫情下日益嚴苛的快速配送期望。

‖ 第四節　結論與建議 ‖

展望未來，在 COVID-19 的疫情影響下，帶動電子商務的快速成長，根據

市場研究機構 eMarketer 的預測，全球零售電子商務之銷售額在 2023 年之前都將維持 2 位數的年增率，同時也預測至 2023 年全球電子商務銷售額將占全球零售銷售總額的 22.3%。線上購物的需求持續增加也同時帶動電商物流的發展，根據環球訊息有限公司（Global Information, Inc.；GII) 的預測，在 2021 年至 2027 年間，全球電子商務物流市場將以 15.2% 的年複合成長率高速成長。而臺灣也將有相同的發展趨勢，投資機構摩根大通（JPMorgan Chase & Co.）指出，臺灣 2021 年的網路購物滲透率約 13%，除了低於中國大陸的 27%，也遠低於韓國的 36%，預期在未來的 10 年內，臺灣的電子商務市場規模將會成長 1 倍，網路購物滲透率將由 13% 上升至 21%。此波疫情進一步加速了網路購物發展，各項防疫管制措施改變了消費者的生活型態，包括降低接觸的購物模式，以及提升居家生活宅經濟的餐飲與生鮮食品等配送需求，對於物流業而言是難得的成長動能與發展契機，但也存在不少的挑戰，必須找出相對應的因應策略。

一、物流業轉型契機與挑戰

2020 年突如其來的 COVID-19 疫情肆虐全球，讓全球經濟陷入一片混亂，為避免疫情擴散，邊境管制及維持社交距離等措施，打亂了所有人的生活步調，也顛覆了既有的工作及生活模式。在防疫措施的限制與自主防疫的意識抬頭下，民眾大幅減少外出購物與聚餐的次數，取而代之的是「宅經濟商機」興起。透過線上購買日常用品帶動了電商物流的需求；而「自煮防疫」增加開伙的機會，消費者對於生鮮食品與覆熱即食商品的需求也提高了對於生鮮冷鏈物流的需求。根據財政部的統計資料，2020 年的宅配服務業與冷凍冷藏倉儲業的銷售額較 2019 年同期成長 35.67% 與 7.51%，成長幅度均為近年的高點，顯示在疫情衝擊下，改變了消費者的生活與消費型態，也為物流業開展新一波的成長動能與發展契機。

然而此波疫情下的宅經濟所帶動之線上購物商品中，日常生活必需用品與生鮮食品占比大幅提高，消費者對於配送時效的要求更加嚴苛，電商平台過去所標榜的 24 小時、8 小時，甚至是 6 小時內的快速配送，已經無法滿足消費者的需求。2021 年 5 月中下旬起，因本土疫情爆發，中央流行疫情指揮中心實施全國三級警戒，相關管制措施包括要求民眾外出應全程佩戴口罩，休閒娛樂場所亦關閉不得營業，以及餐飲業一律外帶，賣場及超市加強人流管制等，整體管制強度高於 2020 年，帶來的改變也更加巨大。

全國三級警戒加速消費者由實體通路轉向線上消費，線上採購生活必需品的訂單也較 2020 年大幅增加，加重了物流業者配送壓力。由於傳統物流業屬於勞力密集產業，隨著電商需求逐年增加，需要大量人力進行輪班或夜間作業，以加強網購訂單的揀貨與包裝，並需要更大量的物流士來進行配送服務。物流業者量能的提升不足以應付爆增的訂單配送需求，因此，針對無法常溫保存、需要消費者簽收處理之低溫包裹等，有多家物流業者在 6 月初接連宣布暫停受理寄往雙北、桃竹地區的低溫包裹，以緩解配送壓力，並維持低溫宅配之品質。

因此，雖然疫情帶動民眾將各種防疫物資、民生用品移轉到網路上購買，因此電商物流需求大增，成為物流業發展之契機。然而，龐大網購訂單造成全臺物流大塞車，物流業者該如何因應也成為一大挑戰。

二、對企業的建議

傳統物流體系仰賴大量人力，加上高齡少子化與勞動法規的調整，不斷地墊高勞動成本，導入科技創新應用已經成為物流產業不可逆轉的趨勢。我國物流產業在倉儲的自動化與科技化設備導入相當積極，對於節省人力並提高效率相當有助益，不過隨著 COVID-19 疫情的衝擊，使得電商物流的複雜度越趨增加，對於配送效率要求也越來越高，除了導入自動化、科技化的設備，如何運用巨量資料進行未來需求之預測，進而進行商品倉儲配置之調整、人力與車輛之預先調配部署，成為物流業發展的重要課題。因此，結合人工智慧的預測能力進一步優化物流流程，也成為物流業重要的發展趨勢。對此，國內大型電商平台業者如 Yahoo! 奇摩購物中心的「AI 立體化物流中心」，或是 momo 透過 AI 演算法及大數據分析等技術，優化商品倉儲路線，都協助這些業者度過疫情帶來宅經濟需求之壓力測試，建議國內物流業者可以借鑑相關標竿廠商之策略做法，加速導入與運用相關自動化與智慧化科技，調整商業經營模式，以因應後疫情時代電子商務商機。

此外，因本土疫情爆發，我國在 2021 年 5 月中下旬起實施全國三級警戒，線上訂單爆量造成物流業者配送量能難以應付需求，甚至多家物流業者在 6 月初暫停受理部分地區的低溫包裹配送。一方面固然呈現出需求量的增加大於業者配送能量，另一方面也凸顯出我國冷鏈物流發展之不足，亦即低溫包裹所面臨之「最後一哩物流」問題。低溫包裹配送至消費者手中之後，需要由消費者自己進行後續儲藏處理，因此，除了少數大型社區設置有冷藏冷凍設備，可協

助住戶代收並處理，其餘多半無法由社區管理人員代收；雖然目前可透過業者與便利商店合作，協助代收低溫包裹再由消費者去取貨，但畢竟便利商店冷凍冷藏設備空間有限，未來或將難以滿足日益增加之冷鏈物流需求。因此，如何改善「最後一哩配送」問題，成為冷鏈物流發展的重要關鍵。對此，建議物流業者可以加強發展與消費者溝通聯繫之技術，透過指定發送與送達的時間，確保低溫商品配送有人收件，以避免二度宅配；再者，可加強低溫智慧取物櫃技術之發展與推廣，擴大暫存空間，進而減少不必要的配送時間浪費，也可以避免多次配送造成物流業者宅配商品塞車之情況。

‖ 附錄　物流業定義與行業範疇 ‖

根據行政院主計總處「行業統計分類」第 11 次修訂版本所定義之物流業，各細類定義及範疇如下表所示：

◆表　行政院主計總處「行業統計分類」第 11 次修訂版本所定義之物流業

物流業小類別	定義	涵蓋範疇（細類）
陸上運輸業	從事鐵路、大眾捷運、汽車等客貨運輸之行業；管道運輸亦歸入本類。	鐵路運輸業、汽車貨運業、其他陸上運輸業
水上運輸業	從事海洋、內河及湖泊等船舶客貨運輸之行業；觀光客船之經營亦歸入本類。	海洋水運業、其他海洋水運
航空運輸業	從事航空運輸服務之行業，如民用航空客貨運輸、附駕駛商務專機租賃等運輸服務。	
運輸輔助業	從事報關、船務代理、貨運承攬、運輸輔助之行業；停車場之經營亦歸入本類。	報關業、船務代理業、貨運承攬業、陸上運輸輔助業、水上運輸輔助業、航空運輸輔助業、其他運輸輔助業
倉儲業	從事提供倉儲設備及低溫裝置，經營普通倉儲及冷凍冷藏倉儲之行業；以倉儲服務為主並結合簡單處理如揀取、分類、分裝、包裝等亦歸入本類。	普通倉儲業、冷凍冷藏倉儲業
郵政及遞送服務業	從事文件或物品等收取及遞送服務之行業。	郵政業、遞送服務業

資料來源：行政院主計總處，2021，《行業統計分類第 11 次修訂（110 年 1 月）》。

中興大學行銷學系
吳志文副教授

連鎖加盟業現況分析與發展趨勢

‖ 第一節　前言 ‖

　　連鎖加盟在臺灣及世界蓬勃發展，是商業服務業中一種非常重要的經營模式。連鎖加盟的經營模式是將連鎖總部的經營知識或技術（Know-how）、產品、服務及創新研發的內容，推廣到每一家門市中，透過每家門市來負責執行並蒐集消費者的反應，並分攤整體所需的費用，擴大連鎖加盟企業的市場占有率與規模。

　　依照國際連鎖加盟協會（International Franchise Association, IFA）的定義，連鎖加盟為連鎖總部與加盟店的持續契約關係，總部必須提供獨特的商業特權，並給予人員教育訓練、管理與經營輔導及商品銷售協助，而加盟主也必須同時付出相對的報償；亦即，總部賦予加盟店執照或特許以進行商業經營行為，對其組織、訓練、採購和管理給予協助，也要求加盟者付出相當代價做為報償。日本連鎖加盟協會（JFA）也對連鎖加盟定義為總公司和加盟者締結合約，將自己的店號、商標，以及足以象徵營業的物品和經營 Know-how 授予對方，使其在同一企業品牌下販賣其商品或服務，而加盟店在獲得上述的權利同時，相對地須付出一定的代價（金額）給總公司，在總公司的指導及協助下經營事業。

　　我國公平交易委員會定義連鎖加盟係為加盟總部透過契約之方式，將商標或經營技術授權加盟者使用，並協助或指導加盟者之經營，而加盟者對此支付

一定對價的關係。按契約規定，總公司將商標、商品、商號、產品、專利和專有技術、經營模式授權於加盟者，加盟者在得到上述權利時，必須支付相對的費用給加盟總公司，並根據加盟總公司的指導、培訓及協助，使用相同商標，使用全部或部分相同商品、服務和經營技術，加盟店設立，透過這樣的經營方式，個別經營者可以迅速取得經營的知識，減少自我學習的時間，企業總部也可以藉此方式，無需投入較高資金開設直營分店，又能快速擴張經營版圖。

　　商業服務業若能透過連鎖加盟的經營模式去展店，不僅容易擴張企業規模，也能增加品牌能見度，並服務更多的消費者，進而加速規模經濟的達成，促進品牌的行銷推廣與營業額的提升，突破商業服務業常見的規模小與資源不足等成長與創新困境。我國連鎖加盟的發展是從國外學習經營方式引入，最具代表性之案例為 1979 年自美國南方引入的統一超商，和 1984 年引入的速食連鎖店麥當勞，至今在臺灣已發展出近 3,000 家連鎖品牌。對於商業服務業來說，瞭解國內外連鎖加盟業的發展現況與趨勢，將有助於評估是否透過連鎖加盟的經營模式創業，以及擴張國內甚或國際市場。

‖ 第二節　我國連鎖加盟業發展現況 ‖

　　連鎖體系乃由一個總公司與一群直營店與加盟店組合而成的組織，特色為在一個以上的銷售據點銷售類似的產品或服務，不過文獻上對於連鎖店應具備多少店數的定義不一。我國主計總處定義：「指透過契約授權至少兩家（含）以上店舖，以相同的招牌、裝潢布置、類似商品或勞務等經營方式，進行市場銷售。」經濟部商業司定義連鎖企業是「由兩家以上的零售店，在統一的經營方式下，促使流通產業企業化，進一步說，連鎖乃是指以相乘方式展開且經標準化、簡單化以及專業化的零售商店。」至於臺灣連鎖暨加盟協會（TCFA）對加盟連鎖有更嚴謹之要求，認為「直營店店數達三家以上，年營業達一億（含）以上者」方為連鎖業；而臺灣連鎖加盟促進協會（ACFPT）所界定的會員資格則是「成立達一年以上，具備兩家（含）以上之相同品牌店面或分公司、直營及加盟之國內外連鎖企業。」

　　綜上，連鎖加盟的定義可從營運店家數、所有權形式或是經營方式角度

論述，所以不論以何種型態出現的連鎖加盟業，在形式上須爲複數店家，在實質上須有連鎖加盟事業主發揮品牌總部功能，意即品牌總部需具統一採購、倉儲、廣告功能以產生經濟效益，並對各加盟分店之商品組合、定價與陳列、經營管理等制定政策或給予教育指導支援。本研究討論的連鎖加盟業，將採用較寬鬆的定義，即品牌總部有兩家以上的零售店或門市，且連鎖加盟事業主須發揮本店功能，將商標、商品、經營技術授權直營門市或加盟店。

在經營型態方面，連鎖可區分爲直營連鎖及加盟連鎖。直營連鎖指由總公司直接統一指導、掌握、投資各零售據點，同時各分店的經營權歸屬於品牌總部，盈虧都屬於總公司；加盟連鎖指加盟授權者提供品牌名稱、商標、產品或技術知識等給加盟者，而加盟者除付費給品牌總部外，必須同意維持或符合彼此約定的品質水準，並取得經營店面的許可。此外，直營連鎖店由公司總部直接投資、經營與管理，採取縱向管控方式，多半須藉由內部培訓出店長，再進行展店，直營店人員與總部比較像是僱傭關係；加盟連鎖店由公司總部將自家的技術、服務傳授給他人經營，採取橫向管控方式，藉由招募志同道合的人展店，以共同發展事業，並從中收取權利金與指導費，與總部的關係比較類似於合作夥伴。不論是直營連鎖或加盟連鎖，都是利用「展店」來做爲通路擴張的策略。

連鎖加盟制度從 19 世紀起源於美國迄今，已發展相當多元之加盟型態，主要包含直營連鎖、自願加盟、特許加盟、合作加盟、委託加盟，五大類型分述如下：

1. 直營連鎖

直營連鎖是由品牌總部業主直接經營的連鎖店，該店的經營權屬於品牌總部業主，品牌總部業主對該店並有絕對的經營與管理控制權限，這種型態的優點是品牌總部業主對各連鎖店具強大的控制力，品牌形象建立與維護較爲容易，經營權、管理權、決策權都爲總部所有，貨物採購與商品行銷都由總部決定，所有決策可以徹底執行，產品或服務標準化的程度最高，但需要大量資金與管理人力，資金負擔壓力大，相對風險高，可能比較缺乏效率。

2. 自願加盟（Voluntary Chain, VC）

自願加盟是指個別單一商店自願採用某一品牌的經營方式及負擔所有經營費用，這種方式通常是加盟店繳交一筆固定金額的技術轉移費用與品牌授權費用，由品牌總部教導經營知識再開設店鋪，或者加盟店主原有店鋪經過總部

指導改成其規定的經營方式。加盟店設立、營運資金與經營該店所需人員皆由加盟店主負責,且依規定使用相同商標及選擇性使用商品、服務及經營模式去經營該店。自願加盟的商店所有權與經營權屬加盟店主,部分接受總部統一管理,每年必須繳交固定的指導費用(品牌使用費、授權金),總部也會派員指導,原則上開設店鋪所需費用全由加盟店主負擔,臺灣多數連鎖餐飲服務業者都是採用此種方式經營。

3. 特許加盟(Franchise Chain, FC)

特許加盟通常由加盟店與總部共同分擔設立店鋪的費用,其中店鋪的租金裝潢多由加盟店負責,生產設備由總部負責,此種方式加盟店也須與總部分享利潤,總部對加盟店亦擁有控制權,但加盟店對於店鋪形式有部分的建議與決定權力,很多便利商店體系採此種方式經營。總部須在契約期間內給予加盟店持續的指導與協助,而加盟店也有義務遵守總部的規定與限制。總部與加盟店之間以契約規定彼此的權利與義務並進行互動,包括合作時間、提供之商品服務、經營技術、教育訓練、商標、商號、經營 Know-how 與加盟權利金、經營費用,其關係建立在總部提供加盟店經營 Know-how,透過 Know-how 移轉與指導,加盟店能夠快速獲利,加盟主須依照契約行事並完全配合總部的運作要求,產品或服務的利潤由加盟店與總部間共同分配,故雙方的商業往來必須有強烈信任基礎。

4. 合作加盟(Cooperation Chain)

合作加盟是由性質相同的零售商共同合作經營管理,產生一個品牌總部,是為了對抗大型連鎖店所形成的加盟;品牌總部的工作主要在於負責統一採購及廣告促銷活動,藉以爭取優惠的進貨價格去降低成本。總部與加盟店以契約明定權利與義務,總部負責與上游供應商議價,加盟店對外使用同一套企業識別系統(CIS),加盟店如同股東,可以參與決策。很多批發商為品牌業者,即可能成為加盟總部,零售商則為加盟店,願意加入的零售商必須依契約規定幫品牌業者銷售某些產品,該些產品由批發商提供,所以零售商必須支付保證金與權利金,而店面則為零售商所有,因此利潤與虧損都屬於零售商(加盟店)。

5. 委託加盟

委託加盟為總部將自身原有舊的直營店或新店面「委託」加盟店主代為經營,同時授權商標、經營技術並提供所有設備、商品、行銷、教育訓練等經營

所需器材與 Know-how；店面所有權屬總部，並協助加盟店負擔裝潢、部分設備及其他費用，加盟店主加入時只須支付一定費用（甚至不需出資），加盟店則負責招聘、門市管理及部分管銷費用，並須依規定使用總部的商標、商品、服務與一貫的經營模式。雙方在委託加盟關係中約定利潤分派比例與方式，加盟店按議定比例繳交加盟金和保證金給總部。

一、連鎖加盟業發展現況

由於國內尚缺乏對連鎖加盟業有關銷售額、員工數等數據的調查資料，因此本研究在介紹連鎖加盟業現況時，於取得臺灣連鎖暨加盟協會同意下，援引其 2020 年之連鎖加盟品牌家數與店數之調查數據，經合併統整，分別就連鎖加盟業整體、各細業別之直營店與加盟店現況進行分析，俾協助讀者瞭解連鎖加盟業發展概況。

本研究所引用之臺灣連鎖暨加盟協會的 2020 年連鎖店調查資料，該調查於 2021 年 1 到 3 月進行，採郵寄、傳真、電話與網路等方式進行，以臺灣地區經營流通服務業之連鎖店總部為調查對象，共分「綜合零售[1]、一般零售[2]、餐飲服務[3]、生活服務[4]」四大業態；對於凡連鎖店家數達 3 家（含）以上之總部（扣除小吃、餐車及結束營業的商店），採自願性接受普查。一般而言，連鎖店可區分為直營與加盟兩大類型，故本研究主要鎖定直營與加盟兩大類型進行調查資料的分析。

（一）品牌家數與店數

2020 年臺灣連鎖加盟業品牌總家數減少，總店數卻增加，整體而言，2020 年臺灣連鎖暨加盟業的發展仍然處於穩定成長的趨勢，成長業者多為成

註1 | 包含購物中心、百貨公司、量販店、超級市場、便利商店。
註2 | 包含食品零售（食品專賣、麵包蛋糕、喜餅專賣、有機專賣、菸酒專賣）、流行時尚（鞋子專賣、眼鏡專賣、鐘錶專賣、珠寶飾品、運動休閒、圖書文具）、服飾專賣（女裝專賣、嬰童用品、綜合服飾）、藥妝精品（醫療藥妝、精品百貨）、家居修繕（DIY 五金、傢俱家飾、生活用品）、數位科技（C 家電、通訊商品）。
註3 | 包含速食店（西式速食、日韓速食、中式速食、早餐專賣）、咖啡簡餐、餐廳（西式餐廳、日韓餐廳、東南亞餐廳、中式餐廳、牛排館、火鍋店、茶餐廳）、休閒飲品（冰品乳品、休閒飲料）。
註4 | 包含休閒娛樂（視聽娛樂、健康休閒、網路咖啡、出租書坊、攝影沖印、影音專賣）、家居服務（房屋修繕、洗衣清潔、保全）、美髮美容（美髮彩妝、美容 SPA）、補習教育（專業教學、語言教學、兒童才藝）、汽機車服務（加油站、汽車修護、汽車百貨、停車場、汽車租賃、機車修護、機車百貨）。

功掌握住疫後新消費及生活型態的企業,而取得經營佳績。依 2020 年連鎖店調查結果,在 COVID-19 疫情影響下,雖然連鎖店品牌數減少,但是總店數增加,可見在 2020 年初爆發的 COVID-19 疫情影響下,有些連鎖店品牌退出市場,然而具競爭力的連鎖店品牌則仍持續投資展店,大部分連鎖品牌的實體店數從 2019 到 2020 年呈現增加的趨勢,品牌家數減少。

◆表 7-2-1 臺灣連鎖加盟業品牌家數及店數成長率統計(2019-2020 年)

	2019 年	2020 年	成長數值 (2019-2020)	成長率 % (2019-2020)
品牌家數	2,925	2,888	-37	-1.26%
總店數	107,960	113,158	5,198	4.81%
直營店	48,666(45.08%)	52,007(45.96%)	3,341	6.87%
加盟店	59,294(54.92%)	61,151(54.04%)	1,857	3.13%
平均店數	36.9	39.2	2.3	6.23%
綜合零售品牌家數	117	124	7	5.98%
一般零售品牌家數	1,112	1,130	18	1.62%
餐飲服務品牌家數	1,046	980	-66	-6.31%
生活服務品牌家數	650	654	4	0.62%
綜合零售品牌店數	14,413	15,198	785	5.45%
一般零售品牌店數	30,758	33,682	2,924	9.51%
餐飲服務品牌店數	34,552	35,340	788	2.28%
生活服務品牌店數	28,237	28,938	701	2.48%

資料來源:整理自臺灣連鎖暨加盟協會,所有資料依其普查結果調整。
説　　明:括弧內數字代表其連鎖類型店數占總店數之比例。

(二)直營店數

調查數據顯示出連鎖加盟業者有其經營策略上的考量,以下根據對四大產業分類調查出的結果分析直營店現況(詳如表 7-2-2)。

1. 綜合零售類

2020 年綜合零售類直營店為 4,482 店,而直營店占總店數比例為 29.5%。在綜合零售類中,購物中心、百貨公司、超級市場與量販店以直營為主要經營方式,便利商店則是以加盟為主要的經營方式。總體而言,2020 年綜合零售類的連鎖店品牌家數及直營店數皆雙雙成長,顯示連鎖店品牌業者看好市場發展,在 2020 年都有實際擴點。

2. 一般零售類

2020 年一般零售類的直營店數為 26,304 店，而直營店占總店數比例為 78.1%。一般零售類的總部在 2020 年有新創業者加入，現有業者也展店擴大服務據點。相較於綜合零售類，一般零售類的企業規模往往較小，由於經營及品牌等管理需求，一般零售類業者展店會以直營為優先考量。

3. 餐飲服務類

2020 年餐飲服務類的直營總店數為 9,063 店，而餐飲服務的直營店占總店數比例為 25.6%。可見即使 2020 年出現疫情，許多餐飲服務業還是有展店擴點，但是餐飲服務業以加盟為主要的經營方式，加盟店的品質管理為餐飲服務業是否成功的關鍵因素。

4. 生活服務類

2020 年生活服務類的直營總店數為 12,158 店，而直營店占總店數比例為 42.0%。從數據顯示，生活服務類的業者主要以直營展店擴點的方式達成經濟規模，形成大者恆大的經營優勢。

◆表 7-2-2 臺灣地區連鎖直營店現況統計（2020 年）

業態	品牌家數	總店數	直營店
綜合零售	124	15,198	4,482（29.5%）
一般零售	1,130	33,682	26,304（78.1%）
餐飲服務	980	35,340	9,063（25.6%）
生活服務	654	28,938	12,158（42.0%）

資料來源：整理自臺灣連鎖暨加盟協會，所有資料依其普查結果調整。
說　　明：括弧內數字代表其連鎖類型店數占總店數之比例。

（三）加盟店數

調查數據顯示連鎖加盟業者因經營策略上有其考量，其中加盟店在 2020 年較 2019 年的店數增加 1,857 店，以下根據各分類分析加盟店現況（詳如表 7-2-3）。

1. 綜合零售類

2020 年綜合零售類加盟店為 10,716 店，加盟店占總店數比例為 70.5%。在綜合零售類中，購物中心、百貨公司、超級市場與量販店以直營為主要經營

方式，而通路數多的便利商店則是透過加盟方式快速拓點。

2. 一般零售類

2020 年一般零售類加盟店數為 7,378 店，加盟店占總店數比例為 21.9%。相較於綜合零售類，一般零售類的企業規模較小，由於經營與品牌管理需求，一般零售類業者展店會以直營為優先考量，故加盟店占比較小。

3. 餐飲服務類

2020 年餐飲服務類的加盟總店數為 26,277 店，餐飲服務加盟店占總店數比例為 74.4%。可見即使受疫情影響，許多業主還是有展店擴點，且餐飲服務業主以加盟為主要的經營方式，加盟店占比高。

4. 生活服務類

2020 年生活服務類加盟總店數為 16,780 店，加盟店占總店數比例為 58.0%。從數據顯示，生活服務類業者減少展店擴點，推測主要原因是受疫情影響，消費者減少不必要的生活開支所導致。

◆表 7-2-3 臺灣地區連鎖加盟店現況統計（2020 年）

業態	品牌家數	總店數	加盟店
綜合零售	124	15,198	10,716（70.5%）
一般零售	1,130	33,682	7,378（21.9%）
餐飲服務	980	35,340	26,277（74.4%）
生活服務	654	28,938	16,780（58.0%）

資料來源：整理自臺灣連鎖暨加盟協會，所有資料依其普查結果調整。
說　　明：括弧內數字代表其連鎖類型店數占總店數之比例。

二、連鎖加盟業之細業別發展現況

（一）品牌家數與店數

1. 綜合零售

根據調查，綜合零售在 2020 年共有 124 家品牌，2020 年總店數達 15,198 店（詳如表 7-2-4），因疫情使民生物資出現搶購潮，使購物中心、超級市場及量販店在 2020 年仍能維持營收正成長，便利商店則是因為密集度高與方便性高，是民眾生活不可或缺的生活型態，所以購物中心、超級市場、量販店及便利商店在 2020 年持續擴點。而百貨公司店數減少店數擴點，則係

因百貨公司容易有群聚現象，且販賣非民生必需品，所以民眾減少到百貨公司消費。

（1）購物中心

2020 年購物中心品牌家數與店數均 54 家，2020 年第一季因疫情爆發，購物中心需求下滑、民眾減少外出次數，不過 2020 年第二季底起，臺灣疫情穩定，購物中心重啓投資及展店計畫，根據工商時報報導，去年下半年業績回神，下半年業績均有兩位數以上成長，包括桃園華泰名品城、林口三井、臺中港三井、南紡、環球、遠百與大江都有展店計畫。購物中心的品牌家數與店數是穩定發展（詳如表 7-2-4）。

（2）百貨公司

2020 年百貨公司品牌家數 27 家，總店數 113 店（詳如表 7-2-4）。業者對百貨公司的展店投資趨於保守，係民眾因疫情減少出門逛街吃飯，影響整體百貨公司業績，加上有些商品轉型至電商或其他通路販賣，所以在 2020 年百貨公司縮編實體店面；不過百貨公司業者未來投資與展店意願高，顯示業者對未來百貨公司市場前景仍持樂觀態度。

（3）量販店

2020 年量販店品牌家數爲 6 家，總店數爲 389 店，平均店數爲 64.8 店。量販店在臺灣已經成爲消費者購物的一個重要通路，相較於百貨公司，量販店平價的特色與價值，對消費者而言存在不可替代性，所以量販店還是具市場潛力的通路（詳如表 7-2-4）。

（4）超級市場

2020 年超級市場品牌家數爲 31 家，超級市場總店數爲 2,508 家，平均店數爲 80.9（詳如表 7-2-4）。根據經濟部統計資料顯示，超級市場則因業者積極展店及擴展網路銷售，帶動業績成長，顯示消費者對超級市場有穩定的需求，超級市場基本核心訴求是便利、好鄰居、品牌與可及性，滿足民生需求與創造價值，預計 2021 年超級市場業者仍然有持續展店的商業策略計畫。

（5）便利商店

2020 年便利商店品牌家數爲 6 家，目前總店數達到 12,134 店，平均店數爲 2,022 店（詳如表 7-2-4）。根據中央社報導，全家與統一超商 2020 年營收出爐，統一超去年店數突破 6,000 店，營收達 2,584.56 億元創新高，全家至 2020 年底店數達 3,770 家，合併營收 853.65 億元，年成長 9.82%，也同創新高。

可見便利商店業者不斷在 2020 年擴點，而臺灣便利商店數逐年攀升，密集度居全球第二。業者近年持續改裝新型態門市，提供鮮食、現磨咖啡及茶飲，並提供代收、票券、儲值等各式服務，營收持續成長，預期未來仍將持續展店以增加服務據點。

◆表 7-2-4 綜合零售類各中分類店數現況統計表（2020 年）

	品牌家數	店數	平均店數
綜合零售合計	124	15,198	122.6
購物中心	54	54	1
百貨公司	27	113	4.2
量販店	6	389	64.8
超級市場	31	2,508	80.9
便利商店	6	12,134	2,022.3

資料來源：整理自臺灣連鎖暨加盟協會。

2. 一般零售

一般零售類在 2020 年共有 1,130 家連鎖店品牌，2020 年總店數達 33,682 店，平均店數為 29.8 店。依臺灣連鎖暨加盟協會調查的分類，一般零售類又區分為食品零售、流行時尚、服飾專賣、藥妝精品、居家修繕與數位科技等六中分類，一般零售類業者大多採取直營經營方式，以下逐項分析說明之（詳如表 7-2-5）。

（1）食品零售

2020 年食品零售品牌家數 312 家，總店數為 3,611 店，平均店數為 11.6 店，食品零售業者持續有業者展店及創業者投入。食品零售業由於進入障礙較低，開店較容易，且食品對消費者而言是必要的消費，所以品牌家數與店數未來會維持穩定成長（詳如表 7-2-5）。

（2）流行時尚

2020 年流行時尚品牌家數 309 家，總店數為 8,423 店，平均店數為 27.3 店，顯示 2020 年流行時尚領域有新進入者，反映出許多新創事業者會進入這市場，意味著流行時尚未來持續擴展實體通路（詳如表 7-2-5）。

（3）服飾專賣

2020 年服飾專賣的品牌家數 243 家，總店數為 6,903 店，平均店數為

28.4 店（詳如表 7-2-5）。2020 年業者對進入服飾專賣市場更加審慎，但是消費者對服飾有穩定的需求，現在大部分業者採用虛實整合的商業模式，即使在疫情影響下，消費者還是會依據實體店面體驗再決定是否購買，所以體驗對業績有顯著貢獻。

（4）藥妝精品

2020 年藥妝精品品牌家數 108 家，總店數 6,160 店，藥妝精品業者平均店數為 57 店（詳如表 7-2-5），受疫情影響，民眾對於醫療及保健用品需求提升，現有業者還是不斷在展店與增加營運據點。

（5）居家修繕

2020 年居家修繕品牌家數 115 家，總店數為 3,311 店，增加 227 店，平均店數為 28.8 店（詳如表 7-2-5）。消費者在 2020 年因疫情可能減少居家修繕的消費，導致較少新業者選擇在 2020 年進入市場，但現有業者還是不斷在展店與增加營運據點，預期未來會視疫情控制情況而調整展店計畫。

（6）數位科技

2020 年數位科技品牌家數 43 家，總店數為 5,274 店，平均店數規模為 122.7 店（詳如表 7-2-5）。雖然數位科技品牌家數受疫情影響減少展店投資，但如 3C 電腦家電及通訊量販業者，也視情況而增加營運據點，或與百貨公司及超級市場異業策略聯盟，或轉往虛擬通路經營電子商務。

◆表 7-2-5 一般零售類各中分類店數現況統計表（2020 年）

	品牌家數	店數	平均店數
一般零售合計	1,130	33,682	29.8
食品零售	312	3,611	11.6
流行時尚	309	8,423	27.3
服飾專賣	243	6903	28.4
藥妝精品	108	6160	57.0
居家修繕	115	3311	28.8
數位科技	43	5274	122.7

資料來源：整理自臺灣連鎖暨加盟協會。

3. 餐飲服務

餐飲服務類 2020 年品牌家數共有 980 家，總店數達 35,340 店。2020 年

疫情雖在可控制範圍，但是外食人口明顯減少，餐飲業尤其是需要負擔店租的實體店面經營者，受創嚴重。在無法有效開源的情況下，只能節流，減少展店或收掉經濟效益不佳的店面。此外，很多餐飲服務業轉型經營外送平台，以提升通路獲利，彌補實體店受到的衝擊。臺灣餐飲服務市場競爭越趨激烈，使餐飲服務業營運策略因此轉變，大量展店已非連鎖餐廳品牌首要目標。在疫情衝擊及外送趨勢下，餐飲服務業者在發展策略上亦出現轉變，除強化數位行銷與提升外送外帶比重，觀光飯店或連鎖餐廳開設街邊店亦有普遍之勢。以下逐項分析說明之。

（1）速食店

2020年速食店品牌家數272家，總店數為19,383店，平均店數為71.3店（詳如表7-2-6）。速食店是餐飲服務類中店數最多的業種，根據調查資料有些速食業者因疫情影響退出市場，而且較少新加盟與創業者加入市場，現有品牌業者也在疫情嚴峻時實行縮編店面的策略，尤其是需要負擔高店租的實體店面，投資者對速食店的投資與展店較為保守。

（2）咖啡簡餐

2020年咖啡簡餐總部82家，總店數為2,507店，此類咖啡簡餐業者平均店數為30.6店（詳如表7-2-6）。因疫情影響，消費者減少外出消費所致，咖啡簡餐業者減少展店或收掉經濟效益不佳的店面。

（3）餐廳

2020年餐廳品牌家數437家，總店數5.035店，平均店數為11.5店（詳如表7-2-6）。調查結果顯示餐廳產業有集中趨勢，餐廳連鎖店成長有趨緩現象，中大型連鎖餐廳品牌採多品牌策略，並積極調整分店經營效率，經深度評估商圈潛力後再展店以提升市占率，中小型品牌則著重於成本效益分析，力求先確立商業模式，穩固再逐步展店，甚至減少展店或收掉經濟效益不佳的店面。

（4）休閒飲品

2020年休閒飲品品牌家數190家，總店數為8,415店，平均店數為44.3店（詳如表7-2-6）。臺灣休閒飲品消費市場營收逐年增加，吸引新進者加入，現有業者也積極拓展服務據點，導致休閒飲品競爭強度大，各家業者力求創新改變與陸續推出新品，做出差異化以吸引消費者目光。

◆表 7-2-6 餐飲服務類各中分類店數現況統計表（2020 年）

	品牌家數	店數	平均店數
餐飲服務合計	980	35,340	36.1
速食店	272	19,383	71.3
咖啡簡餐	82	2,507	30.6
餐廳	437	5,035	11.5
休閒飲品	190	8,415	44.3

資料來源：整理自臺灣連鎖暨加盟協會。

4. 生活服務

2020 年生活服務類品牌家數共有 654 家，總店數為 28,938 店，平均店數為 44.2 店。在疫情影響下，表現不錯的業種為家居服務、美容美髮、汽機車服務及不動產仲介服務等，因為疫情之故，休閒娛樂及補習教育皆減少實體門市。家居服務與汽機車服務是此次疫情受惠的產業，原因是消費需求也快速蔓延到多元周邊服務，例如過去產業規模較小的家居服務，在疫情期間迎來驚人的整體產業成長率。2020 年即使處於疫情陰霾下，臺灣多處房市反而逆勢成長，使不動產仲介有亮麗的表現。依臺灣連鎖暨加盟協會調查的分類，生活服務類又分為休閒娛樂、家居服務、美容美髮、補習教育、汽機車服務與其他等六種分類，茲逐項分別說明如下。

（1）休閒娛樂

2020 年休閒娛樂品牌家數 72 家，總店數為 1,107 店，平均店數為 15.4 店（詳如表 7-2-7）。休閒娛樂類別業者沒有展店係因受到疫情影響，消費者對休閒娛樂需求減少，於是業者減少展店或收掉經濟效益不佳的店面，且疫情嚴重時，休閒娛樂會被列為優先停業的對象。

（2）家居服務

2020 年家居服務品牌家數 74 家，總店數為 5,535 店，平均店數為 74.8 店（詳如表 7-2-7）。家居服務品牌近年來新進者減少，但是現有家居服務業者開店數增加，顯示消費者對家居服務仍有強烈需求。

（3）美容美髮

2020 年美容美髮品牌家數為 124 家，總店數為 3,298 店，平均店數為 26.6 店（詳如表 7-2-7）。美容美髮業在疫情影響下，依然有新進者進入市場，

同時也增加實體店的經營，顯示消費者還是很重視個人形象，但是美容美髮是屬於與消費者高度接觸的行業，如果疫情蔓延，美容美髮業者通常會採取縮編的展店策略。

（4）補習教育

2020 年補習教育品牌家數 85 家，總店數為 3,035 店，平均店數是 35.7 店（詳如表 7-2-7）。補習教育業者受到疫情與少子化的影響，業者投資實體店較保守，一些經營體質較差的業者退出市場。

（5）汽機車服務

2020 年汽機車服務品牌家數 82 家，總店數 8,359 店，平均店數為 101.9 店（詳如表 7-2-7）。汽機車服務是 2020 年生活服務類中店數成長最多的分類，受到疫情因素影響，在防疫期間，民眾選擇減少搭乘大眾運輸工具，改用私家車或機車代步，加上政府去年實施汽機車補助，使去年汽車與機車掛牌數為歷年新高，也帶動汽機車服務業成長，導致業者展店與擴點。

（6）其他

其他類業種主要包括旅行社、連鎖飯店、醫學診所、寵物、花店及周邊產業，但並不包含非實體店舖的網路商店，其他類 2020 年品牌家數 217 家，總店數為 7,604 店。

◆表 7-2-7 生活服務類各中分類店數現況統計表（2020 年）

	家數	店數	平均店數
生活服務合計	654	28,938	44.2
休閒娛樂	72	1,107	15.4
家居服務	74	5,535	74.8
美容美髮	124	3,298	26.6
補習教育	85	3,035	35.7
汽機車服務	82	8,359	101.9
其它	217	7,604	35.0

資料來源：整理自臺灣連鎖暨加盟協會。

（二）直營店數

1. 綜合零售

2020 年綜合零售品牌家數共有 124 家，總店數達 15,198 店，購物中心 54

直營店、百貨公司 113 直營店、量販店 389 直營店，購物中心、百貨公司與量販店全部都是直營店。另外，超級市場有 2,215 直營店，便利商店有 1,711 直營店（詳如表 7-2-8）。在綜合零售類中，購物中心、百貨公司與量販店以直營爲經營方式，超級市場也是，但是便利商店直營店比例低，是以加盟爲主的經營方式。

◆表 7-2-8 綜合零售直營店數統計（2020 年）

	品牌家數	總店數	直營店
1 綜合零售	124	15,198	4,482
1.1 購物中心	54	54	54
1.2 百貨公司	27	113	113
1.3 量販店	6	389	389
1.4 超級市場	31	2,508	2,215
1.5 便利商店	6	12,134	1,711

資料來源：整理自臺灣連鎖暨加盟協會。

2. 一般零售

在 2020 年一般零售類品牌家數共有 1,130 家，總店數達 33,682 店，其中以流行時尚直營店有 6,756 店爲最多，服飾專賣直營店 5,465 店次之，藥妝精品直營店數爲 4,347 店，數位科技直營店爲 3,998 店，食品零售直營店爲 3,394 店，居家修繕直營店爲 2,344 店（詳如表 7-2-9）。調查資料顯示一般零售類在 2020 年有新創事業者加入，同時也大量開拓服務據點。綜言之，一般零售業由於進入障礙較低，開店較容易，大多採取直營經營方式，持續擴展實體通路，同時也積極投入電子商務。

◆表 7-2-9 一般零售直營店數統計（2020 年）

	品牌家數	總店數	直營店
2 一般零售	1,130	33,682	26,304
2.1 食品零售	312	3,611	3,394
2.2 流行時尚	309	8,423	6,756
2.3 服飾專賣	243	6,903	5,465
2.4 藥妝精品	108	6,160	4,347
2.5 家居修繕	115	3,311	2,344
2.6 數位科技	43	5,274	3,998

資料來源：整理自臺灣連鎖暨加盟協會。

3. 餐飲服務

2020 年餐飲服務類品牌家數共有 980 家，總店數達 35,340 店，直營店總共 9,063 店。速食店是以加盟店為主，2020 年速食店總部 272 家，總店數為 19,383 店，但是直營店只有 3,557 店，只占總店數 18%；休閒飲品也是以加盟為主，總店數為 8,415 店，直營店只有 1,135 店；咖啡簡餐品牌家數 82 家，總店數為 2,507 店，直營店數為 1,187 店；餐廳總店數為 5,035 店，直營店有 3,184 店，占比 63.2%，可知餐廳是以直營經營方式為主（詳如表 7-2-10）。

◆表 7-2-10 餐飲服直營店數統計（2020 年）

	品牌家數	總店數	直營店
3 餐飲服務	980	35,340	9,063
3.1 速食店	272	19,383	3,557
3.2 咖啡簡餐	82	2,507	1,187
3.3 餐廳	436	5,035	3,184
3.4 休閒飲品	190	8,415	1,135

資料來源：整理自臺灣連鎖暨加盟協會。

4. 生活服務

2020 年生活服務類品牌家數共有 654 家，總店數 28,938 店，直營店為 12,158 店，較 2019 年增加 1,853 店。生活服務類部分業者為控管商店品質，經營方式以直營店為首要選擇；例如美容美髮總店數為 3,298 店，直營店數為 2,309 店，占比為 70.01%；汽機車服務總店數為 8,359 店，直營店數為 5,134 店，占比為 61.42%；休閒娛樂總店數為 1,107 店，直營店數為 585 店，占比為 52.85%（詳如表 7-2-11）。可知美容美髮、汽機車服務及休閒娛樂是以直營為主的經營型態。

◆表 7-2-11 生活服務連鎖店數統計（2020 年）

	家數	總店數	直營店	直營店占比
4 生活服務	654	28,938	12,158	42.01%
4.1 休閒娛樂	72	1,107	585	52.85%
4.2 家居服務	74	5,535	1,305	23.58%
4.3 美容美髮	124	3,298	2,309	70.01%
4.4 補習教育	85	3,035	1,133	37.33%
4.5 汽機車服務	82	8,359	5,134	61.42%
4.6 其它	217	7,604	1,692	22.25%

資料來源：整理自臺灣連鎖暨加盟協會。

（三）加盟店數

1. 綜合零售

2020 年綜合零售品牌家數共有 124 家，總店數達 15,198 店，然而購物中心、百貨公司、量販店都是以直營店經營型態。超級市場總店數 2,508 店，有 293 店為加盟店，占比為 11.68%；便利商店總店數 12,134 店，有 10,423 店為加盟店，占比為 85.9%（詳如表 7-2-12）。

◆表 7-2-12 綜合零售加盟店數統計（2020 年）

	品牌家數	總店數	加盟店	加盟店占比
1 綜合零售	124	15,198	10,716	70.51%
1.1 購物中心	54	54	0	0.00%
1.2 百貨公司	27	113	0	0.00%
1.3 量販店	6	389	0	0.00%
1.4 超級市場	31	2,508	293	11.68%
1.5 便利商店	6	12,134	10,423	85.90%

資料來源：整理自臺灣連鎖暨加盟協會。

2. 一般零售

在 2020 年一般零售類品牌家數共有 1,130 家，總店數達 33,682 店，其中以藥妝精品的加盟店 1,813 店為最多，流行時尚加盟店 1,667 店次之，服飾專賣加盟店數為 1,438 店，數位科技加盟店為 1,276 店，居家修繕加盟店為 967 店，食品零售加盟店為 217 店（詳如表 7-2-13）。一般零售類業者由於進入門檻較低，開店較容易，大多採取直營經營方式，擴展實體通路以直營為主。

◆表 7-2-13 一般零售加盟店數統計（2020 年）

	家數	總店數	加盟店	加盟店占比
2 一般零售	1,130	33,682	7,378	21.90%
2.1 食品零售	312	3,611	217	6.01%
2.2 流行時尚	309	8,423	1,667	19.79%
2.3 服飾專賣	243	6,903	1,438	20.83%
2.4 藥妝精品	108	6,160	1,813	29.43%
2.5 家居修繕	115	3,311	967	29.21%
2.6 數位科技	43	5,274	1,276	24.19%

資料來源：整理自臺灣連鎖暨加盟協會。

3. 餐飲服務

2020 年餐飲服務類品牌家數共有 980 家，總店數達 35,340 店，有 26,277 店為加盟店，加盟占比高達 74.35%。速食店以加盟店為主，2020 年速食店總部 272 家，總店數為 19,383 店，加盟店高達 15,826 店，占比為 81.65%；休閒飲品也是以加盟為主，2020 年總店數為 8,415 店，加盟店為 7,280 店，占比為 86.51%；咖啡簡餐品牌家數 82 家，總店數為 2,507 店，加盟店數為 1,320 店，占比為 52.65%，也以加盟為主。餐飲服務類只有餐廳是以直營經營方式為主，2020 年餐廳總店數為 5,035 店，加盟店只有 1,851 店，占比 36.76%（詳如表 7-2-14）。

◆表 7-2-14 餐飲服務加盟店數統計（2020 年）

	家數	總店數	加盟店	加盟店占比
3 餐飲服務	980	35,340	26,277	74.35%
3.1 速食店	272	19,383	15,826	81.65%
3.2 咖啡簡餐	82	2,507	1,320	52.65%
3.3 餐廳	436	5,035	1,851	36.76%
3.4 休閒飲品	190	8,415	7,280	86.51%

資料來源：整理自臺灣連鎖暨加盟協會。

4. 生活服務

2020 年生活服務類品牌家數共有 654 家，總店數 28,938 店，加盟店為 16,780 店，占比為 57.99%。生活服務類經營方式以加盟店為首要選擇的業種為家居服務業與補習教育類。2020 年家居服務業總店數為 5,535 店，加盟店數為 4,230 店，占比為 76.42%；補習教育類總店數為 3,035 店，加盟店數為 1,902 店，占比為 62.67%（詳如表 7-2-15）。其他美容美髮、汽機車服務及休閒娛樂是以直營為主的經營型態。

◆表 7-2-15 生活服務連鎖店數統計（2020 年）

	家數	總店數	加盟店	加盟店占比
4 生活服務	654	28,938	16,780	57.99%
4.1 休閒娛樂	72	1,107	522	47.15%
4.2 家居服務	74	5,535	4,230	76.42%
4.3 美容美髮	124	3,298	989	29.99%
4.4 補習教育	85	3,035	1,902	62.67%
4.5 汽機車服務	82	8,359	3,225	38.58%
4.6 其它	217	7,604	5,912	77.75%

資料來源：整理自臺灣連鎖暨加盟協會。

三、連鎖加盟業政策與趨勢

（一）國內發展政策

國內有關連鎖加盟業的政策可以歸納為產業發展政策與加盟法規規範政策，分述如下：

1. 產業發展政策

連鎖加盟產業發展政策依據如下：

（1）行政院 108 年 1 月 10 日第 3634 次會議「因應 2019 總體經濟變動內需策略規劃報告」強化內需策略建議規劃辦理。

（2）依據「行政院所屬各機關中長程個案計畫編審要點」相關規定，研擬 109-112 年「連鎖加盟及餐飲鏈結發展計畫」。

（3）行政院 105 年 8 月 16 日新南向政策綱領提出之「新南向政策推動計畫」。

（4）經濟部 108 年「重點產業發展策略－商業服務業」。

從政策依據來看，政策輔導內容包括輔導企業加強創造附加價值能力、重建產業生態系、協助企業開發國際通路及加速品牌國際化，希望除了持續刺激內需市場外，亦期透過輸出臺灣連鎖品牌的優質形象，拓展國際市場。目前根據輔導商業服務業發展連鎖企業辦法，經濟部籌組產業顧問團隊，依企業發展階段與需求進行到府諮詢輔導，提供連鎖加盟業診斷諮詢窗口，協助輔導連鎖總部之經營管理、單店發展成多店再發展成連鎖體系。

2. 加盟法規規範政策

公平交易委員會對於加盟業主經營行爲案件之處理原則（下稱公平會加盟處理原則）[5]，根據公平會加盟處理原則第 2 點第 3 款規定，加盟經營關係，指加盟業主透過契約之方式，將商標或經營技術等授權加盟店使用，並協助或指導加盟店之經營，而加盟店對此支付一定對價之繼續性關係。但不包括單純以相當或低於批發價購買商品或服務再爲轉售或出租等情形。加盟所維持之法律關係內涵：（1）主體：加盟（業）主（即加盟總部）與加盟店（即加盟店主或加盟者）；（2）持續性的法律關係，透過契約方式呈現；（3）加盟主授權商標、經營技術給加盟店使用；（4）加盟主協助或指導加盟店經營；（5）加盟店支付一定對價來維持持續性的法律關係。

（二）趨勢與案例

觀察連鎖加盟業近 5 年（2016-2020 年）趨勢（詳如表 7-2-16），品牌總家數與總店數在 2016 年至 2018 年大致呈現逐年增加情形，但是 2020 年疫情爆發以後，品牌家數減少，但是總店數卻增加。以四大分類來看，綜合零售品牌家數與店數逐年增加，因爲綜合零售業在臺灣有穩定的市場與消費客群；一般零售品牌家數逐年增加，店數在 2019 年時減少，但是在 2020 年疫情其間逆勢成長，顯示既有業者有持續穩定的展店策略；餐飲服務在 2019 年品牌家數呈現高峰（1,044 家），但是疫情期間品牌家數銳減至 980 家，很多餐飲品牌在 2020 年退出市場，驗證媒體的報導，但是餐飲總店數仍維持 5 年的成長，顯示出既有餐飲服務業者不斷展店拓點，數據顯示餐飲服務業並沒有一般人想像的衰退蕭條，反而是改變經營策略創造商機；生活服務近 5 年品牌家數維持較穩定的情況，介於 650-657 家，總店數在 2018 年到達最高 29,712 家，之後在疫情其間，也呈現穩定成長情況。整體而言，近年臺灣連鎖加盟業的發展可謂呈現穩定成長的趨勢，持續成長的業別與業者，多爲能掌握住新消費及生活型態的企業。臺灣連鎖業的發展史可追溯至 40 年前，1980 年初期本土企業開始與外來企業合作，統一企業與美國技術合作的 7-Eleven 即爲著名合作個案。臺灣早期的連鎖體系多爲直營店型態，而後逐漸自美日引進連鎖加盟經營模

註5 　公平交易委員會對加盟的立法重點詳參文後附錄。

式，快速擴張，且因具複製成功經營模式可達快速展店的效果，也為我國造就許多就業機會，更幫助許多民眾創業。不論在經營技術或是品牌知名度上，不少臺灣連鎖業者皆已達到國際水準，少數業者如鼎泰豐，更躋身國際連鎖大品牌之列。

◆表 7-2-16 臺灣地區連鎖店發展趨勢統計表（2016-2020 年）

		2016 年	2017 年	2018 年	2019 年	2020 年
綜合零售	家數	111	116	121	117	124
	總店數	12,860	13,256	13,817	14,413	15,198
	直營店＊	4,893	4,175	4,224	4,249	4,482
	加盟店＊	7,967	9,081	9,593	9,593	10,716
	平均店數	115.9	114.3	114.2	123.2	122.6
一般零售	家數	998	1,039	1,109	1,112	1,130
	總店數	29,904	30,365	32,114	30,758	33,682
	直營店＊	24,632	24,964	26,396	25,229	26,304
	加盟店＊	5,272	5,401	5,718	5,529	7,378
	平均店數	30.0	29.2	29	27.7	29.8
餐飲服務	家數	973	970	998	1,044	980
	總店數	30,820	32,810	34,158	34,552	35,340
	直營店	8,218	7,998	8,454	8,883	9,063
	加盟店	22,602	24,812	25,704	25,669	26,277
	平均店數	31.7	33.8	34.2	33.1	36.1
生活服務	家數	657	656	652	650	654
	總店數	28,824	28,528	29,712	28,237	28,938
	直營店	9,578	9,592	10,643	10,305	12,158
	加盟店	19,246	18,936	19,069	17,932	16,780
	平均店數	43.9	43.5	45.6	43.4	44.2
合計	家數	2,739	2,781	2,880	2,923	2,888
	總店數	102,408	104,959	109,801	107,943	113,158
	直營店	47,321	46,730	49,717	48,649	52,007
	加盟店	55,087	58,230	60,084	59,294	61,151
	平均店數	37.4	37.7	38.1	36.9	39.2

資料來源：整理自臺灣連鎖暨加盟協會，所有資料依其普查結果調整。

隨著時代潮流演變與商業結構的轉變，連鎖化的經營型態已成為時下企業所採用的擴展策略之一。臺灣連鎖加盟業歷經四十餘年的發展，至今已發展出多家具本土特色的企業，加上臺灣人熱愛創業，學習國際連鎖經營模式後，連鎖品牌更是如雨後春筍般冒出頭，近年來臺灣連鎖總部密度高居世界第一，但由於國內市場趨於飽和，使業者紛紛走向國際市場，除了開拓東南亞與中國大陸市場外，也有一些業者積極開發美、歐、日、加、紐、澳市場，並開始嶄露頭角。

　　臺灣典型的特許加盟個案為 7-Eleven，7-Eleven 由 1927 年創立於美國達拉斯的美國南方公司（The Southland Corporation）在 1946 年開設，後來成為最大的連鎖便利商店系統。美國南方公司是授權國，在 1970 年代至 80 年代是美國也是世界上擁有最多便利商店的成功企業。日本與臺灣企業先後分別爭取成為區域主加盟者。1978 年統一企業集資 1 億 9 千萬元成立統一超商，並於 1979 年引進 7-Eleven 特許加盟。1979 年 14 家「統一超級商店」於臺北市、高雄市與臺南市同時開幕，整齊、便利、明亮的 7-ELEVEN 引進臺灣，取代傳統柑仔店，掀起臺灣零售通路的革命。1982 年被合併入統一企業，於 1987 年重新獨立為統一超商股份有限公司，其後逐漸在國內的通路競爭中嶄露頭角，至今已成為臺灣便利商店龍頭。

四、COVID-19 對我國連鎖加盟業之影響與因應

（一）COVID-19 對連鎖加盟業之影響

　　全球經濟於 2020 年受到 COVID-19 疫情影響，讓許多人的生活方式產生變化，也衝擊包括連鎖加盟在內的產業，不論是直營或加盟的企業，都承受比以往更為劇烈的經營壓力。不過由於國內疫情受到控制加上宅經濟商機爆發，一些連鎖加盟業表現仍然不錯。根據經濟部統計處公布的 2020 年統計資料，零售業在一片蕭條中，仍維持正成長，包含百貨公司、超級市場、便利商店及量販店等的綜合商品零售業 2020 年營業額達 1.2 兆元，年增超過 1.5%。從臺灣連鎖加盟業實務觀察，產業環境雖然受到疫情衝擊、實質薪資緩慢增加與物價上漲等因素交互影響，加速連鎖加盟業朝數位轉型發展，而連鎖加盟業店數成長，但家數減少，也反映出連鎖加盟業新進者少，業者在評估開店的地點時也更加謹慎，以求經營獲利。

（二）產業之因應做法

目前雖然 COVID-19 疫情產生的影響仍然存在，連鎖品牌要如何適應環境條件和形勢的變化，並且有效滿足消費者需求，就要考慮及評估在不同的環境下，面臨不同的經濟發展、消費心理和購買行為變化，實施應對的獨特商業策略與政策。例如，因應疫情改變消費者的消費習慣，早午餐連鎖店麥味登就展示外帶保溫包，主打顧客只要掃條碼，拿了就可帶走。小坪數店面也方便深入社區、進軍辦公商圈，像手搖茶飲品牌日出茶太，也推出最新一代坪數較小的智慧手搖飲店，交由智慧機械手臂製作飲品，主打縮短製茶時間、人事成本及訓練時間，以提升坪效。

‖第三節　國際連鎖加盟業發展情勢與展望‖

一、全球連鎖加盟業發展現況

根據勤業眾信（Deloitte）所發布的「2021 年全球零售力量調查（Global Powers of Retailing 2020）」報告，全球前 250 大零售企業總零售收入為 4.85 兆美元，同比成長率 4.4%，平均營收為 194 億美元；前 10 大零售企業營收總額 1.583 兆美元，同比成長率 32.7%。這些大型零售企業除了亞馬遜（Amazon）為電商外，幾乎都是連鎖加盟企業。勤業眾信將零售產品分為服飾與配件、快速消費品（FMCG）、家居與消費性電子與娛樂商品、多角化企業（特定類別產品在該企業的零售營收占比皆未過半者），對企業零售業績進行分析，發現多角化企業類別是 2020 年度營收成長率最高者，而服飾與配件則為利潤最高的類別。

在四種產品類別的零售業者中，服飾與配件類的獲利表現最佳，其中，有 39 家零售商的國際化程度極高，平均在 32 個國家發展業務，海外業務營收占其總營收的 39%，有近 60% 的服飾與配件零售商在 10 個或更多國家設有營業據點。相較於陷入困境的百貨公司通路，企業品牌商店和線上零售商的業績蒸蒸日上，以 Macy's 為首總共有 17 家百貨公司進入前 250 大，但在 10 年前，

前 250 大中則有 24 家百貨公司。

　　快速消費品在全球前 250 大零售總營收中的占比幾近三分之二，規模明顯比其他類別的零售商更大，許多快速消費品零售商更專注在本國業務上，國際業務量極低，平均只在 6.7 個國家做生意，海外銷售營收僅占 21.2%，且有 39% 的公司未經營國外零售業務。

　　家居與消費性電子與娛樂商品類的零售業占 2020 年度前 250 大業者總營收的 19.3%，其中有 64% 的零售商經營國外業務，海外銷售營收占其總營收的 20.5%。主要的商店型態為電子、家居裝修用品和其他用品專賣店（包括 Ikea 等家具零售商、Décathlon 等運動用品專賣店、AutoZone 等汽車零件零售商及其他類別專業商店），以及大型線上專業商店。在所有產品類別中，此類別的 5 年年複合成長率最高（8.7%），年營收成長率則排名第二（6.5%）。

　　業務橫跨多個產品領域的多角化零售商，在 2020 年的零售營收年增率是四個產品類別中最高（6.8%）。目前多角化企業中規模最大的是美國折扣百貨公司 Target。Target 的成長動能來自於對商店、電子商務和改善供應鏈的持續投資，以及開發全新獨家品牌方面所做的努力。此類別中的 21 家公司，規模皆小於其他類別的零售業者，且國際化程度也較低，2020 年度的海外業務營收比重僅有 9.7%。

二、國外連鎖加盟業發展案例

　　現代連鎖加盟起源於美國，美國也是世界上連鎖加盟業最成熟的市場，連鎖加盟業的成長速度快於整體經濟成長的速度。連鎖加盟廣泛應用於經濟的各個領域，根據美國商業服務局（USCS）報告顯示，2020 年連鎖加盟業占美國 GDP 的 3%，也為 910 萬名美國人提供工作機會，連鎖加盟業收入高達 7,875 億美元。

　　美國國家零售聯合會（NRF）統計，2020 年零售銷售額從 3.8% 成長至 4.4%，並達 3.8 萬億美元以上，全美各地約有 1,300 家特許加盟家數，連鎖業產值占整體零售產值超過 60% 以上。連鎖加盟業中，速食店規模最大，占該行業經濟總產值超過 2,500 億美元，接著是商業服務業，約占 1,000 億美元。在收入方面，麥當勞是美國領先的連鎖加盟企業，根據國際連鎖加盟協會（IFA）的統計，美國所有小型企業中有 4% 是連鎖加盟商，這些行業的收入超

過 2.1 兆美元、聘請近 1,800 萬名美國員工。

連鎖加盟業的創業成本相對較低，根據 Statista 數據指出，麥當勞在 2020 年的全球銷售額超過 900 億美元，其次是 7-Eleven 超商，銷售額為 860 億美元、肯德基（KFC）為 262.4 億美元、漢堡王為 216.2 億美元。然而，就加盟店數量而言，最大的連鎖加盟業者是 Subway，截至 2020 年為止，有將近 42,431 間加盟店開業。相比之下，麥當勞的加盟店約為 38,695 間，而必勝客和漢堡王各超過 18,000 間。就收入而言，最大的非零售連鎖加盟業是房地產公司 RE/MAX，以及國際連鎖飯店 Marriot、Hilton 和 Hyatt 等，排名前 4 名的是全方位服務餐廳。美國前十大連鎖加盟店為：

1 McDonald's

2 Dunkin' Donuts

3 Sonic Drive-in

4 Taco Bell

5 The UPS Store

6 Culver's

7 Planet Fitness

8 Great Clips

9 Jersey Mike's Subs

10 7- Eleven

Franchise Business Review 最近發布的「消費者報告」指出，有 10 家低成本的連鎖加盟品牌總部，可用 15,000 美元或更少的加盟金加盟。有一些低成本的連鎖加盟商之長期投資報酬率也是不容小看的，例如清潔衛生服務 Image One，以 15,000 美元的加盟金即可有「完整的業務」，有加盟主表示該業務在 2019 年年底前就帶來 100 萬美元的收入；總部位於瑞典的 Husse 是以行動裝置下單即可配送寵物食品的連鎖加盟業，更榮獲 2019-2020 年 World Branding Award 的年度冠軍。

‖ 第四節　結論與建議 ‖

一、連鎖加盟業轉型契機與挑戰

隨著電子商務蓬勃發展，加上民眾消費習慣的改變，非店面零售業結合數位工具與社群平台，業績逐年快速成長，尤其在 COVID-19 疫情的影響下，民眾減少外出而帶動食品、日用品、家庭器具及資通訊產品等的網路銷售，整體營業額較以往大幅提升。臺灣連鎖加盟業者必須進一步思考如何透過智慧化科技包含物聯網（IoT）、大數據（Big Data）分析、人工智慧（AI）、虛擬實境（VR）、擴增實境（AR），規劃創新且滿足消費者全通路（Omni-Channel）購物與體驗需求的智慧零售服務，讓臺灣連鎖加盟業者提升實體店面營運效能，同時也讓消費者更輕鬆地接收產品訊息與體驗產品，更快速地被服務，例如可導入訂餐 APP、訂位與候位系統、自助點餐與結帳、餐飲管理系統、機器人服務、大數據分析顧客偏好等技術工具。

面對疫情與消費型態改變的挑戰，連鎖加盟業者應強化線上銷售服務，鑑於全通路零售已勢在必行，科技化的服務可以讓工作更有效率、節省更多時間，但是能夠讓消費者覺得感動的原動力還是在於經營者對於消費者的用心。臺灣連鎖加盟業在全通路布局與提供完整的顧客體驗上還有努力空間，預期未來疫情趨緩後消費者需求將大增，為了服務重視分享與社群經濟下的消費族群，連鎖加盟業者可改變零售模式或持續思考創新商業模式，並善用新興科技來把握數位化趨勢轉型，透過數位科技，挖掘新的商業模式與收入來源，加速企業成長。

二、對企業的建議

在數位時代，多元消費通路提供消費者更多購物管道，如何創造消費者前來實體店面購物與接受服務的誘因變得相對重要，從連鎖加盟業的業別特性來看，隨著體驗經濟的興起，業者展店經營策略預期會由過去的產品導向轉至體驗價值導向，到實體店的體驗也越來越重要，透過到實體店來增加與顧客的交流互動，使消費者有更好的服務體驗並認同其品牌的價值。

展望未來，預期臺灣連鎖加盟業的實體與虛擬通路都會持續成長，實體通路不會因電子商務的興起而減少或消失，從體驗經濟思維觀點，創造體驗式消費，滿足消費者一次購足心理，實體加盟或直營店的購物情境與氛圍的塑造，將成為消費者到實體加盟或直營店的誘因。換言之，連鎖加盟實體店面未來應具備的經營管理重點為美好的購物氛圍情境塑造，包括美學與品味、明亮寬敞與乾淨清新的實體店面氣氛、流行時尚及購物樂趣兼備的享樂價值體驗，商品的品質與包裝亦是經營管理要素，加上差異化特色，配合消費者行為改變的情況，評估哪些實體或虛擬通路是必須經營及拓展的，或減少實體店面的投資去降低經營成本。

建議連鎖加盟企業在展店上應重質而不重量，許多連鎖加盟企業把成功因素斷定為門店數量，大量吸納加盟店以求展店績效，認為規模經濟是連鎖經營的一大優勢，當開店數量多時，研發成本、廣告行銷費用、談判費用、倉儲運輸成本、管理人員工資、配送中心運營費用等開支便可以由更多門店和更高的銷售收入來承擔，品牌總部的產品或服務的價格便越有競爭力。但是，如果對加盟店的管理或加盟制度不健全，效果適得其反，在公平的加盟制度下，有效率的加盟模式與連鎖營運體系的設計與開發，才是連鎖加盟擴張的基礎，也是連鎖經營的重要競爭優勢。

‖ 附錄　公平交易委員會的立法重點 ‖

一、確保加盟店的營運利益

通常加盟總部為確保加盟店的營運利益，都會設有商圈保障，也就是在某個商圈之內不再開設第二家分店，不過常見的情形是，總部在保障商圈以外不遠處的距離，再開設第二家店時，影響到原有加盟店的生意而引發爭議，總部若是開在保障商圈以外的地方，加盟店並沒有抗議的權利，因為某些連鎖體系加盟店增多或已達飽和狀態時，在商圈的保障下，已很難再開新的加盟店，於是便取巧發展第二品牌，意即使用另一個新的品牌名稱，營業內容與原來的品牌完全相同，這樣就可以不用受限於原有品牌的商圈保障限制。加盟者為保障

自身權益，公平會建議加盟主在簽約時，最好載明總部不得再發展營業內容完全相同的第二品牌。

二、競業禁止

　　所謂競業禁止，就是總部為保護經營技術及智慧財產，不因開放加盟而外流，要求加盟者在契約存續期間，或結束後一定時間內，不得從事與原加盟店相同行業的規定，此一規範旨在保護總部的智慧財產權，公平交易委員會認為此舉不致違法。但是競業禁止的年限如果太長，恐會影響加盟者往後的工作權益，因為曾經某連鎖體系的競業禁止條款規定為三年，被加盟店告進公平交易委員會，雖然公平會認為競業禁止條款乃屬合理，然建議加盟者日後在簽約時必須考慮清楚，以免影響往後生計。

三、管理規章的問題

　　管理規章通常都會有這樣一條規定，「本契約未盡事宜，悉依總部管理規章辦理。」為因應這樣的情形，加盟者最好要求總部將管理規章附在契約後面，成為契約的附屬檔案。因為管理規章是由總部制定的，總部可以將契約中未載明事項，全納入其管理規章之中，隨時修改，屆時加盟店與總部就容易發生衝突。

四、罰則

　　由於加盟契約是由總部所擬定，所以會對總部較為有利，在違反契約的罰則上，通常只會列出針對加盟者的部分，而對總部違反契約部分常隻字未提。但是總部與直營店是僱傭關係，契約中訂定罰則尚稱合理，但加盟是合作關係，加盟者對此應可提出相對公平要求，合約必須明定總部違約時的罰則條文，尤其是規定總部應提供的服務項目及後勤支援方面，應要求總部確實達成。公平會也可檢視總部是否違約。

五、契約終止之處理

　　當契約終止時，對加盟者而言，最重要的就是要取回保證金。此時，總部會檢視加盟者是否有違反契約或是積欠貨款，同時總部可能會要求加盟者自行將招牌拆下，如果一切順利且無積欠貨款，總部即退還保證金。但若是發生爭議時，是否要拆卸招牌往往成為雙方角力的重點。某些總部甚至會自行僱工拆卸招牌，加盟者遇此情況，需視招牌原先是由何者出資而定。若由加盟者出資的話，招牌「物」的所有權就應歸加盟者所有，總部雖然擁有商標所有權，但不能擅自拆除。如果要拆，就必須透過法院強制執行，如果總部自行拆除，即觸犯了毀損罪。過去公平交易委員會所處理有關連鎖加盟的案件，大多集中在許可的申請案上，違反處分的案例較少，就結合許可案件而論，事業透過結合方式，擴充經營規模，雖有助於提升經營效率，獲致規模經濟之利益，惟為避免事業規模擴大後，可能導致之市場集中、競爭減弱之妨礙競爭效果，俾各項結合案件之進行，能符合增進整體經濟及公共利益之要求。

Part 3
專　題

Special
Topics

91APP 何英圻董事長
暨零售研究團隊

CHAPTER 8

與疫共存：
零售業虛實融合的新常態

‖ 第一節　前言 ‖

　　COVID-19 疫情衝擊零售產業，卻也帶來前所未有的產業變革。各國為避免疫情擴散而實施邊境管制與封城等措施，民眾也減少出門，全球許多實體零售門市接連閉店，消費型態一夕轉變，電子商務及數位化服務成為防疫下的主要消費途徑。面對疫情，有業者加速數位轉型、迅速切入電商市場，但不少以實體營運為主的傳統零售企業，在應變不及下，業績雪崩式下滑。疫情帶動消費板塊從線下移轉至線上，除了使電子商務更為蓬勃發展，也使實體店紛紛從線下跨到線上，而零售業走向「虛實融合（Online Merge Offline, OMO）」與「直接面對消費者銷售（Direct to Customer, D2C）」已成為大勢所趨。

　　「虛實融合」是近年零售業數位轉型的重要戰略，更是實體業者在疫情期間維持一定業績的成功之道。國內有不少業者在疫情前即已超前部署，打通線上線下的銷售、服務及會員數據等系統，在三級警戒下，仍可彈性調度門市與電商的營銷資源，一體化管理以應變疫情。這些業者透過官網及 APP 經營電商，將商店開在顧客手機中，隨時滿足顧客零接觸的消費需求，搭配各種行銷導流操作，如免運優惠活動、網紅直播、異業合作等刺激消費；也有業者在疫情嚴峻而門市暫停營業時，發動門市店員透過高效型的數位工具在家進行銷售工作，將顧客導流至電商購物而帶動線上業績大幅成長。藉由 OMO 全通路融

合不僅能全面掌握消費者線上與線下行為，還能彈性運用實體與虛擬通路，為顧客提供精準的銷售服務。

　　隨著當前疫情緩和警戒降級，疫苗覆蓋率提升，民眾又開始外出購物，然而線上消費行為與習慣已成為常態。面對變種病毒，疫情隨時可能捲土重來，零售業將進入「與疫共存」的時代。因此，零售業宜發展出一套無論疫情如何變化，都能自主掌握虛實通路的營運之道，以便更彈性、靈活地調度門市與電商資源及業績配比，甚至超越疫情，開拓新商機。本研究將從產業趨勢、疫中觀察、實務做法等展開探討，期能有助於企業數位轉型，順利應變疫後新局。

‖ 第二節　電商產業的轉變與趨勢 ‖

一、電商三大巨浪：C2C/B2C/D2C

　　零售業自 2000 年後進入電子商務時代，發展至今已 20 多年，在早期網際網路（Internet）盛行時期及現在行動網路（Mobile Internet）普及的年代，電商產業前後歷經了 C2C、B2C 到 D2C 商業模式的演進過程。時至今日，行

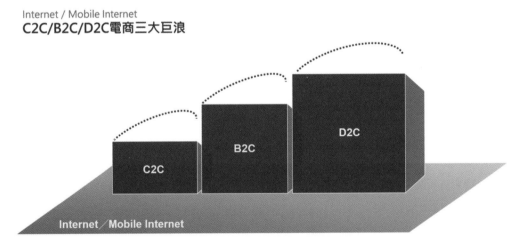

資料來源：91APP。

◆圖 8-2-1　電商三大巨浪

動網路與數位科技的高速轉變，行動電商各種商業模式的發展，甚至與網際網路時期既有的電商模式，開始產生交融迭代，隨著全網覆蓋率提升，零售電商更是全面朝向虛實融合發展。

（一）C2C 模式：個人對個人

電子商務興起初期，以「個人對個人」（Customer to Customer, C2C）商業模式為主，為集中式的電商平台。由於價格競爭，即使早期市場的金、物流機制與基礎建設，相對較不成熟，仍然吸引消費者使用與比價，C2C 的電商平台也因此累積大量用戶。網際網路時期，Yahoo 拍賣即為代表；行動網路時期，智慧型手機 APP 成為新流量入口，以蝦皮拍賣（後轉型為蝦皮購物）為代表，當時還以補助運費的行銷策略切入國內市場，迅速累積用戶，增加交易互動。

（二）B2C 模式：企業對消費者

當電商市場環境與消費習慣逐漸成熟，另一階段「企業對消費者」(Business to Customer, B2C) 的商業模式才開始發展。網際網路時期，許多大型綜合性電商平台崛起，例如美國的亞馬遜（Amazon），或臺灣的雅虎（Yahoo）、網路家庭（PChome）、富邦媒（momo）等，不再只以價格取勝，而是提供更優質的商品與服務；行動網路時期，像是從 C2C 轉型為 B2C 的蝦皮購物，提供快速到貨服務，讓 B2C 服務更為便利。如同在實體百貨商場設櫃，品牌業者紛紛進駐這些電商平台開店，透過平台流量帶動線上商店成長，這也是目前最為大眾所熟知的電商模式。

（三）D2C 模式：零售品牌直接面對消費者銷售

隨著行動網路覆蓋率提升以及電商技術純熟，線上購物的金、物流機制逐漸完善，使移動化消費情境快速擴展，品牌對會員經營的重要性大幅提升，「直接面對消費者銷售」（Direct to Customer, D2C）的商業模式成為重點。D2C 模式起源於美國，指品牌不經過中間商，直接建立官方銷售服務管道，例如品牌電商官網（PC Web/Mobile Web）、購物 APP、店員數位化服務等，直接面對終端消費者進行銷售，不僅提升顧客關係，亦能藉此蒐集消費數據，進一步打造個人化推薦與精準服務，有助於提升盈利。由於零售業者有建立新電商營運方式的需求，因此市場上開始出現新型態的專業零售雲端服務商，如 91APP，

可支援零售品牌朝 D2C 模式進行數位轉型。

2018 年起品牌商開始面臨實體門市人潮銳減、線上流量成本提高、網路流量紅利下降等挑戰，若只將商品上架至各大電商平台、僅仰賴平台流量，並無法直接掌握品牌會員輪廓與消費喜好，難以進一步經營並提升營收。許多先進的品牌商認為消費者行為逐漸轉變為虛實融合，因此開始透過建置 APP、官網以朝自營電商發展，如此較能掌握品牌會員資料，並可藉由手機串起虛擬與實體無所不在的購物便利性。整合線上與線下各個能觸及到顧客數據的資訊系統，強調發展全通路虛實融合的營運策略，這種直接面對消費者的「直客經營」D2C 模式，可說是最新一代的電商模式；知名運動品牌 NIKE 即為代表之一，近年成立的「Nike Direct」融合線上及線下通路，透過數據分析掌握消費者行為，優化運營績效，2019 年營收成長中有一半即來自於「Nike Direct」。

二、零售業虛實融合（OMO）的轉型關鍵

「零售」的本質為商品交易，是商品供應鏈的最後一站，其終端是消費者。傳統零售的銷售場景以實體店為主，業者須提供好的商品及服務才能刺激購買，顧客才會回購，因此品牌商若要獲取更好的利潤，則須仰賴大量的人流進入銷售點才有機會帶動營業額成長；相反地，若來客數減少，營業額必然下降，這是因為交易的中心以實體為主。

而「虛實融合」模式則打破此固化的交易型態，品牌商必須從消費體驗、服務、營銷、管理進行全面的線上線下雙向融合運作，才能達成全通路的營運效益。虛實融合不同於傳統零售的經營思維，全面轉向以消費者為核心，滿足全通路消費需求，實體門市不再是交易的中心，而是 OMO 交易鏈中的一環，品牌購物官網、APP、社交媒體、門市等皆為服務的延伸與交易鏈的重要環節，且因透過自家電商平台直接接觸顧客，能獲取第一手消費數據，進而掌控每位顧客終身價值（Lifetime Value, LTV）與精算獲客成本（Customer Acquisition Cost, CAC），有助於經營決策及提升效益。因此，掌握線上線下全通路會員經營，與建立良好的 OMO 營運策略，為當前品牌商積極前進的目標。至於如何起步進而達成目標，以下將進一步介紹 OMO 的基礎要素。

（一）打造虛實融合消費場景

在虛實融合的消費場景中，零售的本質不變，商品銷售的終端依然為消費者，但零售的界線逐漸模糊，不再明確劃分。因此，消費者不論是接觸哪一個管道，都能展開購物流程，並持續回購。例如：消費者在線上接收商品資訊，再到線下門市查看商品實體，最後回到線上使用行動支付下單；或者直接在線上完成購物流程，並於門市店面取貨。線上與線下的分界，將會隨著 OMO 模式普及而逐漸消失。

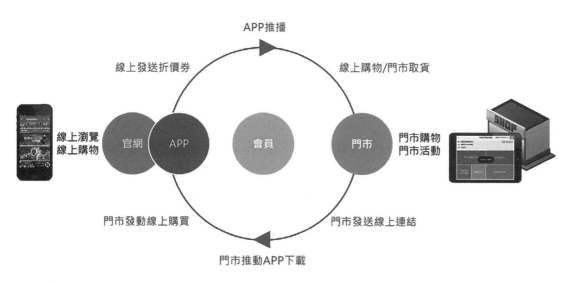

資料來源：91APP。

◆圖 8-2-2　零售虛實融合 OMO 循環圖

1. 購物官網 +APP 有助於增進新客與熟客

在消費者人手一機的現在，零售業者藉由官網或 APP 發展電商才能掌握流量與業績。根據《91APP 零售研究》對品牌客戶總線上流量數據的觀察，行動端流量占比已高達 90%，PC 端僅占 10%。針對近一季電商業績分析更發現，其業績組成占比中來自 APP 者達 56%，已超過整體業績來源的一半，行動購物官網（Mobile Web）占 34%，成為第二重要的業績來源，遠超過個人電腦購物官網（PC Web）的 10%。以消費者線上使用行為來看，以 APP 瀏覽的特性為開啟快、體驗佳，下載於行動裝置上使用更為容易及便利；Mobile Web 在使用體驗上雖略遜於 APP，但其使用量已超越 PC Web，此亦反映出當前趨勢，

以及在移動端跨裝置整合與流量掌控的重要性。

　　此外，從品牌客戶的調查中也發現，「購物官網+APP」的整合操作有助於增強品牌商在電商營運上的效能。從行動端數據顯示，網站具廣度，集客力是APP的3倍，適合開發新客；APP具深度，瀏覽量又是網站的3倍，非常適合經營熟客。網站對於品牌商而言，是蒐集、匯聚、招攬新客的有效工具。以消費者使用習慣來說，對於不熟悉的品牌或商品，大多透過上網搜尋並連結至官網進行瞭解，若消費者喜愛或認同該品牌，幾次進入其官網後，將開始產生瀏覽習慣，此時便需要一個更加快速的瀏覽入口，而APP就是一個最佳管道。由於APP相較瀏覽器的搜尋更為快速，當顧客使用習慣形成後，自然增加黏著度，因此也成為熟客經營的重要工具。

　　在網站及APP各具優勢下，促成「網站拓展新客，APP經營熟客」的新營銷方程式，品牌商在自營電商上，已能善加利用購物官網接觸與開發新客，並在網站上提供APP下載途徑，使兩者可以充分連結；官網結合APP可讓新客與舊客發揮相乘效益，而新客再轉換到熟客，其相輔相成而產生的動能有助於提高營收與效益。品牌商若僅擁有APP或官網可能較無法滿足現在的消費者需求，將兩者整合串聯才容易滿足消費者在線上的所有需求。

2.APP是虛實連結的重要橋樑

　　APP對於零售業者來說，是行動化時代下實現D2C直接面對消費者互動的最佳管道。過去開發APP的技術與維運相關門檻高，建置成本更是要價不斐。但現在已有零售科技服務商以AaaS（APP as a Service）的雲服務模式，將原生APP結合購物官網，讓品牌商達成跨裝置電商銷售；品牌商可由門市店員大力推動顧客下載APP，打破實體與虛擬間的障礙，整合串聯線上線下，使消費者自由穿梭虛實之間。

　　APP可分「原生APP（Native APP）」與「非原生APP」；原生APP從零開始開發，由於技術純熟，能依使用者習慣進行更為貼近人性與流暢的使用體驗調整；而非原生APP則猶如拼裝車，雖以APP形式呈現，但內容往往是嵌入一般網站頁面，頁面載入時間長，瀏覽體驗差，使用者在不同功能或頁面中轉換時經常迷失方向。因此，品牌商若要邁向D2C模式打造OMO循環，建立與顧客長期互動關係並培養忠實會員，採用原生APP會是較佳選擇。

　　一個優質的APP涵蓋了電商購物、數位會員卡（線上線下折價券、點數、購物金等）與社群互動內容等綜合性應用功能，更是品牌門市銷售、會員經營

的重要媒介與溝通工具。實體門市的店員可推薦顧客下載 APP，如此一來即使顧客離店後仍可透過 APP 線上瀏覽與購買；另一方面，品牌商亦可藉由 APP 推播訊息與顧客溝通，刺激消費，提升回購率。

3. 門市轉型升級為 OMO 推動助力

如前所述，現已進入一個消費者無論接觸哪個管道，皆要能展開購物流程的虛實融合年代。對於零售業而言，門市不再是唯一的交易中心，而是轉變為 OMO 交易鏈中的一環。對於品牌商來說，應根據消費型態與顧客特性進行轉型，運用既有實體門市資源與店員力量，轉化為推動品牌 OMO 全通路經營的助力。

在 OMO 營運的循環架構下，就消費者服務而言，門市定位應從以成交為目標，轉型以體驗為優先，交易次之，並積極讓店員推薦顧客下載 APP，建立數位服務管道；在店員管理上，應重新建立一套新的獎勵制度，鼓勵店員推動顧客下載 APP，例如對其所服務的顧客日後若於線上購買，店員將可獲得分潤獎金，同時給予店員一套好用、高效的數位工具，不再是純紙本作業，幫助店員在會員經營上全面升級，讓店員轉型成為品牌商的數位銷售員，而門市雖然仍為其主要服務場域，但對於品牌商來說，如此有助於提升線上業績與會員經營。

對品牌總部而言，門市將會是 OMO 營運數據的重要來源之一，無論是第一線店員透過數位工具所蒐集的會員資料，或是會員後續的線上消費所延伸的追蹤分析，在虛實融合操作下，都應一體化管理，以進一步優化與提升營運效率。

4. 增強 OMO 全通路營運循環

從幾家率先施行 OMO 的品牌商近期成果顯示，涵蓋電商與門市 OMO 的業者整體業績增長幅度最高可達 40%，這也是過去未曾見過的突出表現。要達成 OMO 循環除了線上線下的異質系統要能整合、數據資料要能融合貫通外，更重要的是，企業經營者與全體人員的心態調整（例如，電商與門市並非互搶業績，而是共創業績），甚至組織單位重組（例如，電商部門與門市因實施 OMO 造成利益衝突，須重組 OMO 策略導向組織）、制度流程重新制定等。從前述系統面、心態面到制度面，環環相扣，須全盤兼顧，才能啟動 OMO 的營運動能。

此外，從 OMO 品牌商的營運成果中也發現，整體獲利獲得提升，且虛擬

收入可創造的淨利空間更大。有品牌商導入 OMO 模式後，其電商營收占比在 3 年內從 10% 成長至 30%，但獲利占比則從第 1 年的 15%，躍進至第 3 年的 50%，增長表現亮眼，其原因在於電商成本更低，約僅占該品牌商實體成本的 53%，因此推動 OMO 策略，有助於增強全通路發展效益。

（二）人、場、貨的虛實融合

由於零售主要圍繞在人、場、貨組成的三個基本元素，零售業者在走向 D2C 營運模式的架構時，更該重新審視人、場、貨的線上線下全面融合，包含「人」的虛實融合、「場」的虛實融合、「貨」的虛實融合，才能打通各個環節，將 OMO 營運策略發揮淋漓盡致，讓經營效益最大化。

1.「人」的虛實融合：讓營收倍增

在「人」的虛實融合方面，除了提升銷售服務，也要增強品牌會員數據管理與應用，因此「顧客」與「門市人員」皆須藉由數位方式進行轉變，讓「顧客」成為品牌的數位用戶，也就是 OMO 會員，使顧客不僅可在電商也能在實體門市購買，且消費紀錄與會員積點等皆可同步計算。

過去品牌商對實體門市的進店顧客難以識別，且因紙本作業的會員資料填寫錯誤率高，加上無法系統化追蹤，遑論後續針對消費行為的統計與分析，故僅能被動進行基本目標客群的行銷溝通。但若將顧客連結至品牌自有的 APP，並使其成為忠誠會員，隨著品牌商展開線上線下的業務，相關活動、服務及配送能力提升，會員得以自由穿梭於虛實之間購物，突破時間與空間限制，品牌商可獲得加倍的訂單，實現新的獲客與成交模式。在 OMO 品牌案例中也發現，當消費行為開始轉向虛實融合的消費模式，其消費頻次提升 1 至 2 倍，總消費金額自然更倍增，這就是融合的力量。

品牌商在虛實之間要能融合，另一關鍵在於「門市人員」。因過去業績獎金來自門市業績，品牌商發展電商等於讓店員分不到獎金，店員容易抗拒。但若能設計一套 OMO 分潤機制，讓店員無論是推動顧客下載 APP，或是引導客人至線上購物，皆能獲取分潤獎金，阻力立刻轉成助力。有品牌商在適當的獎勵機制下，每位店員平均可享 2.9 個月的 OMO 業績分潤，加速 OMO 的進展。此外，品牌商若能配發數位輔銷工具給店員，有助於讓店員的服務數位化，利用數位輔銷工具，建立與品牌會員的連結，進一步蒐集會員資料，協助品牌商在數據導向下，促成全通路的一體化管理。

2.「場」的虛實融合：讓利潤提升

在「場」的虛實融合方面，指的是線上線下有利於品牌會員購買與服務需求的「場景」，無論是品牌購物官網或 APP，都提供了一個隨時隨地購物的電商場景，實體門市則是提供可以藉由體驗引導購物的場景。當兩者結合起來，顧客可於門市體驗商品，再回到線上下單購買；又或者可在品牌官網購買，再至門市取（退 / 換）貨，提供顧客便利、流暢體驗的服務場景。

線下實體門市屬於低頻次的購物場景，當其轉化至線上電商時有利於購物頻次增加。因此，「場」的虛實融合，應以消費者為核心，重新設計動線與接觸點，其中 APP 即為虛實之間最直接的中介與橋樑，也因線上線下全通路經營的串聯，讓實體與電商共同發揮效益。

過往可從電商產業的統計數據得知，傳統純電商銷售占比僅占整體零售銷售總額的一成上下，此也同樣反映在品牌商整體營運占比的表現上。然而，隨著越來越多品牌商打通線上線下，建立虛實融合的消費場景，在 OMO 全通路成功營運下，電商的占比（包含純電商 +OMO 電商）已可達整體 30% 以上，獲利占比甚至達 50% 以上，其成長潛力可見一斑。

3.「貨」的虛實融合：讓效率升級

在「貨」的虛實融合方面，又以 OMO 庫存及配貨尤為重要。過去因實體門市為品牌商最主要的銷售通路，既有的商品庫存會大量優先分配至門市，而電商庫存反而無法保留太多，此配貨策略往往導致線上銷售所陳列的品項數比門市少。

以 OMO 配貨的策略應以全通路的總庫存為依據，並以最有效率的方式將庫存賣光。以貨物流通來說，過去線上線下壁壘分明，無法貨暢其流，如今如果電商銷售速度快，線上庫存不足但門市還有貨時，則可以調度線下庫存讓門市出貨給電商；反之，若門市銷售速度快，而線上庫存倉尚有存貨，也應動態調撥給門市銷售，如此，品牌商整體的銷售效率才能大為提升。

此外，隨著訂單大增，退換貨頻率也將隨之增加，因此品牌商除了必須掌握出貨能力外，還須提升逆物流所帶給顧客的便利與快速服務，才能反饋至顧客的整體購物體驗，並增強品牌商營運上的效率。

（三）零售業虛實融合的轉型挑戰

零售業當前面對的不只是數位時代的衝擊，更受到疫情的考驗。實體零售

商在 OMO 轉型時可能不只面對架設電商的挑戰，一家具規模的業者在營運上所涵蓋的系統可能多達數十項以上，如交易端的 POS 銷售時點情報（Point of Sale）、銷售端的 ERP 企業資源規劃（Enterprise Resource Planning）、會員端的 CRM（Customer Relationship Management）顧客關係管理系統，甚至數據端的 CDP 顧客數據平台（Customer Data Platform）、數位廣告投放、社群媒體等，而各個系統可能由不同服務商所提供，要串接整合更形成另一挑戰。邁向 5G 時代，電商勢必再創新變革，包含虛擬實境（VR）、擴增實境（AR）所開創的沉浸式消費體驗，巨量交易資料使 AI 與大數據運算技術高速提升等，一波波變革都將形成未來虛實融合的新場景，市場變化速度與技術迭代更新，面對時代變局，零售業應及早啟動數位轉型。

然而，數位轉型並非砸重金投資技術即能立刻見到成效，包括營運與服務流程甚至企業組織，均須配合重組改造。企業若無法轉換成虛實融合的思維，在舊體制、舊流程下運作 OMO，勢必造成內部劇烈衝突，導致組織層層抗拒的情形，反而未蒙其利而先受其害。由於各家企業營運狀況不同，無成功前例可循，因此較為保守的經營者往往以拖待變，但是年復一年，直到遭遇如全球疫情等巨變衝擊，則已身處危機中。

品牌商往 OMO 全通路經營策略目標前進時，可能面臨非常多過去未曾碰觸過的新工作項目，例如：實體與電商虛實融合的循環推動、電商搭配數位廣告投放的操作、全通路行銷活動的操作、虛實融合的全景數據分析、全通路的會員經營等，由於革新項目多，往往讓經營者不知如何開始，於是許多零售企業尋求專業零售科技服務商協助推行，藉由外部力量的輔助，一方面可緩解組織變革所帶來的壓力，另一方面也可讓企業更加專注於內部組織團隊的重整，引領門市與店員一同邁向數位轉型之路。

舉例而言，有知名專櫃彩妝品牌三年前開始 OMO 營運布局，在全臺數十家百貨櫃點執行 OMO 模式後，去年營收成長率達 40%，為全球最高地區。為讓內部可以共同執行 OMO 策略目標，該品牌重整線上線下重要部門，將過往電商（e-Commerce Marketing）與實體（Retail Marketing）彼此分立的行銷部門，改組成全通路策略導向的融合型組織，讓成員可依循組織目標邁進。在獎勵制度上，則為近百位專櫃彩妝師重新設計獎勵機制，只要推薦鼓勵顧客下載 APP，以及當顧客在線上消費時，彩妝師也可獲得業績分潤，帶動實體門市彩妝師共同推動 OMO 發展，去年該品牌甚至有超過 30% 以上的線上

業績是由彩妝師推薦所帶來。該品牌打通線上與線下後，讓全通路業績不減反增，線下來客數增加超過 50% 以上，整體消費貢獻度達 2.6 倍。可見品牌導入新科技後，還要克服組織與流程上的變革挑戰，才能提升 OMO 全通路營運成效。

‖ 第三節　疫情下我國的零售市場變化 ‖

一、本土疫情與三級警戒重創許多零售業

　　為因應 2021 年 5 月中旬蔓延的本土疫情，政府宣布三級警戒，許多零售業包括實體店、百貨商場等遭受重創；據經濟部統計，零售業 6 月營業額年減 13.3%，創下 22 年來最大衰退幅度，而百貨年減 64.7%，創下史上最大減幅。知名百貨集團曾公開表示，自 5 月中本土疫情爆發以來，整體業績大幅滑落僅剩 3 至 4 成，萬名員工及專櫃品牌同仁，皆承受前所未有的生存壓力。由於多數零售業者仍以實體經營為重心，當疫情轉為嚴峻並進入三級警戒，業者即難以承受顧客上門人數銳減的壓力，即使有些業者具備電商系統，也可能因欠缺有效的 OMO 經營，無法立即順利調度實體與電商的營運資源轉換，甚至出現難以承接線上訂單與配送等問題。

二、疫情下消費變化與零售業 OMO 轉型案例

　　根據《91APP 零售研究》於 5 月中旬起的疫情期間所進行的零售品牌調查發現，自疫情爆發以來，品牌商會員從門市端移轉至線上端（包含官網及 APP）購物的成長率高達 63%，雖然門市端的訂單數量迅速下滑，然而，電商的訂單則成長超過 50% 以上，顯示受本土疫情影響，消費行為大幅轉變，顧客購物偏好從線下門市快速移轉至線上。以下列舉零售業 OMO 應變實例，因執行 OMO 策略，讓品牌商於疫情期間可緊急調整門市與電商的銷售轉變，不僅穩住業績，電商更逆勢成長。

（一）快時尚女裝品牌採取 OMO 靈活調度策略，疫情期間掌控全通路業績

流行服飾業受疫情波及，首當其衝，多家服飾品牌業績大幅滑落至剩 2 到 3 成。以全臺擁有 50 多家門市的快時尚女裝品牌為例，5 月底暫停北北基門市營業，將營運重心調整為電商與會員經營。由於該女裝品牌早已打下 OMO 全通路經營的深厚基礎，面對疫情艱難時刻，先是穩定軍心，總部保證不裁員，另一方面則是密集練兵，大幅優化店員的電商營運戰術，以增加更多「線上線下都購買」的客群，也為疫情後的業績動能回復及早做準備。

該品牌有鑑於疫情嚴峻時北部門市暫停營業，於是捨棄原訂的 6 月門市業績目標，全部調整為以電商銷售為目標，發動店員全力衝刺線上業績，且由於其業績獎勵制度讓線上線下業績皆可計算到店員身上，店員更有意願及動力提升電商業績，而總部不僅透過利潤共享，還鼓勵各區進行線上業績競賽，增加競合關係，讓 OMO 發揮成效，於疫情期間甚至有店員 1 個月內帶進上千萬的線上業績，許多店員也維持原來業績的 7 成水準。

該品牌另一穩住業績關鍵在於店員對數位工具與會員名單的熟稔運用。除了總部透過雲端系統分派生日、禮券等名單給店員，店員亦可隨時透過手機軟體查看總部提供的會員數據，不僅能瞭解線上線下的交易紀錄，整合消費者所有行為軌跡，包含社群對話、收藏清單、購物車未結商品等，掌握顧客整體消費輪廓；而店員同時可透過 LINE、FB Messenger 社群軟體提供客製化服務與推薦，與客人進行線上溝通與交流，將門市的服務溫度注入線上服務，取代僵化的罐頭訊息。店員擁抱數位化使零售業的 OMO 策略更能奏效，且門市客群因於疫情期間已養成網購習慣，未來在實體與虛擬間穿插消費的次數將會越來越頻繁，因此對業者與店員而言，只要能善用獎勵機制、會員數據，再搭配好的數位工具，就能發揮虛實融合的最大成效。

（二）休閒服飾專櫃品牌讓店員化身網紅，疫情下開創「虛擬代逛」

在疫情最為嚴峻的時期，顧客不出門使得百貨公司有如空城，面對此困境，百貨專櫃紛紛透過快速自建電商、串接 APP，或在百貨一樓增設取貨區，設法把以往的百貨人潮導到線上結單。以一家休閒服飾專櫃品牌為例，奠基於已建立的 OMO 全通路營運模式，不僅將既有門市人流引導至線上購物官網及

APP 消費，更成功打造「疫情下新逛街場景」，讓專櫃店員化身「帶貨網紅」，更成為線上經銷商，除了賣貨還能追蹤每位客人的業績貢獻。

　　由於該品牌以實體起家且商品單價偏高，相當倚賴門市店員的銷售服務，若只做單向銷售的電商是不夠的，故該品牌更重視的是「會員服務」，且鑑於「即時獲得回饋」是消費者喜歡在其實體店面體驗的主因，透過與店員互動並感受商品合適度，顧客更能感受其高質感的品牌形象，於是在疫情期間，該品牌迅速啟動線上線下流量整合機制，並成立 LINE 官方帳號做為與顧客溝通的管道，同時完整串接品牌購物官網及 APP，使顧客可以指定門市店員線上服務，店員也能因此分潤到線上業績。由於該品牌的 OMO 會員資料已融合，線上線下營運資料也已共享，彼此可互通有無，因此店員更能鎖定顧客喜好，有助於主動出擊，藉由 OMO 資料篩選並辨識出有消費需求的熟客，甚至列出「線上購物車未結」的顧客名單，再透過 LINE 向顧客行銷達成線上結單，做到個人化精準推薦，並滿足顧客防疫的消費需求。

　　值得一提的是，該品牌更將門市人與人的互動性帶入線上服務，於疫情期間推出「虛擬代逛」創新服務，鼓勵店員把線下逛街樂趣帶到線上，亦即以店員本身的專業穿搭觀點為顧客人提供個人化諮詢，店員彷彿化身網紅與顧客進行深度互動。該品牌更透過雲端系統結合「網紅優惠碼功能」，讓店員擁有自己的專屬優惠連結，店員可透過社群平台或與熟客一對一的對話商務模式進行分享，促使顧客消費，締造線上業績並獲得分潤；該品牌也利用 FB 投放地區型廣告，為個別門市客製化導流，其廣告主打「疫情不出門，店員帶你逛街」訴求，有效發揮 OMO 的應用。目前該品牌 OMO 客群占比已高達 20%，其平均消費金額也遠高於純電商與純門市。

‖ 第四節　後疫情時代的零售發展 ‖

一、與疫共存下的品牌競爭力

　　隨著國內疫情趨緩、振興五倍券上路、疫苗覆蓋率提升，民間消費市場逐漸恢復活絡，商圈人潮也開始回流。然而病毒尚存，未來很可能是「與疫共存」

的時代。歷經疫情，零售業已經過一輪洗牌，進入後疫情時代，零售業又該如何超前部署，運用數位科技與OMO策略，更彈性調度門市與電商的營運資源，以因應多變的未來，以下將由三大面向說明。

（一）提升線上業績占比，打造全通路品牌力

就 UNIQLO 創辦人柳井正對全通路發展的觀點而言，他認為電商業績要占總業績的 30% 以上，如果只依賴實體門市而缺乏線上通路，業績只會不斷萎縮。無論是世界知名品牌或是國內零售業，越來越多品牌商紛紛朝向 OMO 全通路發展，以 D2C 直接面對消費者的經營模式掌握自營通路與會員，以便在後疫情時代增進品牌競爭力，而打造全通路品牌力的基礎要素包含：

1. 建立品牌網路商店

建立品牌購物官網與 APP，將商店開在消費者的手機中，如此不僅縮短業者與顧客之間的距離，更可透過廣告投放、行銷活動、社群操作等方式，增加與會員的接觸點，強化溝通與互動性，結合大數據與 AI 技術還能做到個人化推薦等，提升會員服務與黏著度。

2. 加強電商平台的曝光

由於大型電商平台具有較大流量，因此成熟的零售品牌商除了擁有購物官網與 APP 等自有銷售管道外，亦會藉由電商平台的大流量來爭取更多的品牌與商品曝光機會，但銷售核心仍會以自營的購物官網與 APP 為主。

3. 善用數位廣告投放

現今 Facebook 廣告、Instagram 廣告、Google 關鍵字廣告、聯播網廣告等，都是品牌商拉升線上業績的主要工具。品牌商的購物官網若能搭配良好的數位廣告投放策略，除了有助於促進轉換率，更能延伸品牌聲勢。

4. 經營社群、網紅，打造口碑

現今運用網路素人或網紅創造口碑已是顯學，「網紅帶貨」更是常見的電商操作手段，透過網紅、關鍵意見領袖（KOL）的力量推薦產品給合適的受眾，將能協助品牌商找到新的流量來源，提升導購成效。

（二）推動門市數位轉型

進入後疫情時代，實體門市的目標已不再只有銷售，更是接觸顧客、將門市顧客轉為線上會員的重要現場，讓品牌能藉此建立與會員的關係與溝通管

道。且門市將不再是唯一交易的中心，而是轉變為 OMO 交易鏈中的一環；在消費者服務方面，門市定位應轉型為以體驗優先，交易次之，建立與累積更多的會員數，後續透過線上廣告、行銷活動操作等，推動線上線下 OMO 循環，營造成長動能發揮效益，為品牌商帶來綜效。

1. 強化線下體驗服務，線上下單

以往店員最怕顧客進店經過數次試穿後卻說「再看看、再考慮」，門市顧客成交機會因此流失。若能利用數位工具連結顧客，即便顧客離店後仍有機會成交。有女鞋品牌推薦顧客下載品牌 APP 後，針對顧客還在考慮的商品，店員運用數位工具查詢貨號等資訊，並協助顧客加入網路購物車，使後續成交率大幅躍升。

2. 將門市顧客轉為 OMO 會員

將進店顧客轉換為品牌商的數位用戶，亦即 OMO 會員，再提供線上線下一致的會員權益，讓顧客無論從實體門市或電商購買，相關消費紀錄與會員點數等皆可同步通用計算，如此一來，品牌商更能掌握 OMO 會員後續的消費數據，以及操作線上數位行銷與全通路推廣，以提升行銷效益。

3. 運用線上力量導流到門市

品牌商的 APP、門市數位工具若能與相關系統連結相通，品牌商可隨時運用全通路優惠券、行動定位服務（LBS）推播（例如當顧客在門市 800 公尺內自動推播）、門市取貨的機制，為門市導入人流，讓顧客進店體驗商品與相關服務。

4. 店員服務數位化與獎勵制度

若能提供店員數位輔銷工具，讓店員成為品牌商推動 OMO 策略的前哨主力，再透過 OMO 獎勵機制，使得無論推動門市顧客下載 APP 或導購至線上的業績皆能獲得分潤，同時也能協助品牌商建立完善的會員資料，使業者得以進行全通路數據的一體化管理，線上業績與會員經營皆能有所提升。

（三）結合有效數位廣告，降低流量取得成本

近年來網路流量紅利下降，廣告投放成效與過去不可同日而語，若未能精準掌握數位廣告策略，不只成本增加，效益更是變差。因此，越來越多品牌商的經營概念轉向「經營品牌流量池」，也就是從不斷「增量」轉向「存量」。為提升經營效率，提高顧客終身價值，精算獲客成本，建議可從以下三大方向

策略性運用數位廣告以提升成效：

1. 運用會員名單投放「再行銷」廣告

品牌商在已掌握會員資料後，可活用不同屬性的會員名單，如消費金額高低、會員級數、購買紀錄等指標，投放「再行銷」廣告並針對類似受眾投放廣告，運用 Facebook、Google 等使用者眾多的管道進行投放，找到更精準的客群，擴大品牌接觸點及轉換效益。

2. 製作吸引消費者目光的手機投放廣告

有鑑於現今手機已成為大眾隨身之物，許多消費者會利用等車或通車等零碎時間瀏覽手機與下單購物，因此成功的廣告需要在 15 秒內呈現賣點、折扣、導購，並以手機展示為優先設計介面。符合手機播放的廣告能夠更有效地在 Facebook 與 Instagram 等管道傳播，而在 15 秒內能抓住觀眾注意力的廣告則更容易吸引他們下單。根據實測調查，有業者進行相關優化後，廣告投資報酬率（Return on AD Spending, ROA）提升 2.1 倍、購買量提升 216%，成果優異。

3. 善用手機 APP 推播廣告以提升觸及率

在手機普及時代，品牌商在經營「流量池」時，APP 成為重要工具，是實現 D2C 直接面對消費者互動的最佳管道，而透過 APP 推播訊息也成為與會員溝通的主要管道之一，無論是推播優惠券、通知新品上架，只要操作得宜，能帶動客群流量與訂單，相關成本低於數位廣告，且觸及率高。

二、未來多維度的新零售競合關係

零售電商產業的版圖已逐漸進入一個立體競爭的時代。在過去的版圖中，相關角色類型包含品牌商、通路商、網購電商平台業者等，彼此立足同一平面版圖上，搶攻零售產值大餅。此外，尚有上下游中包括帶來人群流量的新媒體與運輸商品的物流業。時至今日，新媒體、物流業紛紛切入零售電商市場，對於品牌商、通路商、網購平台而言，既是合作也是競爭關係。

（一）新媒體

傳統電商平台因商品種類與折扣活動多，吸引廣大消費者到平台購物，因此逐漸累積出強大的集客能力。當電商平台流量越來越大，自然帶動整體

業績成長動能。然而隨著新媒體的誕生，包括 Google、YouTube、Facebook、Instagram、LINE 等平台幾乎已成為多數民眾每日會開啟使用的服務，其流量與黏著性比起商城還高出許多，而其變現方式主要仍為廣告。

近年隨著這些新媒體紛紛推出支付功能，如 Google Pay、Facebook Pay、LINE Pay 等，新媒體也在其平台上開起購物商城而跨入零售電商領域，由於這些新媒體原本就已累積廣大人流，再經各種「演算法」向使用者推播個人化商品訊息，並可在平台上直接交易，無須再透過廣告將消費者導購至其他購物網站，此種簡易便利的購物方式逐漸成為一種新興的消費與銷售途徑，且這些主流新媒體不只具全球性或跨境溝通的平台優勢，更具社群擴散性等多元價值，也成為傳統電商平台的競爭者。

（二）新物流

共享經濟造就新物流的盛行，Uber Eats、foodpanda 等外送平台的使用人口在疫情期間快速增加，隨著市場覆蓋率攀升，這些共享經濟的外送新物流平台業績隨之增長，並開始切入零售生意，開起購物商城，包括餐廳熟食，像是生鮮、雜貨、生活用品等，皆已可外送。

傳統電商平台為加強送貨效率，往往投資擴建各種倉儲物流。隨著共享經濟崛起，發展出更有效率的點對點的商品移動方式，當 Uber Eats、foodpanda 等外送平台開始銷售越來越多商品，逐漸演變成一種新物流商城模式，大幅縮短網購後等待的時間，物流時間從小時變成分鐘，儼然成為零售的另一種新通路。

（三）實體電商

國內零售主要產值仍源自大型通路商，實體通路品牌因整體營業額大、門市家數多，且擁有龐大線下會員數，當這些實體通路品牌開始延伸既有品牌資產，並啟動線上通路，很快便能建立線上營運基礎，只要將實體會員轉換為數位用戶並導流至線上，創造第一批線上消費的流量，再善用既有門市資源，打造 OMO 服務，即能實現「實體電商」；例如可線上下單、門市取貨，或讓門市成為距離顧客最近的發貨倉進行配送。此外，大型通路商在既有的強大供應商網絡基礎上，亦成為其發展實體電商不論商品種類或是促銷活動的優勢。

（四）未來零售

　　未來零售的樣貌並不只是單純的線上通路，而是線下與線上全面性的虛實融合，亦即電商能為實體門市所用，朝向全通路營運的各種組合變化發展。但無論數位科技如何改變，零售的本質仍是商品交易，虛實融合的多元消費場景與服務，都將藉由 OMO 全通路來促進業績、創造效益，同時透過全通路會員經營來提升品牌價值。此外，在前述新媒體社群平台已可直接提供購物服務並使流量變現，而外送平台或新物流跨入電商後使商品配送時間從小時變分鐘，以及大型通路發展「實體電商」所挾帶的快速規模化與強大銷售效率等優勢，都將是零售業所須迎戰的未來。

‖ 第五節　結語：賺錢與否是數位轉型重要指標 ‖

　　COVID-19 對零售業造成結構性的改變，加速零售業者導入 OMO 的全通路營運模式，而電子商務再升級已是勢在必行。市場上有不少品牌已超前部署，運行 OMO 模式，彈性調度門市與電商間的營運資源，度過三級警戒時門市暫停營業的危機，不僅穩住業績，甚至讓電商銷售額逆勢成長。

　　不過仍有多數零售業者正處在數位轉型的陣痛期，導入科技或疊加科技時並未實際改善營運問題，因為數位轉型過程中更需要改變的，還包含組織人員與制度流程的調整，若延用舊體制則容易產生內部衝突。企業常見的數位轉型痛點包括編列大筆預算投入創新科技或系統後，對琳琅滿目的數位工具卻不知如何善加應用；另一方面，經疊床架屋後的系統常發生不相容或資料無法串接問題，成為企業轉型的困境。因此，建議業者此階段應針對痛點進行建設性創新（非破壞性創新）或漸進式數位轉型，可透過具專業經驗的零售科技服務商提供諮詢與協助，升級業者的電商技能，促成業者 OMO 營運的一體化管理，並進行組織變革與建立新制度，提升數位轉型效能。

　　在面對眾多複雜的數位轉型工具與方法時，零售業者經常陷入選擇的困難，「到底要不要投資？」、「消耗團隊大量時間後為何還無法產出效益？」是業者心中常有的疑問。其實數位轉型最重要的心法，一定要講究成效是否能快

速產生；若能做到只要投資就能賺錢，就是掌握正確方法，如果方法不正確，花再多錢也無法得到有效成果。因此，數位轉型重要原則為「方法如果正確就能賺錢，若不賺錢就是方法有錯」，建議業者可以參考此原則，迅速校正自己的數位轉型方法，以便快速達成成功數位轉型的結果。

工研院巨資中心
黃維中副執行長

運用巨量資料（大數據）分析
創造精準服務/製造新商機

‖ 第一節　前言 ‖

　　COVID-19 自 2020 年爆發以來，對全球的經濟與人類生活造成劇烈影響。各國政府祭出隔離政策，以減少人的接觸達到阻斷疫情擴散。然而在隔離的狀態下，如何維持企業營運、人們的日常生活、消費服務與社交互動？「數位轉型」即是顯而易見的答案之一。對商業服務業（如批發零售、住宿餐飲、倉儲運輸等）這些以提供消費者（顧客）服務或產品的業者來說，因其高度與人接觸互動的產業特質，所必須做出的改變及受到的衝擊更遠高於其他行業。因此如何在後疫情時代，透過「零（低）接觸」的概念去轉型，甚至發展全新的服務模式，儼然已成爲現今最重要的課題。

　　不論是過往喊了好多年的「數位轉型」，或因疫情所致而蓬勃發展的零（低）接觸新業態（如：影音串流服務、線上外送服務、數位行銷平台）及遠距工作的普及，這些經濟活動皆指向同一個概念──即是「數位經濟」。根據國際市場研究機構 IDC 在 2020 年底發布的《IDC FutureScape：2021 年全球數位轉型預測》報告指出，預計到 2022 年，全球 65% 的國內生產毛額（Gross Domestic Product, GDP）將由數位化驅動，屆時的經濟發展對數位的依存度將大幅提升。在掌握數位即是掌握經濟的趨勢下，IDC 也估計各企業組織爲了乘著這股數位經濟優勢的洪流茁壯成長，50% 的企業將在 2025 年實施以顧客爲

中心和資料驅動的轉型，以優化組織文化。

　　蓬勃的數位經濟活動，同時也將產生更多的巨量資料（Big Data，或稱大數據），而資料堪稱是數位經濟活動中的「金礦」，也難怪國際上稱資料探勘爲「Data Mining」。不論是透過資料分析以洞察市場、利用資料打造人工智慧（Artificial Intelligence, AI）應用以提升企業價值及創造新服務，或是將資料變成一種商品進行販售，服務所產生的龐大「資料供應鏈」生態系，重點都不光是擁有資料，而是如何讓資料產生「價值」。本研究透過研析產業發展趨勢、探討國內外經典案例，一窺這些國內外的標竿企業如何運用巨量資料創造精準服務或嶄新的商業模式，以利在數位經濟的浪潮中，搶先掌握未來商機並提升企業價值。

　　去（2020）年我們守住了防線，國內經濟雖然有別於國際的慘淡仍維持高度成長，但也有專家學者認爲，我國因此錯過了與全世界同步進行數位轉型的機會，未能及時搭上數位經濟這台奔馳中的時代列車。2021 年 5 月中旬，國內爆發群聚感染，也是國人第一次經歷到三級警戒的隔離政策，對經濟與日常生活的影響是如此巨大，遑論商業服務業受到的衝擊更甚其他產業，許多未能來得及轉型改變的中小企業被迫走上倒閉或歇業一途。期許本研究能帶給我國相關的業者更多啓發，在數位經濟當道的時代，有效地利用巨量資料找到轉型、創造新服務的契機，並盼我國業者不僅能安然渡過這次的危機，更能將危機化爲轉機，掌握趨勢改變的浪潮，在數位經濟高度發展的將來，一躍成爲數位藍海中的佼佼者。

‖ 第二節　產業發展現況與趨勢 ‖

　　隨著巨量資料、物聯網、AI 等新興技術日趨成熟與普及，企業的日常營運效率及對外服務的滿意度也隨之受惠。受疫情的影響，迫使企業紛紛加快數位轉型腳步，包括企業前端[1]之「顧客服務」經營模式，以及企業後端[2]之「製

註 1　消費者獲取商品的方式，不外乎就是透過配送到府或前往商店（不論是實體或虛擬商店）甚至是送貨載體，皆可視爲消費者接觸到的服務「前端」。
註 2　企業內部、企業間的商務溝通流程，乃至原料、產品的倉儲運輸，皆包含在產業與服務的「後端」。

造優化」與「運籌協作」發展，均因此有了重大改變。例如在零售服務業部分，疫情加速驅動「無人化虛實整合銷售」與「普及化無人遞送」等零（低）接觸服務模式的崛起，成為消費模式新常態；而企業內部的產品製造與物流倉儲部分，同樣也因科技發展及疫情影響之故，產生企業運作數位化變革，例如更靈活、有韌性的「智慧供應鏈」，以及更智慧、有效率的「無人化倉儲物流」。

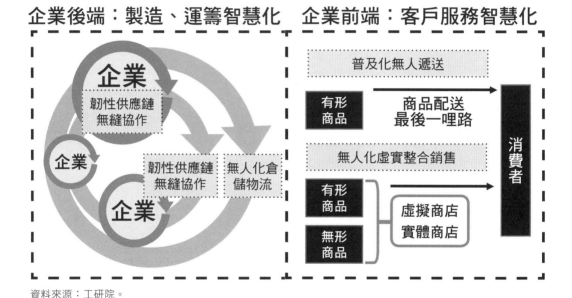

資料來源：工研院。

◆圖 9-2-1 企業前端服務與後端營運之智慧化應用服務趨勢

一、企業前端：顧客服務智慧化

結合資料科學（AI 演算法）自動歸納消費者反饋內容或特別需求，並透過專業領域知識，進行最終產品設計與行銷調整，打造客製化商品，已成為智慧化服務產業未來發展趨勢。智慧化服務產業，不僅訴求數位技術的應用，同時也對技術與商業模式的創新提出新需求，並以「升級消費者體驗」做為核心，讓資料運用、場域重塑、行銷整合、業態合作、供應鏈融合等方面與科技完美結合，更加清楚瞭解消費者偏好及內在需求，不再僅用價格和促銷去驅動消費

者的購買意願。

　　而捕捉消費者全感資訊的 AI 技術應用，正逐漸改變企業端到端（End-to-End）的營運操作部署，如 AI 技術擴展了傳統電腦視覺（Computer Vision, CV）處理數位圖像的邊界，提供更廣泛的資料視角，捕捉消費者所有感官細節，讓企業主更加全面瞭解顧客眞實感受，從而以新的方式實現創新，優化消費者體驗。一些企業已意識到視覺資料的價值，並已開始部署電腦視覺 AI 應用，而 AI 技術也正在不斷發展以滿足這些需求，例如獨角獸公司 DataRobot 運用視覺資料分析與即時創建可視化 AI 項目，協助企業降低商品需求預測錯誤率，並增加商業利潤。

二、企業後端：製造、運籌智慧化

　　巨量資料、AI 等新興技術也逐漸被運用在各種不同的製造、運籌場域中，越來越多的跨國企業巨頭們砸下重金或是尋找技術合作夥伴，善用巨量資料、AI 等科技以改善自家供應鏈營運。各國企業之所以如此積極投入製造、運籌智慧化，大致上可分爲三大因素：

（一）疫情席捲全球，造成企業管理與工作模式之改變：
　　COVID-19 的全球大流行導致了各國紛紛下達封城、隔離、居家上班等應對措施，即便疫情較爲緩和的地區，也被要求人人必須保持社交距離或是零（低）接觸的互動方式。在此一限制下，企業在供應鏈的運作自然無法太過依賴人力，只好轉而向巨量資料、AI 等技術尋求解決方案。

（二）成本因素考量而驅動供應鏈加速自動化與無人化：
　　由於巨量資料、AI、雲端、物聯網等科技導入成本逐漸下降，許多企業導入無人運輸、無人倉儲、即時監控平台等數位工具，以促成供應鏈營運的無人化、自動化。這些數位工具除了能幫助企業在第一時間掌握供應鏈上的各種情況，排除突發事故外，更能協助企業提升供應鏈管理決策效率、有效優化整體營運效能。國際智庫 Gartner 更預測，至 2024 年供應鏈自動化相關工具將協助企業平均降低 30% 以上的營運成本，而供應鏈運用送貨機器人的全球市場需求，在 2023 年底將暴增 4 倍以上。

（三）先進國家政府對供應鏈的相關規範日益嚴格：

歐盟執委會（European Commission）在「歐洲綠色新政計畫」白皮書中宣示，全歐盟將以 2050 年達到碳中和為長期願景目標，更指出企業供應鏈在海、陸、空等物流運輸以及倉儲安置過程中所產生的碳排放量是關鍵影響要素之一，使得深耕歐洲市場的企業不得不在供應鏈管理上加強運用巨量資料、AI 等數位工具，以求能精確計算供應鏈過程中所產生的碳排放量並設法減少碳排。除了環保減碳外，不少歐美國家也在原料溯源、認證防偽、品質管理等環節設下了許多規範，巨量資料等數位工具也成為企業面對此困境的解決方案之一。

三、國內外代表性企業發展

因應「顧客服務智慧化」與「製造運籌智慧化」兩大發展趨勢，國內外許多代表性企業也順勢投入發展相關產品與服務。在顧客服務智慧化部分，知名新創業者包括國內的 Appier（提供 AI 精準廣告行銷服務）、CloudMile（提供 AI 智慧推薦服務）、禾多移動（提供 AI 精準廣告行銷服務），以及國外的 AssetFloow（運用 AI 改善實體場域之銷售與服務效能）、DataRobot（提供自動化機器學習零售預測服務）、TrueStock（提供智慧零售預測分析服務）、AdWallet（提供零售廣告平台服務）、Amazon（提供無人化商店解決方案服務）等。

在製造運籌智慧化部分，國內相關企業如雨後春筍般迅速崛起，以新興技術提供創新服務，包括新漢智能整合營運技術（Operational Technology, OT）與資訊技術（Information Technology, IT）打造工業 4.0 一站式服務、東捷資訊（提供製造業與服務業營運流程智慧化服務）、光禾感知（以地磁訊號及視覺影像打造 AI 全感知科技）、快思科技（開發中小企業也能負擔的智慧排程雲端平台）等，以及國外的 Amazon（提供無人化物流解決方案服務）、Einride（提供無人化車隊解決方案服務）、Locanis Technologies（提供數位攣生供應鏈解決方案服務）等。

‖ 第三節　國際經典案例與帶給我國之啟示 ‖

一、DataRobot：電腦視覺 AI 自動化機器學習平台

（一）公司簡介

DataRobot 成立於 2012 年，總部位於美國波士頓，為自動化機器學習（Auto Machine Learning, AutoML）領域的領導企業，提供端到端的資料 AI 平台服務，名列國際市調公司 CB INSIGHTS 的獨角獸（估值超過 10 億美元）名單。自 2013 年起先籌集 330 萬美元的種子資金，繼之於 2019 年 F 輪募資共取得 3.2 億美元挹注，並與 Snowflake 擴大戰略合作夥伴關係。同時透過一系列的併購操作，增強其所提供的端到端 AI 整合能力，以達成世界上第一個建構企業自動化端到端 AI 平台的目標。DataRobot 目前已併購的新創公司包括：資料協作平台 Cursor、自動化機器學習公司 Nexosis、時間序列分析的資料軟體公司 Nutonian、機器學習操作（MLOps）公司 ParallelM，及資料整備解決方案提供商 Paxata 等。

（二）巨量資料 / AI 分析應用

DataRobot 的電腦視覺 AI（Visual AI）平台，提供使用者圖像識別分類應用功能，讓用戶可以簡單地將一組圖像或幾百張圖像等，拖放到平台項目中，以準備、構建和部署高度準確的深度學習模型（Deep Learning Model），而用戶可在幾分鐘或幾小時（而非幾天）內訓練學習模型，且不必投資使用昂貴的圖形處理器（GPU）。

DataRobot 的電腦視覺 AI 平台技術，其應用於產業的案例包括零售商用來改善顧客體驗，檢測商店貨架上的產品何時缺貨，甚至觀察可疑活動，以幫助預防財物損失；製造商用來即時識別產品缺陷，當零組件從生產線下線時，可以將其圖像輸入到模型中，以標記潛在的缺陷，並避免下游端生產出現問題；保險產業可進行更一致和準確性的車輛損壞理賠評估，幫助減少詐欺與簡化索賠流程；醫療保健產業則可以使用基於圖像的神經網絡，自動檢查核振造影（Magnetic Resonance Imaging, MRI）、電腦斷層掃描（Computerized Axial Tomography scan, CAT scan）與 X 射線（X-ray）等，輔助診斷人們健康的問題；

而其它產業應用如透過加油站的圖像蒐集分析，幫助營銷支出的規劃，以及自動標籤電子商務網站的如時尚攝影等各類商品。

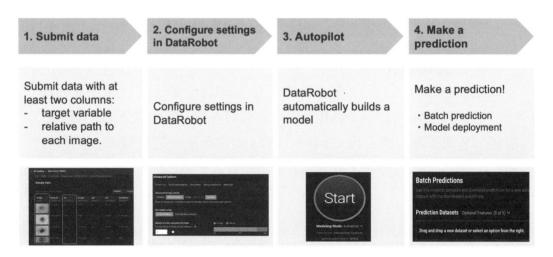

資料來源：DataRobot Visual AI。

◆圖 9-3-1 DataRobot 電腦視覺 AI 預測應用之資料分析流程圖

（三）啟示

顧客關係管理系統（Customer Relationship Management, CRM）中的資料有限，並非為解讀顧客的「唯一真實資料來源」，而 AI 影音識別技術提供顧客所有感官細節資訊，讓企業主能更加全面、準確地瞭解顧客真實感受，以優化消費者的零售體驗。一些企業已意識到影音資訊的價值，並運用 AI 技術來全面捕捉及分析消費者的「全感（如影音）」資訊，以獲得商業利益，如透過年齡性別與影像聲音等資料訊息，初步揭示消費者的興趣或偏好，協助關鍵顧客在進行業務活動時立即識別，並通過個人化的服務，提供更好的消費體驗。

二、麥當勞：AI 客製化菜單推薦

（一）公司簡介

1940 年由麥當勞兄弟（Richard and Maurice McDonald）創立的「Dick and Mac McDonald」餐廳可視為麥當勞的前身，直至 1955 年才正式成立公司

並創立「麥當勞」這個品牌。這個年近 81 歲的全球速食龍頭品牌在全世界擁有 38,000 家門市，每日服務超過 6,800 萬名消費者，將近 1％的世界人口。2020 年，COVID-19 疫情席捲全球，重創餐飲行業，麥當勞的得來速服務，卻逆勢成長。過往得來速的銷售額占美國麥當勞整體 70％，去年 7 月，占比更飆升至 90％，背後的成長動能，不僅僅是疫情所致，更有來自以巨量資料為基礎的 AI 客製化菜單推薦。

（二）巨量資料／AI 分析應用

2019 年麥當勞以 3 億美元收購了 AI 新創公司 Dynamic Yield，創麥當勞近 20 年來最高收購紀錄。這家 AI 新創公司連續三年獲得 Gartner「個人化引擎」（Personalization Engines）第一名，擅長分析顧客行為資料，再為品牌打造客製化的消費體驗。麥當勞將這樣的技術，率先部署到營收主力得來速上，透過分析時間、天氣、交通狀況、客流量、消費者特性等資料，動態調整得來速的菜單樣貌，創造更個人化的菜單。

比如在炎熱盛夏時，菜單隨即秀出冰炫風；若寒流來襲，則會顯示溫暖熱飲。傍晚 5 點買了快樂兒童餐的消費者，可能是趕著回家餵孩子吃飯的家長，那麼就推薦他能犒賞一天辛勞的甜點。此外，Dynamic Yield 的技術，也會根據消費者當下的購買清單，即時推薦其他商品給他，提高銷量。

2019 年麥當勞也收購了 AI 語音識別公司 Apprente，可理解更加複雜的多語言和多重口音，減輕人力負擔，未來與動態菜單相結合後，這一整套的 AI 解決方案，也將提升得來速的出餐效率。

（三）啟示

對講求便利的得來速服務而言，點餐速度扮演關鍵角色。研究指出，近 8 成消費者會因為客製化菜單提升購買意願，這也有助於購買決策，進而大幅減少消費者的猶豫時間，加快購物速度，讓麥當勞也能夠服務更多顧客。對麥當勞員工來說，也是一大助益，比如下雨天大排長龍時，螢幕就會顯示容易出餐的品項；在離峰時段，員工則能準備一些製作麻煩卻高單價的餐點，加快接單效率。透過導入巨量資料為基礎的推薦服務，不僅僅有助於讓顧客購買更多產品，提升單筆消費金額；據統計，在導入這項服務的門市中，消費者停留在車道的平均時間減少了 15 秒，預計未來這將成為全球每家得來速門市的標準配備。

面對數位轉型，非科技起家的麥當勞，以最簡單快速的收購手段，為企業注入 AI 與巨量資料分析能量，不僅成功挺過突如其來的疫情危機，也讓麥當勞超前進化，用個人化的服務體驗，抓住消費者的心。

三、Amazon：AI 預測消費需求以掌握庫存和配送

（一）公司簡介

1995 年誕生於美國西雅圖的 Amazon 從單純的網路書店，變成了也賣家電產品、時尚物品、生活用品的「什麼都賣的商店」，再進化成擁有雲端服務、物流服務、影片播放服務的「什麼都賣的公司」。Amazon 高速成長的經營法則靠的是「更低的價格」、「更優的選擇」以及「更快的配送」，而這些成功心法構成了「亞馬遜化」（be Amazoned）一詞的核心引擎，在這引擎的帶動之下，這個全球最大的電商平台不僅開設了實體無人商店，在太空事業、雲端運算、AI、巨量資料等領域也有空前的突破，讓 Amazon 在現實世界和數位世界實現跨越式的發展。

（二）巨量資料／AI 分析應用

Amazon 是全球商品種類最多的電商平台，而電商零售業最大的困擾就是存貨控管以及配送服務，為了解決這兩大問題，Amazon 利用 AI 及機器學習技術（Machine Learning），瞭解並分析消費者需求，為消費者精準推薦相關產品，然後再透過 AI 演算法來預測未來消費者的需求以確實掌握庫存。Amazon 利用巨量資料來預測消費者可能購買的商品、何時購買以及何時需要這些商品，有了這些預測，便可提前將物品運送到消費者所在地附近的配送中心或倉庫，當訂單產生時，產品便可立即裝箱配送。

透過 AI 技術的導入，大幅提升了倉儲物流貨進揀出的作業效率與分揀精準度，並且分析產品組合及配送的最佳路線，消費者就能更快速地收到包裹。除了提高產品銷售和利潤，也可減少交貨時間，並降低約 50％以上的運輸成本。透過智慧化及自動化取得商品銷售活動生成的大量資料，再以 AI 分析資料，Amazon 創建了一個具有預測功能的新零售服務體系。

（三）啟示

極少公司能像 Amazon 一般，在現實世界和數位世界實現跨越式的發展。Amazon 龐大的零售業務規模，從價格、訂單、到配送一條龍服務，帶來了購物者需求和決策的寶貴資料。而在數位世界裡，Amazon 主導著雲端運算業務，以「巨量資料×AI」進行顧客分析，並累積了龐大的資料，無與倫比的巨量資料便成為 Amazon 在現實世界競爭中的最有用利器。

四、Einride：無人自駕卡車

（一）公司簡介

瑞典 Einride 公司成立於 2016 年，是一家專注於開發自動／非自動駕駛電動卡車的新創企業。成立至今已經吸引了新加坡主權基金淡馬錫公司（Temasek Holdings）、索羅斯基金管理公司（Soros Fund Management）、世界航運巨頭 Maersk 集團，以及電信巨頭 Ericsson 公司等跨國企業的投資，可謂備受矚目。Einride 公司的崛起，與歐盟逐漸重視環保永續等訴求，以及雲端、AI、物聯網等新興科技的發達有相當密切的關聯。

（二）巨量資料／AI 分析應用

Einrid 最初是以開發電動卡車起家，這些卡車雖然仍須由司機駕駛，但每台卡車上皆搭載了各類物聯網感測器，並與 Einride 提供的貨運即時監控平台進行連線。客戶公司可透過平台即時掌握旗下這些卡車的當前運輸量、路線動態、運輸需求預測、已行駛距離以及路線的碳排放量等巨量資料，甚至在累積一定資料後還可以進一步分析運載效率、建議路線和物流支出等關鍵資訊。目前可口可樂公司、燕麥奶領導大廠 Oatly、北歐量販巨頭 Lidl、瑞典家電大廠 Electrolux 以及德國郵政 DHL 集團等，都已經成立了 Einride 開發的電動卡車車隊。

上述的電動卡車只是為 Einride 帶來了第一桶金，真正吸引全球創投目光的，還是 Einride 公司自主開發的無人自駕卡車 Einride Pod。Einride Pod 目前分為四款車型，車載的 AI 駕駛系統與自動電動運輸（Autonomous Electric Transport, AET）也有所差異，從入門到進階以 AET-1 到 AET-4 進行區分。這四款車都配備了 AI 自主駕駛系統，也能視情況切換為遠端操作。AET-1 和

AET-2 已經上市銷售，而 Einride 公司也計畫在 2023 年前準備對外推出 AET-3 和 AET-4 這兩款型號。

1. **AET-1**：屬於入門款式，專為港口、倉庫、工業園區和其他具有預定路線和時段安排的封閉區域而設計。

2. **AET-2**：專為短程、鄰近地區的運輸需求而設計，大多是透過行動控制中心的員工來進行遠端輔助操控。

3. **AET-3**：針對農業開發需要，可在鄉間崎嶇路段和寬闊人少的公路自主行駛。

4. **AET-4**：專為在特定目的地之間的主要幹道和高速公路上自主高速運行而設計，也是該公司當前最先進的產品。

　　Einride 宣稱根據自行測試以及客戶反饋的結果，Einride Pod 車款平均可以為客戶降低 60％的運輸成本以及 90％的運輸碳排放，並且在電力滿載的情況下卡車能夠行駛至少 200 公里。

資料來源：Einride 官網 https://www.einride.tech/。

◆圖 9-3-2 Einride Pod 無人自駕卡車

（三）啟示

由瑞典 Einride 公司的案例可知，推動供應鏈上的自動化、無人化，除了降低人力成本、減少人員干擾因素外，最重要的是透過巨量資料、AI、雲端與物聯網等技術，讓企業能夠第一手即時掌握到供應鏈上的全盤資訊，進而協助企業後續能夠達成法遵、改善成本、優化決策等重要工作。

五、小結

隨著巨量資料、物聯網、AI、雲端運算等數位科技之興起，善用數位工具以提升顧客服務滿意度、改進企業營運效能，進而提升企業整體競爭力已成為不可擋之趨勢；不過這些破壞性科技所帶來的產業變革與典範轉移，對企業發展而言，是機會也是挑戰，特別是如何因應自身需求、挑選合適的應用服務解決方案與技術合作夥伴以改善營運痛點，在在考驗企業決策者的經營能力（如麥當勞）。

於此同時，數位轉型之需求也帶動了許多創新應用商機的發展並促成新創業者的誕生（如 DataRobot 與 Einride）；尤有甚者，國際領導業者（如 Amazon）甚至是同時身兼「應用服務使用者」（User）與「技術解決方案提供者」（Solution Provider）之雙重角色，除了自家導入面對終端消費者之 B2C（Business to Customer）服務（如經營電商平台、無人商店），也同時研發「無人商店」（如 Amazon Go 的 Just Walk Out 技術）、「無人物流車隊」等之 B2B（Business to Business）解決方案，上述種種創新應用與國際標竿企業之發展趨勢都值得我國企業持續關注，以便與時俱進跟上數位浪潮、成功推動企業數位轉型。

‖ 第四節　我國指標案例發展說明 ‖

一、車麗屋：AI 預測需求以優化庫存規劃

（一）公司簡介

成立於 1999 年的車麗屋，是我國最大的車用百貨連鎖通路龍頭，除了銷

售汽車相關配件，也提供車輛保養、安裝、維修等服務，打造一站購足的消費體驗。目前車麗屋在國內擁有 29 家門市，也設有自營官網，並在 momo、雅虎購物中心、PChome 等電商平台開店，商品品項多達 5 萬 5 千種，會員數高達 128 萬。

車麗屋最大的服務特色，便是首創汽車配件銷售的 O2O（Online to Offline）模式。由於汽車配件有著需要安裝的特性，如輪胎、電瓶、音響等，當消費者在電商平台購買商品後，便可直接預約國內任一門市進行安裝或取貨，不但享有線上支付的便利性，同時也獲得線下服務的完整性，達到虛實整合之效。

（二）巨量資料 /AI 分析應用

對商品品項高達 5 萬 5 千種的車麗屋來說，如何精準控制庫存是一大關鍵。車麗屋在庫存規劃上，是採用過去 13 周的歷史銷售資料，或衡量去年同期銷量的方式，估算商品銷售量，並以經驗法則配合供應商供貨時間，設定補貨門檻值。

每個月車麗屋會做主要商品盤點，每半年則是全品項盤點。雖然車麗屋的庫存準確率高達 99％，但這只能代表實體商品數量和系統數量之間的準確度，在倉庫中仍有滯銷品問題，因此若能準確預測需求與銷量，便能優化庫存管理，減少庫存成本。

去年車麗屋與研發法人攜手合作，導入 AI 技術進行銷量預測驗證。工研院取得車麗屋十年歷史資料後，先做資料清理，找出關聯洞察，篩選出可用資料後，再進行特徵萃取，如平均銷量或變動程度等，藉此訓練 AI 模型，提供未來銷售預測，做為調整庫存水位的建議。

（三）成功關鍵

目前過內業界在庫存規劃上，大多仍以歷史平均或去年同期資料，做為估算商品銷量的依據，與 AI 應用仍有技術落差。車麗屋很早便意識到，智慧化會是公司未來重要的競爭優勢，因而大膽擁抱新科技，率先導入 AI 解決方案。

對比過去單純只看歷史銷量的方式，AI 可納入更多資料特徵，建立不同的需求預測模型，有效優化庫存表現。在導入 AI 技術後，車麗屋銷量預測的精準度提升超過 3 成，存貨周轉天數降低 13.57 日，庫存與缺貨成本下降超過

10%，不僅改善原有的需求預測，也讓國內的庫存規劃管理提升至 AI 技術的水平層次。

二、新竹物流：AI 立體式智慧倉儲系統

（一）公司簡介

新竹物流是我國最大的專業物流服務商，1938 年成立至今，不斷推動創新經營模式，由傳統運輸公司轉型為全方位綜合型物流服務集團。近年來電子商務蓬勃發展，物流需求大幅提升，且配送包裹十分多樣化，新竹物流積極發展高階物流技術，導入科技化服務解決方案，降低成本、提高效率，創造營運商機。新竹物流和研發法人合作，透過引進多項倉儲智動化科技，逐步邁向智慧倉儲之路。

（二）巨量資料 /AI 分析應用

電商熱潮方興未艾，而電商訂單最大特色即為少量、多樣、快速到貨的消費需求，電商倉儲如何在有限空間儲放上百萬件大小、重量不一的商品，並且在兼顧倉儲成本的考量下，解決因少子化而衍生的缺工問題，凡此種種，在在困擾勞力密集的物流業。為改善廠商痛點，新竹物流與漢錸科技、工研院攜手創建一套 MIT「AI 立體式智慧倉儲系統」，並於 2019 年為 Yahoo! 奇摩購物中心打造了我國首座 AI 立體化物流中心。

導入 AI 立體式智慧倉儲系統後，倉儲運作流程從進貨、丈量、儲位、揀貨，到包裝、配送、出貨，全程自動化，人力需求大幅減少。透過 AI 演算法及巨量資料分析，系統自動判斷商品熱銷程度以及相關性，迅速反映至適當儲位，常見的商品組合（如牙膏與牙刷）也會放在相近地點，大幅縮減倉儲移動距離與揀貨等待時間。並且在消費者下單後，AI 系統會分析商品類型與數量，自動規劃最佳揀貨路徑，驅動穿梭車與垂直升降機跨樓層輸送。最後，自動配送系統會根據配送商、時段、尺寸、區域進行分流，將貨品送至消費者手中，一氣呵成完成最後一哩的服務。

（三）成功關鍵

新竹物流在此系統的成功關鍵在於大量導入巨量資料應用與 AI，其中「以

物就人」的 AI 立體化物流基礎建設讓出貨效率大幅提升；而透過 AI 與巨量資料運算，並結合商品特性、周轉率、體積重量、受訂相關性等複雜因素，系統自動調度商品入最適儲位，讓空間效能最大化；消費者下單後，系統考量訂單商品關聯、儲位分布、設備能力等建立 AI 模型，產出最佳化揀理貨批次與順序，使同張訂單零時差匯集出貨，精準高效地完成物流作業。

三、萊爾富公司：AI 倉儲決策與運輸排程

（一）公司簡介

萊爾富便利商店是由光泉牧場於 1989 年投資成立的我國便利商店品牌，以店數規模與營收來看，萊爾富的市場占有率已經排名我國第三大便利商店。萊爾富除了零售商品外，更致力於電子商務。萊爾富被稱作是被便利商店耽誤的科技公司，因為現在到各超商都看到的互動式資訊服務站（例如統一超商推出的 ibon）原型機台以及領口罩應用程式（APP），原來都是萊爾富首創的。萊爾富公司所擁有的專利相當多，多年來持續不斷地推出各項結合新科技的創新服務。

（二）巨量資料/AI 分析應用

萊爾富在成立三十年之際，與研發法人共同致力於國內自主研發的便利商店門市與物流倉運之智慧科技發展。近年來，電商崛起，物流吃重，萊爾富因倉儲空間有限，面對大量的電商訂單需要及時交付至消費者手中，卻常發生因貨物錯置而嚴重影響訂單出貨時效（平均延宕 3 天），造成人力重複作業卻又因缺工而難以負荷。為解決這些問題，萊爾富除了積極朝自動化發展外，亦結合 AI 需求預測、倉儲決策技術與運輸排程技術來協助超商體系因應電商訂單履行交付的困難，以 AI 技術建立精準存取與送貨程序，大幅提高倉儲出貨效率與運輸送貨的精準度。

在倉儲作業方面，導入 AI 高密度動態儲揀決策技術，並整合自動化分揀系統，達成每日 10 萬件（原僅 5 萬件）之分揀處理量，可減少半數勞動力，營收亦大幅增加，也大大支援萊爾富後續大規模擴展可能產生的巨量訂單履行需求。在運輸作業方面，針對門市配送需求波動性高、配送時間限制多，以及須高頻率更動配送路線之情境，結合 AI 之派車決策支援分析工具，在最短時

間與使用最少人力下，擬定派車及配送排程之決策，進而獲致高效能之物流配送營運。

（三）成功關鍵

萊爾富身爲第一家國人自營的連鎖便利商店系統，能夠在美日品牌競爭中屹立不搖，受惠於萊爾富積極因應新零售時代轉型並長期深耕智慧科技研發的經營策略。大量運用巨量資料分析與導入 AI 人工智慧技術，精準預測銷售需求支援採購決策，正確安排運輸車趟提高配送效率，同時積極推動虛實整合創新服務模式，以多元化的服務滿足消費者需求，從而提升整體效益。

四、小結

由這些我國指標案例可見，巨量資料分析創造精準服務的運用已經在國內商業服務業的各領域中逐漸萌芽成長。從服務業的產業鏈來看，不論是前端面對消費者的接觸點（如：商品推薦），乃至後端的企業營運議題（如：庫存管理、倉儲物流等）、資料分析（或可更進一步地說 AI 技術），無不能發揮所長的地方。精準預測未來銷售，調配最佳庫存量、倉儲最適儲位、物流運輸等以充分降低成本（如車麗屋、新竹物流、萊爾富），從開源、節流兩個面向幫助企業優化經營管理。

投入 AI 應用不一定需要從招募 AI 技術工程師開始，貿然在公司成立一個巨量資料分析或 AI 研發單位的成本可能太高（還不一定會成功）。在考量新技術導入的投資報酬率下，選擇與具備 AI 研發能量，或是既有的服務平台合作是一種最具備彈性的做法。不僅可以透過測試驗證可行性與成效，更能在合作過程中進行數位轉型，培養員工的數位涵養，鍛鍊企業在數位洪流中生存所需的關鍵技能！

‖ 第五節　給產業 / 企業的建議 ‖

根據管理顧問公司 McKinsey 的研究報告，零售等商業服務業已經意識

到「科技」是企業戰略的核心，敏捷型與數位化企業更能從新科技中獲取最大的效益，從股東總回報率（Total Return to Shareholder, TRS）之年複合成長率（Compound Annual Growth Rate, CAGR）（2017-2020）來看，科技領先企業的回報率為提高 14%，而科技落後的企業則反倒下降了 5%，兩者相差 19%。

　　總的來說，企業導入新科技有三大趨勢與關鍵：第一，跨域應用——能於多種業務領域導入新科技的企業通常更成功；第二，巨量資料與 AI 分析——運用資料分析優化顧客體驗與營運效率，且不只是分析傳統結構化的交易等資料，可以擷取更即時、大量的日常紀錄與互動資料來分析；第三，敏捷管理——採取敏捷式開發以縮短上市時間，可以更即時整合顧客的反饋以調整產品，例如導入自動化部署工具等。

　　巨量資料與 AI 分析等為近年重要的新興科技，可為產業創造精準服務或製造新商機，商業應用情境大致分為行銷通路、營運決策、供應鏈管理等三部分，以下從這三大面向提供國內產業／企業發展建議。

一、行銷通路面：打造以消費者為中心的全通路服務模式

　　COVID-19 大流行深深轉變了民眾的溝通方式與消費行為，根據國內研究平台東方線上的調查顯示，疫情爆發後網路下單的民眾增加了 16%，而偏好至實體店面購物的民眾則減少了 14%。McKinsey 研究也指出，疫情期間以「全通路」（Omni-channel）經營模式的零售商，相較於僅以實體通路服務顧客的企業，更能快速因應衝擊。是故，發展以消費者為中心的全通路服務模式為重要策略。

　　所謂「全通路」是指整合實體（線下）與虛擬（線上）通路，並運用巨量資料分析提供消費者無縫的精準服務體驗。要發展全通路模式，實體零售商首要先從線下轉型到線上。而要將實體店內的服務體驗帶到線上，最重要的就是提供消費者個人化的關注及服務，包括幫助消費者找到想要、需要的商品，以及給予更即時的服務等，相關巨量資料／AI 分析應用如：個人化行銷推薦、虛擬客服。「個人化行銷推薦」是蒐集分析消費者的瀏覽行為與交易紀錄等資料，為消費者量身打造提供其喜愛的或想要的商品；「虛擬客服」則能 7x24 小時全年無休提供消費者售後客服，更可協助購物諮詢、商品導購等。

　　在實體通路方面，零售商與消費者的連結深受疫情影響，故提供消費者更

安全的購物體驗至關重要。整合 AI 電腦視覺與物聯網等技術，能夠自動識別購物行為與所拿取之商品，讓消費者「拿了就走」的快速消費模式，更符合疫情影響下的「低接觸」需求。此外，透過蒐集分析顧客在店內的購物歷程，亦有助於改善消費體驗，並能進一步將線上、線下資料整合，實現以消費者為中心的全通路服務模式。

二、營運決策面：以需求導向規劃庫存

在激烈的商業競爭下，企業要提高銷售量與盈利能力，最重要的就是要能精準預測市場需求與最佳化庫存。根據全球零售顧問業者 IHL 報告，庫存過量與存貨不足讓全球業者每年付出超過 1 兆美元的巨額損失；業者為降低倉儲成本更將大量未售出的庫存商品銷毀，造成物資浪費，還伴隨環境污染等議題。Gartner 亦指出，企業以需求導向做決策，平均可降低 15-30％的庫存成本、提升 15-30％的現貨可用性，增加 1-3％的毛利率，這也驅使包括家樂福、雀巢等國際零售大廠與品牌業者，積極導入需求預測與庫存優化。

國內產業導入巨量資料 /AI 分析深化顧客關係管理及精準行銷等，投入相對久，但將 AI 應用於庫存規劃等營運決策上，則尚屬前期階段。企業現行在估算商品的銷售量，多採用歷史資料平均或去年的同期銷量，加以經驗法則配合供應商供貨時間，設定補貨門檻值。然而這樣的做法並不能總是很好地反映出趨勢以及不同商品之間的影響關係，仍有大幅改善空間。

採用 AI 學習式（機器學習 / 深度學習）的需求預測方法，可以多種資料源進行分析，包括商品庫存資料、銷售紀錄、行銷活動等，已驗證可有效提升預測準確性，模型上線後並能以新資料進行重新訓練，持續調校成效。而在企業有限倉儲空間的條件下，也能進行多商店、多商品庫存水位調整最佳化規劃，最大化整體營收效益。如要進一步對市場需求做更好的預測分析，除了運用企業內部的資料源之外，結合外部事件，例如新聞資訊、產業報告、以及社群媒體的網路輿論等，更能即時洞見消費需求與趨勢變化，精準規劃庫存。

三、供應鏈管理面：建立動態高度整合的智慧供應鏈

電商產業規模翻漲，根據策略顧問諮詢公司 OOSGA 的研究，預期 2020

到 2023 的這三年間，全球電子商務會再進一步成長 56％，總市值將超過六兆美金。如此龐大的數字與趨勢彷彿描繪出了一個美好的電商未來，然而市場永遠都是「零和」（Zero-sum）的，全球電商網站數量高達上千萬，真正能透過電商獲利的正是那些能將顧客體驗放在核心，並在顧客旅程的每一個接觸點上提供優質服務體驗的品牌市場領導者，尤其是屬於那些能高度整合電商供應鏈者，從行銷、訂單、倉儲、物流到遞交，以及不同業者在資金、物資、資訊上的交換。過去這些元素在供應鏈中以線性流動，業者僅知道自己處理的部分資訊，若在環節中一個節點發生如原料運達時間延遲之類的狀況，其他環節往往因資訊缺乏而無法即時做出相應處理，造成資源與產能的浪費。

在 AI 與巨量資料加持下的智慧供應鏈，應用資料與網絡連結，形成開放、動態且高度整合的系統，同步整合供應鏈各節點之資料與進展歷程，大幅降低資訊交換成本，有效提升決策效率。隨著供應鏈變得越來越複雜，使用 AI 與巨量資料技術可以迅速高效地發揮資料的最大價值，集成企業所有的計畫和決策業務，包括：需求預測、庫存計畫、資源配置、設備管理、通路優化、生產作業計畫、物料需求、採購計畫、倉儲管理、物流遞交等，這將徹底變革企業市場邊界、業務組合、商業模式和運作模式。

‖ 第六節　總結與展望 ‖

善用科技驅動企業數位轉型已然成為全球大趨勢，特別是近幾年，各行各業受 COVID-19 疫情影響之故，出現人力短缺、供應鏈斷鏈等嚴重衝擊，迫使企業加快轉型腳步。例如積極導入智慧流程機器人（Intelligent Robotic Process Automation, IRPA）、無人物流服務等智動化應用技術，以節省經營成本；抑或是加速推動智慧供應鏈，動態同步整合上下游的資料，將生產端到顧客端各個重要環節之產儲運銷等資訊可視化，進而能優化需求預測及庫存規劃，增加營運效率和銷售商機；以及發展跨國分散式生產模式，以降低供應鏈斷鏈風險等，均是採取「數位優先」（Digital-first）的戰略，提高對市場的競爭優勢與應變能力，確保企業永續經營。

在社會與個人層面部分，疫情蔓延也大大改變民眾的消費及生活模式，例

如保持零（低）接觸社交互動、居家遠距上班上課、線上購物宅配到家、餐飲外送、重視個人防疫、自行開車減少搭乘大眾運具等。而企業為因應這些消費需求與生活模式的變革，也順勢發展許多創新應用服務，例如：無（少）人商店、線上訂購線下宅配、機器人宅配、無人機遞送、擴增實境（AR）/虛擬實境（VR）虛擬商店、線上試衣、智慧客服機器人等，可滿足消費者的「全通路虛實整合」銷售應用服務。

總體而言，在數位轉型浪潮與疫情新常態之雙重趨勢下，預期「顧客服務」以及「製造運籌」之智慧化布局程度，將成為未來左右企業競爭力高低的關鍵條件，同時也是新創企業的新商機所在。

人機協作科技對服務業
帶來的機會與挑戰

‖ 第一節　前言 ‖

　　人機協作（Human Machine Collaboration）科技是一種人類與機器系統間互動或合作模式的技術。近年來，由於數位科技進步，包括物聯網、大數據、人工智慧（Artificial Intelligence, AI）等日趨成熟，智慧的機器與人類能力各自的優勢不同，人機協作日益成為顯學。尤其，服務業是強調使用者體驗，服務系統與人們之間的良性溝通，亟需仰賴友善的人機介面創新，這涉及服務商品的競爭力。因此，如何運用人機協作科技來促使企業效率提升、服務創新，將是服務業發展的重要課題。

　　特別是 COVID-19 疫情爆發後，史無前例地改變我們的生活方式，包括：服務消費、工作型態、學習方法、就診醫療等。尤其過去常常習於實體活動，如今在安全社交距離限制下，防疫健康、自動便捷、統一體驗成為「新常態」消費趨勢。因此，人們希望無論在任何地方、任何時間都能「無所不在」地消費。對服務業而言，一個以顧客為中心、掌握消費行為數據、防疫安全接觸點的「全通路」環境正在成形中。

　　後疫情時代，過去消費模式已不復返，全球企業莫不提升營運韌性、強化員工數位技能來強化競爭力，尤其涉及「效率」、「體驗」的科技將是服務業「數位轉型」強而有力的觸媒，這是重新塑造我國服務業風貌的機會。本研究

將說明最新的人機協作科技發展，並標竿全球企業如何駕馭這股科技變革，也探討其對臺灣服務業的啟發，最終提出我國服務業發展建議。

‖ 第二節　人機協作科技發展現況與趨勢 ‖

　　自 1970 年代以來，電子系統功能的發展一日千里，導致了人機介面發明日新月異，目的在設計具人因工學的「人與機」介面，例如：符合效率、安全、健康和舒適等。近年來，數位科技不斷精進，「人機介面」已經不符服務業需求了，快速演變為強調依賴性、安全性、目標性的「人機協作」科技，其技術範疇包括：在使用端具備手腳、身體到頭腦等介面，在設備端具備軟硬體系統、虛實系統整合等。

　　另外，從服務業特性而言，唯有掌握顧客價值、創造服務體驗才是王道。根據 Ericsson 2030 十大消費者趨勢調查研究，45% 消費者預期，未來以具有視覺、聽覺、味覺、嗅覺及觸覺，甚至多種感官融合的數位體驗，才能有效獲得使用者的青睞。而人機協作科技正是可以滿足「全感知」互動體驗的工具，加上未來無所不在的感知聯網（Internet of Senses）發展，日常生活將全面數位化，人們全感知體驗的應用將無限延伸。

　　筆者綜整人機協作科技趨勢，歸納以下四個重要方向：語音助理、人體介面裝置、延伸實境、智慧機器等，未來藉著科技的演變，不斷透過服務流程革新、商業模式創新等，在服務業將扮演不可或缺的角色。

一、語音助理

　　說明：語音助理（Chatbots）是一種運用 AI、自然語言處理技術來理解人類語言的意圖，並即時回應人類的對話技術。語音助理會分析用戶常見的關鍵字或短訊，提供客戶自助式服務（Self Service）。由於預先設定服務情境，進行語音回應，可以大幅減少客服的勞動力（圖 10-2-1）。

◆圖 10-2-1 語音助理是一種自然語言處理的對話技術

功能：採用語音助理的好處在取代人力，藉由連結到相關知識庫或常見問題「解」，使用者可快速獲得解決方案。另若結合企業內部顧客關係管理（CRM）、企業資源管理（ERP）等，可達成自動化協作、個性化（Customized）訂作，滿足友善互動、一致性體驗的目的。

應用現況：語音助理具備能夠理解人類語言的能力，必須瞭解人的需求和意圖，並採取對話來回應，因此可以提供 24/7 全天候服務；另多國語言直譯服務的語音技術正興起。目前應用於電子商務有線上客服、餐食訂購、購物推薦；汽車導航有路線導引、天氣預告、急難通知；資訊娛樂有音樂搜尋、語音直譯、評價諮詢等。

技術趨勢

趨勢一：低代碼、低成本、敏捷部署之應用平台興起。

疫情迫使人與人保持安全距離，企業使用語音機器人來實現流程自動化、顧客管理、銷售支援等；另必須發展容易上手的低代碼（Low Code）、低成本、敏捷開發的工具（平台），來部署行業所需的應用程序（APP）。

趨勢二：需要「人」反饋來優化，並朝向不同職能系統的融合。

未來企業語音助理需要「人在流程中（Human-in-the-loop）」的反饋，來不斷學習、精進與優化，尤其語音助理具有地域性特色，涉及文化、風俗、民情等，必須透過「在地」的回饋來學習，使更適應在地化的需要。

趨勢三：具備跨多種語言對話功能，理解在地情境脈絡的能力。

世界只有 20% 人口說英語，而跨國公司或客戶通常以母語或跨多種語言對話方式來互動，為了擴大跨文化溝通能力及影響力，開發能理解跨境應用脈絡的語音機器人將是趨勢發展的重點。

二、人體介面裝置

說明：人體介面裝置（Human Interface Device）指一種可量測或傳達人們意圖的輸入或輸出設備或方法，包括可穿戴式（Wearable）、接觸（Touchable）或非接觸、體內植入（Implantable）等的相關裝置。所量測或傳達的生物特徵（包括：人臉、虹膜、聲紋、指紋等）、表達模式（接觸、非接觸、書寫、表情、肢體、腦波等），可做為人和人（或裝置）、裝置間的溝通介面，成為人機協作的科技（圖 10-2-2）。

資料來源：www.dreamstime.com（工研院產業科技國際策略發展所提供）。

◆圖 10-2-2 人體介面裝置一般配戴在人身頭部、軀幹或手腳上

功能：人體介面裝置一般配戴在人身頭部、軀幹或手腳上，亟需輕薄短小、親膚耐用。功能在於感測生理：心率、體溫、血壓等；感測環境有：影像、光線、氣體、溫溼度、位置等；感測動作有：慣性、體態、手勢、計步等。藉此可蒐集與分析相關數據、發展特定演算法，進而提供各種數據加值的應用。

應用現況：最常見的接觸式介面應用是觸控面板，如提款機、車用顯示、智慧手機等；非接觸介面應用，如浮空手勢控制、人臉識別等。穿戴式應用包含：智慧眼鏡、智慧耳機、智慧手錶、智慧衣著等，通常它會連結智慧手機、平板電腦、邊緣運算裝置（無人機、WiFi 熱點）等。目前主要應用領域包括工業生產力提升、監測病患訊號、即時運動動態分析、室內外定位服務等。

技術趨勢

趨勢一：5G 基礎建設趨於健全，加速穿戴式裝置的創新服務商機。

上一代 4G 行動通訊，促使串流影音服務興起，5G 行動通訊具備高頻寬、低延遲、廣連結等特性，加上微電子技術進步、數據處理能力強大，人體介面裝置將提供全新功能，可用以探索創新應用與商業模式。

趨勢二：人體介面裝置將結合垂直應用服務，改變人們生活型態。

隨著穿戴式裝置（智慧眼鏡、智慧手錶、智慧服裝等）價格日益低廉，且越來越輕薄短小，意味著有更豐富、更多樣的數據加值機會，將全面改變我們生活體驗，包括遠距醫療、數位孿生、虛擬商城、遠距旅遊等。

趨勢三：瞭解使用者體驗數位旅程，將是洞見顧客需求趨勢的關鍵。

人體介面裝置可以蒐集各種接觸點的數位旅程，再運用數據分析、AI 工具深入評估，可提供顧客服務的趨勢洞見，有助於個性化訂製需求，提高顧客黏著度，精確定義目標消費者的體驗地圖。

三、延伸實境

說明：延伸實境（Extended Reality, XR）是一種現實世界和數位世界的互動技術，這類技術是以電腦視覺、顯示及輸入系統和雲端運算為基礎；一般 XR 代表有擴增實境（Augment Reality, AR）、虛擬實境（Virtue Reality, VR）以及混合實境（Mixed Reality, MR）等三種技術。而 AR 是在實體世界中疊加數位資訊的體驗；VR 是遮蔽人們視野，提供沉浸式虛擬空間的互動體驗；

MR 是不遮蔽視野，但具有沉浸式實體與虛擬空間互動的體驗（圖 10-2-3）。

資料來源：www.dreamstime.com（工研院產業科技國際策略發展所提供）。

◆圖 10-2-3 MR 不遮蔽視野，但有沉浸式實體與虛擬空間互動的體驗

功能：AR 裝置是真實影像疊加數位資訊，使用者互動較單純。VR、MR 裝置是具有理解環境空間的能力，可藉由使用者肢體或五官動態的輸入，在真實和數位空間中進行人機互動，令使用者有身歷其境、沉浸式的感受。例如：將數位（虛擬）物件放在實體世界中，即可在場或遠距、同步或不同步地與其他人彼此協作。

應用現況：使用者透過 AR、VR、MR 頭盔，例如：Google Glass、Oculus、HoloLens，並藉由電腦、手機、周邊設備等，就可以進行虛實融合互動，讓身處在不同空間的使用者具身歷其境地協作。應用有旅遊導覽、藝文展覽、商品推薦、遠端維護、教育訓練、社交派對等。

技術趨勢

趨勢一：疫後企業將加速數位轉型，建立線上協作、顧客體驗的能量。

疫情發生後，為了避免企業員工染疫，減少在現場與顧客接觸，必須仰賴 XR 數位工具，在實體與虛擬環境中，建立維繫顧客的服務能量，例如：內部流程自動化、顧客開拓與維繫、售後訓練與維護等。

趨勢二：XR 軟硬體及工具日趨成熟，提供應用發展的健全環境。

一些先進電子科技發展，已為 XR 應用鋪平發展道路，例如：5G 高頻寬、低延遲的通訊設施；輕巧、低耗能、無線傳輸的頭盔（如 HoloLens、Vive 等）；XR 創建應用的套件工具（如 MRTK、ARCore、ARKit、OpenVR 等），都提供新興應用發展的沃土。

趨勢三：虛實整合是營運數位化、提升供應鏈韌性的必要手段。

隨著企業數位轉型，營運數位化，建立數位孿生（Digital Twins）模型已成可能，再利用 XR 工具，即可發展人機互動應用，有助於企業風險評估、提供客服與維修服務，提升企業供應鏈韌性，降低營運風險。

四、智慧機器

說明：智慧機器（Smart Machine）是一具有 AI 的機器系統或流程，會融合現實世界和數位空間的經驗，自主調整它的協作行為與決策（圖 10-2-4）。因此，智慧機器技術範疇包括感知、傳輸、分析、決策等，以及系統所需的軟硬體整合、數據分析、特定演算法、雲端運算等，可使企業流程或顧客服務，朝低成本、高效率和高彈性方向發展。

資料來源：www.dreamstime.com（工研院產業科技國際策略發展所提供）。

◆圖 10-2-4 智慧機器是一具有智能的機器系統或流程

功能：智慧機器在人機協作中，提供高效率組織流程、高彈性資源調度、更靈活顧客服務等，預期將提升企業價值活動的品質。例如：商業流程自動化（Robotic Process Automation, RPA）、智慧分析與決策、服務型機器人、無人搬運車（Automated Guided Vehicle, AGV）、自動駕駛載具、商用無人機等。

應用現況：智慧機器的主要應用在企業「流程」革新，例如：RPA 可解決跨系統資料串連問題，讓作業流程變得更自動；在智慧分析與決策方面，讓商業洞見（Insight）與決策更精準。另在防疫需求上，服務型機器人、無人搬運車等可減少群聚或接觸，故適用於金融、製造、物流、零售等產業。

技術趨勢

趨勢一：隨著 AI 與邊緣運算興起，嵌入式智慧決策將成主流。

受惠於 AI、機器學習（Machine Learning）或群體智能（Swarm Intelligence）等技術進展，將提供服務端自主化（自動）設備發展機會，例如：自主移動機器人（Autonomous Mobile Robot, AMR）、影像自動監測、遠端醫護監測、服務型機器人、商用無人機等，將廣泛應用於企業價值活動中。

趨勢二：運用智慧分析與決策，可降低營運風險，並提升供應鏈韌性。

疫後企業運用數據分析與加值，可降低營運成本，提升供應鏈透明度、預測性。特別是商業流程自動化可大幅降低成本，提高營運韌性，已普遍應用於零售、物流、製造、金融、醫療等產業。

趨勢三：企業導入智慧機器，以滿足零接觸防疫和最後一哩配送需求。

疫情升溫造成線上購物、宅配到家需求大增，物流業者利用 AGV、AMR 在各都會據點，設立微配送中心（Micro Fulfilment Center, MFC）、高密度倉儲中心、冷鏈物流配送站等，以提升到府宅配的效率。另外，企業運用實體的智慧機器，如自動駕駛載具、商用無人機（Drone）等，做為無人化作業或最後一哩路的遞送工具。

‖ 第三節　國際經典案例與帶給我國之啟發 ‖

根據主計總處「行業統計分類」，服務業範疇包括 G. 批發及零售業、H. 運

輸及倉儲業、I.住宿及餐飲業、J.出版、影音製作、傳播及資通訊業、K.金融及保險業、L.不動產業、M.專業、科學及技術服務業、Q.醫療保健及社會工作服務業以及其他行業等。故本節將以上述服務業別，探討國際間如何運用人機協作科技來從事服務創新，並提出其對我國服務業之啟發。

一、批發及零售業

（一）Amazon 推出 StyleSnap AR 試衣服務，具更換搭配、比價、比貨等功能

StyleSnap AR「虛擬試衣」挑戰在於：如何利用顧客所鍵入的服裝特徵，透過 AI 技術在網站或社交媒體中做精確圖片的識別，也可讓顧客在更換「搭配」試穿下，找到相近的衣服款式，使顧客滿意「試衣」結果並購買。

啟發：電商業者每年在處理顧客退貨上所費不貲，運用 AR、AI 等技術，提供線上「試後再買（Try-before-you-buy）」模式，例如：Wannaby 推出「Wanna Kicks」試鞋；Kohl's 推出「Virtual Closet」試衣等，都可以降低顧客退貨率，大大提升買家評價，值得我國業者參考。

（二）L'Oreal 推出 XR 試妝功能，提供線上彩妝與保養品服務

法國美容品牌 L'Oreal 於 2018 年購併 AI 增強實境新創公司 ModiFace，提供「Signature Faces」線上彩妝與保養品服務，可以針對不同膚質的使用者，推出自拍膚質分析、彩妝後的模擬展現，讓顧客能快速找到適合自己肌膚的產品（圖 10-3-1）。該線上彩妝服務可以在 Facebook、Snapchat、Instagram、Skype、Zoom 等平台應用。

資料來源：L'Oreal。

◆圖 10-3-1 L'Oreal 提供 AR 或 MR 線上試妝服務。

　　啟發：自疫情爆發後，化妝品實體店面業績大受影響，不過線上銷售比例提升至 70%。可見線上通路日趨重要，我國化妝品業若能運用 AR 頭盔、AI 影像分析，提供線上膚質分析、試妝推薦等，並和亞洲社群平台（如 LINE、微信等）合作，可拓展線上通路的業績。另外，新創 Wannaby 運用手機 APP 推出 AR「Wanna Nails」試擦指甲油；Ulta 推出「GLAMlab」試妝等，都值得業者參考。

二、運輸及倉儲業

（一）美國 Starship 推出六輪自主移動機器人，提供最後一哩路的配送服務

　　新創公司 Starship 為企業和大學校園提供商業送餐計畫，該機器人 AMR（圖 10-3-2）就類似自駕車一樣具有周邊感知能力，可以攜帶達 20 磅的貨物，且在遞送路途上或到達目的地時，即時回報位置。該公司宣稱已達到 100 萬次遞送交付任務。

資料來源：Starship。

◆圖 10-3-2　自主移動機器人（AMR）提供配送服務

啟發：疫情發生後，最後一哩路的遞送服務（Delivery as a Service）方興未艾，臺灣地小人稠、商家林立，AMR 遞送可能有其限制，但在封閉式校園、大賣場或商城區內，或偏鄉緊急藥品運送上，可使用 AMR、Drone 等載具，將開創新樣態的服務。另外，遞送服務模式：P2P 有 BlaBlaCar，B2C 有 Instacart、Door Dash，B2B 有 Cargomatic 等新創公司為例，都值得我國業者參考。

（二）荷商 Ahold Delhaize 建立微型自動配送中心，滿足需求變化多、快速遞送需求

荷蘭零售商 Ahold Delhaize 專屬的 Peapod 數位實驗室，結合瑞士商 Swisslog 的高密度儲存與揀撿方案 AutoStore、軟體 SynQ WMS，提供微型自動配送中心（MFC）方案。該 MFC 使用 3D AMR、AI 演算法等，滿足需求變化多、快速遞送交付、一致性體驗的部署。

啟發：疫情爆發後，電子商務線上訂單、線下快速配送需求激增，高密度自動化倉儲方案 MFC 方興未艾。例如：以色列 BionicHive、Dematic、Takeoff Technologies、Knapp AG 等公司，都推出 MFC 倉庫基礎方案。另為使中小型電商可以更輕鬆地租賃倉庫，「按需（On-demand）租賃倉庫」服務興起，包括：Flexe「倉庫租賃」平台或 Neighbor 自助式倉儲租賃平台等。以上都是臺灣運輸及倉儲物流業可以借鏡的方向。

三、住宿及餐飲業

（一）英國連鎖旅館 Premier Inn 之 Hub Hotel 使用 AR 來導覽景點

Hub Hotel 旅館住房的牆面有一面地圖，入住旅客下載 APP，就可以運用手機結合 Google Map 來運用 AR 探索周邊地區商店或景點，並獲得詳細解說。該旅館導入 AR 優點，在提供顧客可以隨時、隨地查詢景點資訊，提升旅客的旅遊體驗。

啟發：隨著科技進步，千禧世代逐漸成為消費主力，許多跨國旅館運用 AR、VR 科技，來達成互動式數位旅遊體驗，例如：Marriott 推出 VR teleport 虛擬未來、Best Western Kelowna 結合博物館及遊戲內容、Thomas Cook 虛擬

購物、HoloMuseum 虛擬展覽等。另香港美麗華酒店利用 VR 遊戲券來吸引顧客住宿。對於如何結合 AR/VR 科技與在地文化特色，將是臺灣吸引國際旅客入住的關鍵。

（二）美國馬里蘭州 UFood 燒烤店，運用 AI、人臉辨識來訂餐服務

UFood 安裝自助點餐服務機（圖 10-3-3），當顧客站立機前進行點餐時，可以人臉辨識並在不到 10 秒內完成下單及付款；當顧客下次再訪時，可以自動識別、調出他們過去消費紀錄，提供最快速、個人化的訂餐服務，也可進行新餐點推薦、獎勵加購等活動。

啟發：餐飲業人力成本比重高，運用非接觸式 AR、AI 自動化技術，正符合疫情下的防疫需求。除了上例外，以色列新創 Cecilia.ai 推出「虛擬調酒師」，利用 AI 語音識別，提供個人化雞尾酒調製服務；美國 Magnolia Bakery 運用 AR 技術來提升餐飲體驗；瑞典 Neonode 提供全息式非接觸技術，具有公共防疫的解決方案。而中華料理煎炒燉煮之複雜，將是發展烹飪機器人的機會，以上都值得臺灣業者參考。

資料來源：UFood 網站。

◆圖 10-3-3 具人臉辨識系統之自助點餐服務機

四、出版、影音製作、傳播及資通訊業

（一）美國皮克斯（Pixar）運用 AI 和 ML 來提升動畫製作品質

數位動畫業主要挑戰是渲染（Rendering）高解析度動畫的時間和成本。對一部 90 分鐘 2K 畫素動畫而言，每秒渲染約 24 幀，當 4K 畫素時，耗時將增加四倍，成本約增兩倍多。因此 Pixar 使用 AI 演算法，來提升電影內容的製作品質，並且降低成本。

啟發：數位動畫產業是仰賴藝術家創作，為了提升超高解析度處理效率，Pixar 使用 AI 生成對抗網絡模型，來生成超高解析度圖像，以滿足 8K 電影觀看的需求，可以節省 50% 到 75% 的渲染時間。另外，運用 AI 機器人來撰寫文章或製作財務報告，正引領出版業進入新的時代；例如：美聯社、華盛頓郵報和洛杉磯時報都使用 AI 機器人，來寫小聯盟棒球評論文章。

（二）美國電信商 Verizon 致力 5G 基礎設施，並且結合異業合作

電信運營商 Verizon 結合醫療（Emory Healthcare）、無人機（Skyward）、娛樂（NFL、Black Pumas）、媒體（紐約時報、迪士尼）等公司，開創新興專業應用。上述應用使用者需要配戴智慧眼鏡或頭盔，以體驗 XR 購物、VR 沉浸式學習、AR 遊戲等虛擬體驗。

啟發：疫情對出版、影音內容製作產業營收影響很大，為建構下一代 5G 智慧城市服務，各國政府莫不採取積極的作法，布局下世代應用服務。我國影音製作、傳播及電信運營業者，應加速數位設備升級，政府也應鼓勵各行各業「數位轉型」，以開創新商業模式。

五、金融及保險業

（一）美國花旗運用 MR 顯示即時數據，以提供快速理財決策

花旗銀行使用微軟的 HoloLens 技術，創建一個 3D 資訊整合系統（圖 10-3-4），通過 MR 頭盔顯示交易的即時數據，監控和跟蹤瞬息萬變的股票指數，交易員可以在 XR 中，快速做出理財決策。

資料來源：花旗銀行。

◆圖 10-3-4 銀行運用 MR 來快速理財決策

　　啟發：全息（Holographic）工作站旨在提高金融交易效率，使用 MR 工具，可促使現實世界與數位世界互動，即時（語音）通訊和數據（視覺）共享。目前臺灣金融及保險服務受法令約束仍較多，這例子讓我們理解下世代金融服務中，如何運用 XR 科技來和顧客互動、提升效率。

（二）歐洲安顧保險 ERGO 部署語音機器人，提供全天候顧客服務

　　ERGO 的「Rasa X 語音機器人」是基於深度學習的自然語言處理引擎，它把與顧客互動點整合成個人化的行銷平台，提供自動化的即時保險商品推薦服務。推出 Rasa X 後，ERGO 增加 30% 以上獲利，同時也降低 40% 的接觸顧客成本。

　　啟發：對保險業而言，服務核心在「核保」與「理賠」兩大環節。臺灣業者為了降低成本，可利用大數據、AI、區塊鏈等科技，以保戶行為資料為基礎，主動評估風險並自動提供個人化建議。例如：利用穿戴裝置蒐集保戶生活資料，設計降低保險費率誘因，引導顧客朝更健康方向生活，締造保險公司與保戶雙贏局面。

六、不動產業

（一）日本東急住宅出租與新創合作，推出遠距看房、虛擬裝潢服務

東急住宅出租公司藉由 XR 推廣家庭裝潢或傢俱布置，合作業者有電信運營商 NTT Docomo、新創 X Garden、傢俱業者宜得利（Nittori），可讓購屋者能在這個虛擬空間中，檢視住宅房間、任意擺設各款傢俱，選擇最滿意的產品。

啟發： 估計日本約有 4,000 家不動產銷售或租賃商，如 Tokyo Housing Lease、NURVE 等，利用手機或頭盔作 AR 或 VR 展示，顧客即可確認房屋空間格局、傢俱擺置，提升供需媒合效率。臺灣業者也可以運用平板電腦或頭戴 AR 或 VR 顯示器等，提供遠距看房，同時模擬現場如何布置，以提升顧客成交率及滿意度。

（二）英國房地產經紀商 Strutt & Parker，提供購屋者線上看房服務

該公司採用 Matterport 3D VR 技術，創建 360 度物理空間模型，能夠讓購屋者線上參觀房間，獲得身臨其境的 3D 漫遊體驗。根據經紀商表示，線上虛擬看房可讓顧客參與度提升 300%、贏得更多的客源。

啟發： Airbnb 也嘗試使用 AR 和 VR 來提高顧客租房體驗，使他們可以遠距 360 度觀賞度假公寓的室內擺設和周遭環境（圖 10-3-5）。我國不動產及相關服務業、公寓大廈管理維護、地政士事務服務等，若導入 AR、VR 技術，可提供遠端即時不動產租售、管理、估價、維護等服務，可以提升交易效率及滿意度。

資料來源：Airbnb 網站。

◆圖 10-3-5 Airbnb 運用 AR 和 VR 提高租房體驗

七、專業、科學及技術服務業

（一）德國 Fugro 建立 SpAARC 研究設施，提供航太科學研究服務

Fugro 是一家享譽國際之海洋環境、地球物理科學的專業諮詢公司，其位於澳洲的 SPARC 設施，係提供在地太空研究所需之航太機器人、行星探索系統、軌道力學模擬等專業知識諮詢服務。

啟發：Fugro 為世界級科學及技術服務公司，擁有頂尖地球物理科學家。我國專業科學及技術服務業者，應以臺灣優勢產業需求為標的，培育善用 AI、ML、數據分析等工具之應用人才，發展產業所需之新測試服務；例如：5G 或下世代高頻測試標準、量測儀器、相容性驗證等。

（二）德國 TÜViT 與 Fraunhofer 合作開發「資安風險評估」項目

TÜViT 係一家資安測試服務商，目前與 Fraunhofer AISEC 合作，發展「人工智慧 APP 穩健性評估」，可應用於包括網路安全、物聯網、隱私保護、智慧能源、數據中心安全等測試和合規認證。

啟發：臺灣科學及技術服務業能量大部分在研發法人，民間企業規模小，且研發資源有限，政府應鼓勵企業充分借助研發法人（例如：工研院、金屬中心、生技中心等）之研究能量，培養研發、設計、實驗、模擬或檢測等相關人才，以提升國內在下世代產品（如 5G、6G、自駕車、資安、低軌衛星）自動測試和認證的服務能量。

八、醫療保健及社會工作服務業

（一）美國 Mayo Clinic 使用智慧型監護衣，提供心律監測預防

Mayo 診所的智慧衣運用 ML 來設計專屬演算法，可以進行高度準確的預測，具有顯著性提高檢測心房顫動的能力，可以及早發現病患心律異常，提供 24/7 遠距醫療服務。

啟發：因應 COVID-19 疫情，多國政府推動數位醫療平台，提供民眾遠

距醫療、遠距照護服務。我國衛福部也暫時開放慢性病處方箋、複診可使用遠距看診，成效受國人肯定。臺灣醫療與照護專業能量強，醫療健保資料庫齊全，若運用穿戴式裝置蒐集病患生活大數據，發展創新加值應用，可更加提升國民健康醫護的福祉。

（一）美國 Knightscope 推出 K5 自主機器人，用於犯罪預防應用

自主機器人 K5（圖 10-3-6）配備有視訊攝影機、熱成像儀、雷射測距儀、小型雷達、空氣品質感測器和麥克風等，如果偵測到異常噪音與溫度變化或罪犯，它會自動通知警方當局。

啟發：類似 K5 服務型機器人應用將會逐漸普及，尤其許多需要高度勞力的服務業，例如公共服務、烹飪餐飲、高齡照護、家事勞務、住宿酒店、社區巡邏等。我國發展服務型機器人，可以針對臺灣社會需求之應用，例如：安全警衛、高齡陪伴、復健照護、夜歸守望等。

資料來源：Knightscope 網站。

◆圖 10-3-6 K5 自主機器人用於社區巡邏

‖第四節　我國指標案例發展說明‖

　　盱衡全球人機協作科技發展，國外已經有許多應用案例，我國服務業發展有國情與特殊情境的需要，以下將針對我國具指標性案例，來說明各行業如何利用人機協作科技於應用服務中。

一、批發及零售業

　　案例一：momo 購物網導入 AI 技術，實現新零售「短鏈物流」。

　　疫情改變了民眾消費習慣，臺灣各電商平台業務激增，但倉儲與物流設備、物流能量卻無法跟上成長。momo 在各據點設置多處小型衛星倉，並運用 AI 演算法調派，以實現快速到貨、高效率配送目的，實現經營新零售的「短鏈物流」理想，可做到 3 小時內快速到貨服務。

　　案例二：統一超商無人店「X-STORE」導入智慧科技的消費體驗。

　　在統一超商 7-ELEVEN 無人化便利商店「X-STORE」，來店消費必須以加入 OPENPOINT 會員為限，其運用臉部辨識、商品辨識、自動化感應、智慧語音、人流分析、迎賓機器人和掃地機器人等科技，來提升客製化消費者體驗，推播新商品優惠訊息，朝向「未來超商」方向邁進。

二、運輸及倉儲業

　　案例一：長榮航空運用 AI 客服機器人，提供全天候的航務資訊服務。

　　疫情讓航空業陷入危機，尤其重視防疫下「零接觸」的創新。長榮航空即運用 AI 語音助理與後台系統整合，提供旅客最即時航務資料，包括：訂位票務、班機時刻、購票諮詢、機場運務等查詢。若客服機器人無法回答時，再轉接專人服務，如此人機協作來提升客服滿意度。

　　案例二：永聯物流以自動化、智慧化，提供高效率倉儲與物流服務。

　　永聯物流是專門經營智慧物流中心，在新北、桃園、臺中三地有四座「物流共和國」園區，共約 15 萬坪倉儲用地，提供高效率倉儲空間之承租使用。在物流園區中有先進的 AGV 與自動化智慧機器，廠商直接串連訂單管理、倉

儲管理的一條龍系統，故該公司被稱為「倉儲界的 AWS」。

三、住宿及餐飲業

案例一：鵲絲旅店是一家無人旅館，提供旅客全新的自助旅宿體驗。

疫情衝擊觀光旅遊業，為避免人員直接接觸，影響旅客入住的意願，鵲絲旅店設置物聯網設施、機械人手臂置放行李、全自動化房務系統等，接待大廳沒有櫃檯，旅客經現金、信用卡付費後，即可取得感應房卡入住，從寄放行李、入住房間到 Check out 都無人化作業。

案例二：明星咖啡館運用 3D、VR 科技來展示文藝風格西餐廳。

該咖啡館位於臺北市武昌街的歷史建築地點，特色在於古典文藝風格的環境，提供俄羅斯風味麵包、簡餐與咖啡，該餐廳可以讓消費者在線上利用 3D、Oculus VR 訪視，以吸引年輕作家、愛好文藝者聚集與消費。

四、出版、影音製作、傳播及資通訊業

案例一：KKBOX 運用 AI 優化串流體驗，並打造華語歌曲創作平台。

KKBOX 與微軟合作，推出商用影音串流方案 BlendVision，提供全球串流平台業者開創新服務模式。另外，KKLab 開發出 AI 歌詞創作「Lyricist.ai」平台，可讓創作者輸入靈感主題的關鍵字，經指定韻腳、文風類型，即可自動生成創作歌詞，提升歌曲創作效率。

案例二：誠品推出「誠品人 APP」，提供藝文生活虛實整合體驗。

誠品集團啟動數位轉型，推出「誠品線上 eslite.com」，提供逾 200 萬種繁簡中、英、日文書籍，並精選 FRED PERRY、ROOTS 等逾 50 個優選品牌，提供包括藝文生活會員之虛實整合服務。另誠品物流轉型全新倉儲型物流，結合機器人快速理貨自動化設備，全年無休 365 天物流配送服務。

五、金融及保險業

案例一：台新銀行以數位金融服務體驗，來打造生活金融生態圈。

台新銀行推出的 Richart Life APP，與特力集團合作，讓體驗者在家中能

遠距透過 VR 進行傢俱購物，台新銀行配合推出 VR 結帳模擬流程，讓消費者從挑選傢俱到結帳，都在虛擬商城中直接完成，也能選擇專屬的推薦優惠以及分期貸款服務。

案例二：新光人壽開發理賠詐欺風險預測系統，遏止無效理賠。

近年來壽險業務員或客戶詐欺案件層出不窮，新光人壽與數據分析軟體廠商 SAS 合作，開發理賠防詐欺風險預測系統，在理賠作業流程中導入 AI 技術，自動列出評分程式和風險指標，降低人為判讀的誤差，使詐欺破案率提高 15%，遏止壽險無效理賠的損失。

六、不動產業

案例一：台灣房屋利用 AI 地產機器人，提供房產情報或遠距看屋。

台灣房屋使用 LINE 通訊平台，運用 AI 技術，提供線上即時語音帶看房屋的服務，也提供消費者好屋推薦、實價登錄、房產情報等資訊，讓會員可以輕鬆查詢、快問快答，成為生活顧問幫手。

案例二：針對房產預售案，暑碁打造 VR 全虛擬室內空間互動式體驗。

疫情期間「線上看房」意願大幅上升，運用 VR 虛擬實境看屋，將是房地產銷售新利器。暑碁公司按照建築室內設計圖、周邊環境資料，打造全虛擬、可互動的 3D 模型，包括建物外觀、室內格局、公共設施以及附近都市環境等。顧客可以親身走入該模型，依喜好去變換傢俱配置，感受沉浸式購屋體驗。

七、專業、科學及技術服務業

案例一：百佳泰建構 AI 智慧檢測實驗室，以加速客戶測試驗證流程。

近年 AI 與物聯網蓬勃發展，各式電子系統測試日益複雜，客戶產品驗證時程曠日廢時。百佳泰為加速測試時程、量身打造客戶服務，構建「AI 智慧檢測實驗室」。該實驗室導入深度學習、大數據分析、視覺辨識等來分析驗證，以確保客戶品質並縮短上市時間。

案例二：邑流微測運用 AI 發展半導體製程「奈米粒子檢測系統」。

近年半導體已邁入 3 奈米製程，製程中清洗的去離子水、化學液的純淨度至關重要，任何微汙染都會影響良率與產能。該公司「FlowVIEW」採用先端

雷射感測、AI 智慧分析，可以自動化分析廢水中的奈米粒子成分、尺寸等數據，提供半導體產線之奈米粒子檢測服務。

八、醫療保健及社會工作服務業

案例一：醫聯網「智能輔助就醫系統」讓科技改變健康照護模式。

疫情加速遠距醫護進展，醫聯網推出「智能輔助就醫系統」平台，它利用 AI 演算法、醫療大數據，可以提供就醫供需精準媒合，幫助病患正確獲得醫療與健康知識，並找到最適的就醫科別及醫師。

案例二：內政部推出「戶政講也通」語音助理，優化民眾戶政服務。

內政部從平時民眾互動網頁問答中，蒐集與學習建立大數據資料，並搭配戶政資料庫，加上運用 AI 演算法，發展「講也通（GoAITalk）」戶政服務，提供公共戶政服務資訊。同時，臺北市中山區、桃園市龍潭等戶政事務所都利用 Zenbo 機器人做為服務民眾的工具。

‖ 第五節　給產業的建議 ‖

服務業本質在於具備滿足「人性化」需求的產業特性，唯有解決顧客痛點、創造服務體驗，才能提升服務業附加價值；因此「科技化」將是服務業發展重點，尤其「人機協作」科技，包含語音助理、人體介面裝置、延伸實境、智慧機器等，如何透過上述科技運用，變革企業內部流程，探索新商業模式，將是重中之重的關鍵。

臺灣服務業規模小，在地內需多元，必須從流程革新、服務創新以及生態翻新來發展解決方案，才能提升服務業競爭力，進而邁向國際市場，創造服務出口的機會。綜合上述論述，本研究提出我國服務業運用「人機協作」科技發展的三項建議。

建議一：「資料為王」世代，加速建立資料加值服務應用之環境。

在數位化普及下，掌握「資料（Data）」越來越重要，催生各種利用資料加值的創新應用。尤其「人機協作」科技是用來促進「人」與「機」良性互動

的工具，可以蒐集使用者在服務流程中的「數位履歷」，這是洞見顧客需求的基石。可以藉此來整合線下與線上的消費活動，客製化消費者需求，優化服務流程，提升企業競爭力。

建議二：推動新科技服務業，加速各行業「以人為本」服務創新。

創新是提高企業利潤與成長的重要驅力，而服務業創新通常是由新科技所帶動的，故推動「新科技服務業」可加速各行業的服務創新。新科技服務業可分為五大類：軟體開發服務、系統整合服務、科技平台服務、研發測試服務、科技顧問服務等；其中，人機協作科技是帶動科技服務業的觸媒，且扮演「加值」各行各業創新商業模式的推手。

建議三：透過在地創新服務場域試煉，促成整體方案國際輸出。

數位經濟時代，服務解決方案應以滿足在地需求為優先，透過臺灣在地實際生活場域的改善，充分驗證服務系統後，最終促成整案輸出國際市場，而「人機協作」科技將是服務業差異化的關鍵。尤其，臺灣位於「東亞中心點」，沿著亞洲大陸邊緣，從日本、韓國、中國、東南亞的這塊區域擁有 8 億人口，這裡會是未來的網路「新絲路」，服務業商機發展潛力無窮。

‖ 第六節　總結與展望 ‖

本研究探討「人機協作」科技包含語音助理、人體介面裝置、延伸實境、智慧機器等，其中標竿國外服務業創新典範案例，希望做為我國服務業發展借鏡之參考；另外，國內案例則看見我國業者投入「服務科技化」的表率。預見未來 10 年，藉著科技不斷精進發展，「全感知」互動體驗將來臨，勢必引領一波「新產品、新應用、新體驗」發展，這是臺灣服務業發展的良機。

COVID-19 疫後，企業「數位轉型」成為一條不歸路，世界各國服務業莫不運用「人機協作」科技，來進行流程革新和服務創新。臺灣服務業約占 GDP 六成比例，但卻很少有海外輸出機會，主要挑戰在於內需市場小，產業數位化程度低、高階經營人才缺乏，以及相關法令僵固。未來宜加速研發投資、加強國際人才培育、鼓勵商業模式創新以及推動服務沙盒，並且透過在地服務試煉，使方案最終輸出國際，達成臺灣服務業升級轉型另一里程碑。

國立臺灣科技大學專利研究所
耿筠教授

外送平台帶給商業服務業的
價值重構與商業模式創新

‖ 第一節　前言 ‖

數位經濟下誕生的平台產業

　　在數位經濟時代中，巨量數據成為重要的資產要素。在傳統經濟學中，土地、勞力、資本被認為是經濟活動中主要的資產要素，或是稱為生產要素。企業家進行要素組合並參與生產活動，成為市場中的供給者。20 世紀末期，產業競爭中日益重視技術創新的優勢。經濟合作暨發展組織（OECD）於 1996 年在巴黎發表了知識為基礎的經濟（Knowledge-based Economy）一文，將智慧財產權制度當做技術性創新成果之資產化機制，而智慧財產成為經濟活動中最具有價值的資產要素。

　　近年來，資通訊科技快速地發展與演化，對所有產業帶來本質上的衝擊。由巨量數據構成的資料經濟，成為知識經濟後另一波的革命性創新。網路平台業者如 Facebook、Google 等，成功地展示了數據在商業活動中的價值。人工智慧等技術有效鏈結了資訊經濟與資料經濟，悄悄地將數位經濟推上了世界經濟的舞台。

　　傳統概念上，將產業分為高科技產業與傳統產業。IBM、台積電、Nokia 等資訊科技大廠，或是 Facebook、Google 等網路平台經營者，都屬於高科技

產業；高科技企業運用較少的人力、較高的研發經費，產出技術密集的產品與服務。當這些產品與服務在傳統產業或是勞力密集產業找到運用時機，典型的數位經濟現象就發生了。數位經濟標竿企業如 Uber、Airbnb，原本都是屬於大量僱用駕駛員、服務生的產業，當資訊技術與資料技術進入交通服務與旅遊服務時，這些耗費大量勞力的產業產生了革命性的巨變。數位經濟對於世界經濟的影響，主要發生在傳統上非屬高科技的領域。

> 數位經濟特徵對於外送平台與 Uber、Airbnb 具有相同的價值。面對在任何地方、任何時間有需求的零散顧客，與有能力提供載客服務、有空房可出租、有時間製作餐點的零散店家，雙方需要一個平台，有效率地將供需連結在一起。

‖ 第二節　外送平台的產業現況 ‖

　　根據我國經濟部統計處在 2020 年 4 月 6 日發布的產業簡訊指出，宅經濟風潮帶動外送平台興起，也推升了相關產業的產值。2019 年餐飲業營業額達 8,116 億元，年增率 4.4%。2020 年起，臺灣民眾受到 COVID-19 疫情影響而避免外出用餐，餐館業及飲料店業採用外送或宅配服務者，占比升至 53.8%。根據動態調查顯示，2020 年 1-2 月受到疫情初期的影響，有外送或宅配服務者，營收增加了 5.2%，無外送服務者的營收則減少了 8.0%；整體的同期相比僅略增 0.5%，但遠低於近 5 年同比的平均增幅 4.6%。同項調查顯示，業者普遍認為有外送或宅配服務者受到疫情的衝擊較少。

　　外食減少之際卻帶動超市及量販店的業績增長，受到替代效應的因素影響，生鮮及冷凍食品等烹飪食材銷售增溫，同比上一年度增幅為 15.1% 及 10.8%，較近 5 年平均同期累計成長率 7.1%、4.1% 高出甚多，凸顯了外送平台的新商機。

　　foodpanda 和 Uber Eats 是近年來臺灣美食外送的兩大平台，從穿梭在馬路上的淺草綠色與桃紅色食物保溫外送箱，不難看出美食外送業務的快速成長。相較之下，Lalamove、Cutaway、Deliveroo、Yo-woo、honestbee、

Foodomo 等外送平台的知名度較低，市場占有率與兩大龍頭相距甚遠，但有別具一格的價值特點。

美國也有類似狀況，外送平台市場很容易成為少數平台建置商的寡占局面。根據美國產業分析公司 Statista 估計，數十億美元的美食外送平台業務由 Domino's、Grubhub、DoorDash、Uber Eats、Postmates 等 5 家企業占有其中 90% 的市場，還有超過 300 家業者仍在努力爭奪相關市場地位。

建立新的外送平台可能比想像中的要困難。前述的領導企業 Grubhub 在美國及英國 3,200 多個城市中與 300,000 多家外賣餐廳合作；對於剛進入市場的新創企業而言，達到這樣的規模相當困難。Grubhub 實際上是個組合的品牌，合併了許多新創企業，以不斷推升他們的市場占有率[1]。

根據行政院主計總處之行業統計分類第 11 次修正版本，美食外送平台應該被歸納於 H 類 5420 細類之「遞送服務業」，其定義「郵政公司以外從事文件或物品等收取及遞送服務之行業；到宅遞送及餐飲遞送服務亦歸入本類」。

在立法院專門議題研析的報告中指出，關於外送平台行業之管轄問題，尤其是針對美食外送平台的管轄，涉及眾多法規，包括行政程序法、食品安全衛生管理法、食品業者登錄辦法、經濟部處務規程、交通部處務規程。

對於上述議題，交通部、經濟部、衛福部的看法並不盡相同，係因依法規主管機關的立場，各有各的管轄範疇；例如，美食外送平台是一種食品運送的服務業務，應納入衛福部「食品安全衛生管理相關法規」之監督管理；非屬於食品運送之外送平台會與經濟部業管之「公司、商業之登記、管理及監督事項」，及交通部業管之「公路營運業務之監督及考核事項」有關[2]。

一、外送平台產業的鏈結與發展

不同的產業分析報告都顯示了外送平台正在全球快速發展，尤其是美食與雜貨的外送平台。從近 5 年的產值統計顯示，全球外送平台業務大約翻倍成長，營業額估算在數千億美元。外送平台的樂觀發展趨勢，不言而喻。

註 1　引述自：Two Types of On-Demand Food Delivery Platforms–Pros and Cons，檢索網頁：https://yalantis.com/blog/three-types-of-on-demand-delivery-platforms-pros-and-cons/，檢索日期：2021 年 7 月 24 日。

註 2　彭文暉，2019 年 8 月，外送平臺之行業管轄問題研析，立法院議題研析，檢索網址：https://www.ly.gov.tw/Pages/List.aspx?nodeid=6590#wrapper，檢索日期：2021 年 7 月 17 日。

最明顯受惠於外送平台的產業是餐飲與食品，尤其是一些小型的餐廳，他們可能從來沒有想到如此簡單就能接觸到顧客。從 2020 年爆發疫情後，激發了外送平台的成長，甚至被描繪成抗疫的英雄人物，能跟上這波機會的餐廳與雜貨店，給了自己機會，同時也加入不一樣的競爭市場。不論是產業的領先者或是追趕者都會發現，服務模式與價值鏈結變得不一樣。

過去不被認為是重要的環節，現在越來越重要，這些環節包括智慧型分析、第三方外送、車隊、高科技應用。

因應各種行業使用量的增加，第三方外送量繼續增長，店家也與多個第三方外送平台合作，在任何時段都能延伸配送的足跡。這種策略擴大了地理涵蓋範圍與潛在顧客，但同時放棄了部分業務的控制權。買賣雙方在線上處理好交易後，由第三方執行實際交付任務；賣方可以擁有自己的交易平台，也可以使用第三方外送者所建置的交易平台。

有些規模較大的連鎖商店，規模大到足以建立自己的交付車隊，在規模經濟考量上，可以服務其他商家業務量來填補剩餘的交付能量；自己建立外送服務系統可同時擁有作業控制權，並享有第三方外送的優點。

第三方外送平台擁有外送業務相關資訊，這些資訊經過彙整、分析、建立預測模型等方式，可以告知賣家有關外送作業效率的缺失，與顧客偏好的轉變。在分析範疇與建議上，不限於同類型的商家，還可以跨足其他類型商家，吸取不同經驗做為參考。因此，產品賣方會轉向第三方外送平台業者索取分析數據，而此項額外的服務是可以收費的，因這些資訊是有價值的，甚至可以溯及到商家內部作業流程的改善。

看好外送相關商機，科技巨頭如 Amazon、Uber、Google 等也紛紛與之鏈結。2017 年 Amazon 收購實體超市 Whole Foods，以便進入食品與雜貨的外送市場；Uber 在共享計程車後建立了美食外送平台；Google 開放搜尋與地圖功能給美食業者與外送平台，合作夥伴將訂單匯集到搜尋和地圖功能中，使用者能夠直接從搜尋頁面進行訂購，外送平台負責指揮車隊完成外送。

除了美食，各式各類的商品開始依循美食外送模式推展，例如蔬菜箱也在外送平台上出現。過去在傳統市場上，供應商通常依靠送貨員來維繫顧客關係，因此當這類商品出現在線上購物平台時，如何享有新型態外送平台的利

益，又同時能維繫顧客關係，成為供應商的難題。

外送平台最主要外送食物，訂閱用戶成長趨勢在千禧年之後越來越明顯，但這些用戶不再追求美味，而是便利。下一代的年輕人，有越來越高的比例寧願待在家裡，這意味著他們願意在門口等送來的訂製餐點；還有些顧客是尋找純素、有機、無麩質、古早味或合乎環保概念的食物，這些都造成了平台使用數量的持續增長。有多樣選擇與比較的外送平台，更能滿足這些顧客的需求。

二、外送平台是高科技產物

相較傳統外送服務，外送平台是項高科技的產物。平台服務是指在網際網路或線上將廣泛顧客與業者連結起來的服務，如 Uber、Airbnb 就是將需要交通與住宿服務的顧客與業者進行配對，完成交易服務。平台的核心概念是提供基礎設施與規則的「供需連結」，就更廣泛的意義而言，外送平台是電子商務發展的一種形式。

根據經濟部商業司的論述，我國在電子商務發展下，形成了域名服務、金流服務、物流服務與平台服務等四個主要的服務類型。以電子商務為基礎的服務發展需要整合網際網路、寬頻網路、無線通訊、資訊安全等必要的基礎建設。電子商務複雜性高，同時牽涉到資通訊傳播、網路內容、網路金融、網路智慧財產權、個人資料保護、消費者保護、雲端商務應用與其他相關法制法規 [3]。

建構一個外送平台，通常需要由電信軟體開發人員建構服務環境，創造出服務平台上所需要的軟體、註冊平台或是其他資源，也稱為應用程序創建環境或整合開發環境，其目的是在不考慮行銷因素下，快速創造新的溝通服務。在這方面，電信基礎設施廠商具有較為完備的技術能力。接下來要執行環境所賦予的任務，包括中間媒介資料的控制，顧客偏好與權利的實際作業，使用戶在該環境中的服務需求能夠被滿足；在實際執行部分，例如像 HP、IBM、Oracle 等軟體供應商，具有較大的競爭優勢。具備這些軟硬體基礎資源要素的企業，順勢成為切入各式服務領域的潛在競爭者。

藉由下載 APP 可為智慧手機不斷添加新的功能，外送平台也具備了可程

註 3　經濟部商業司（2013），中華民國電子商務年鑑：我國電子商務發展現，檢索網頁：http://ecommercetaiwan.blogspot.tw/2013/12/2013_4026.html，檢索日期：2021 年 7 月 18 日。

式化的類似機制。在需求量達到門檻後,新的平台功能就被開發出來,像是多數電動汽車的概念,當電動車具備完整的硬體設施,例如監測駕駛環境與汽車狀態的感測器系統、處理資訊的電腦系統,與連結各項元件的通訊系統,在這些系統合作下,將汽車動力系統、自動系統、避震系統、安全系統等連結在一起。每當車廠開發出新的作業系統或是應用程式後,可以在不改裝硬體前提下,以更新軟體方式增加汽車新的功能。

> **物聯網通過網路傳輸與處理數據的能力,不需要人與人,或是人與裝置的互動,即能完成任務。其概念架構包括實體層、感知層、網路層、平台工具與應用服務層,可以用來描述外送平台的系統。**

外送服務過程中的顧客、供應商、外送員、產品與車隊構成了外送平台的實體層,是交易過程中的實體要素。傳統外送服務可藉由電話訂購,再運用這些實體要素完成外送服務;物聯網運用原本就存在的實體要素,例如貨品儲存的倉庫、貨架、搬運機具、搬運工人等,「平台」的功能在於加入感知層、網路層、平台工具與應用服務層。

在感知層中,每一個被連結的實體要素,都要被察覺其中的重要參數或是狀態,並配置獨特的標誌或位址;外送平台中顧客的需求通常是藉由外送平台APP傳達,與物聯網使用感測器感知物件狀態有點不同,但基本概念是相同的,都是提供物件或是參與者的狀況。平台中的顧客具有高度流動性,處理顧客位置是一項難題,搜尋引擎公司所提供的地圖功能是最常被使用的問題解決方案,然而技術能力更強的公司,會研發更有效率、更精準的定位技術,累積外送經驗,並強化後續位置表示的精確度,提高服務品質。

在工廠中的物聯網系統,經常是依據特殊需求而訂製的網路系統,綜合使用藍芽、近場通訊、Wi-Fi、5G、WAN、乙太網路等標準技術之組合,外送平台不會建置網路系統,也不實際,他們會使用網路服務提供者的系統。通常大型電信公司都會兼營網際網路服務,在系統中扮演提供網路硬體與資訊串接的角色。顧客通常使用一般電腦或是手機做為終端設備,外送平台則需要使用伺服機、網路主機或是更高階的設備,建立一個可供資訊傳輸、儲存、分析,且具有個人資料保護、備援功能的系統。

最後一部分,也是外送平台最具核心價值的部分,是產生附加價值最多的

平台工具及應用服務，或是合稱為應用層；自然語言處理、區塊鏈、防毒軟體等屬於應用層中平台工具的構成要件。應用服務的範疇很廣泛，非屬於資通訊產業之跨域加值應用，都是可能的範疇，例如擴增實境、人機互動、服務導向架構等。

在系統性的支持下，平台服務可以同時兼顧規模經濟、範疇經濟的利益；許多作業員本屬於人員的管理，轉為平台系統的管理。傳統上管理幅度的規模限制，在平台中可以大幅度提高，將人類智力放在少數關鍵的業務時，在處理的產品數量、訂單數量、交付資訊、回饋資訊等，不只是量的提升，也包括品項的擴充。

人工智慧在平台工具與運用服務兩方面，都能發揮極大的效益；外送平台是其中的一種應用服務。

在科技投入上，foodpanda 母公司德國 Delivery Hero 的報告稱，2020 年亞洲訂單成長最快，約暴增為兩倍。因此，在亞洲建立新科技中心有策略上的價值，可以進一步以大數據與技術能量支撐其數位生態系統；根據公司新聞中指出，將在臺灣投資新台幣 6.1 億元，建置新的技術中心。

過往的產銷效益提升以減少通路階層為主，而採用複雜科技的外送平台加入後，成為新的產業環節，使得供需關係更有效率，而打造出新興的商業生態系，讓生態系中的參與者皆獲得利益。其中包括業者降低成本、提升獲利；消費者可快速接觸多元化商品；平台商收取開辦費、商品抽成或其他加值服務費用。

建置一個高科技內容的外送平台，需要投入高額的固定成本。為能分擔固定成本與單次的服務成本，平台向服務業業者與顧客收取費用；每次費用至少要高於每次的成本，剩餘部分便可以分擔固定成本。當越多外送服務發生，固定成本就越快分攤完畢，接下來就產生利潤。

‖ 第三節　從經濟理論分析外送平台效益 ‖

　　外送服務並不是一件新鮮的事，很早就存在於經濟社會中。但是多了「平台」這兩個字，意義就大不相同了。芝加哥經濟學派代表人物 Coase 在其 1937 年一篇討論企業本質的論著，以及美國密西根大學策略與國際企業系 Prahalad 教授及英國倫敦大學商學院 Hamel 教授於 1990 年在哈佛商業評論合著的論文——核心競爭力，指出了構成經濟行為的基本道理。

　　根據 Coase 教授的說法，當企業需要使用勞力時，每次都採用市場交易模式在勞力市場取得符合條件的勞力，則須支付當時市場決定的勞力價格。這種做法無須負擔固定員工的薪資，與擔心其未來無法適任新工作；然從負面的因素評估，每次需要勞力就得花費時間搜尋、洽談、簽訂勞務合約等，這就是 Coase 教授所定義的交易成本。

企業使用勞力資源時，盡可能減少交易成本，追求經營績效的最大化。

　　傳統的外送作業是由內部員工擔任，通常指派新進或技術層次較低的人員，而規模較大的商家有能力僱用專人負責外送。這類型工作單純、容易取代且發生頻率高的任務，老闆不太可能藉由市場交易模式取得外送人員的勞務服務。在作業現場可能發生兩項難題：（一）當組織沒有新進人員，而內部員工都具備了相當程度的技術，誰要負責外送；（二）相對於外送工作所產生的收益，保留這些勞務而進行加工製造或是其他業務，是否能創造更高的收益。

　　企業僱用員工總是希望創造出最高的收益，在僱用勞力最適化的過程中，必須評量每位員工的成本與其創造的效益。根據 Prahalad 與 Hamel 兩位教授的觀點，負責人必須弄清楚哪些是構成企業核心競爭力的要素，全力保留，持續提升這些要素的價值，並穩固其所對應的核心業務。企業可以考慮將不重要的業務外包，只是需要注意不要被外包商的議價能力所牽制。縱使外送服務對於顧客是具有高附加價值的，企業也需要思考是否要自己負責外送。

如果外送服務並非公司的核心業務，就不應該納入公司的內部作業，
也不需要將資源投入在外送業務，故而將外送業務外包出去。

將理論描述的現場轉換到外送服務業者本身，負責人必須思考：外送服務會是一種核心業務嗎？如果是，企業擁有何種的核心競爭力？構成核心競爭力的要素有那些？

　　「外送服務是否能夠成為一種核心業務」是需要討論的。產業運行必須依賴企業間的交易關係，產生分工合作的價值鏈結。企業追求最適化的過程中，選擇適當業務範疇做為其經營的疆界，鏈結過多的業務反而導致效率不佳，或是某個分工環節有利獨立發展的可能性時，就可能脫離了原有整合的狀況。單一企業的外送業務或許無法成為一種核心業務，一旦外送業務達到規模經濟的門檻，或是找出可大幅降低外送業務成本的方法時，外送服務即成為獨立且可獲利的環節，這時候，外送業務成為企業的核心業務，從事外送業務的企業會持續尋找需要外包外送服務的業者，同時找出需要被服務的顧客。

　　「外送」加上「平台」產生了數位經濟的特徵，當平台具備某些要件時，顧客價值就會改變。顧客價值是指外送平台對於產品供給者與產品需求者的價值，以外送平台為核心業務的企業而言，兩者都是平台的顧客。平台上發生的典型交易是供給者與需求者分散且零星，地理位置與需求時點都具有這些特徵，且顧客需求通常很小，偏好多元與變異性大；需求者在追逐最佳方案時，期望能獲得更多的資訊。在撮合買賣雙方的過程中，都是一些簡單而重複的問題，達成協議後，訂單內容的確認與外送過程也是簡單而重複的過程。

　　這些發生在外送平台中，與買賣雙方直接有關的交易特徵是：分散的、片段的、嘗試的、重複的，不太需要高度的專業知識。

　　數位經濟在結合資訊科技與資料科技的過程中，已經成熟的科技足以讓外送服務嫁接在資訊平台中。產品與服務提供者可以精心設計呈現給顧客的資訊；需求者可以不受時空限制而隨興地瀏覽產品資訊、進行顧客評價等；平台能協助買賣雙方找到需要的資訊，甚至主動提醒特別需要確認的事項。處理這些問題通常不需要高階的人類智慧，而是資料的整合，將瑣碎的資料彙集在一個平台上。

　　經營外送平台所要解決的問題，都是簡單且廉價的，因此處理好問題能取得的收益極其有限。平台經營者面對的問題通常是「有哪些產品適合我？」「有誰在賣？」「可以多少時間送達？」「誰賣的比較便宜？」「如何支付款項？」

「萬一不合用的處理？」「過去消費者如何評價這些產品？」

回答這些問題不難，但是需要處理與系統化的資料量龐大，同時需要根據資料提供者與瀏覽者的使用經驗而逐步優化。這個過程所演化的必要工程與商業模式，使得平台經營者必須網羅眾多使用者，才能達到損益平衡的經濟規模。因此，建置外送平台需要投入高額的先期成本，隨後也需要增添附加功能，例如第三方支付、履約保證、個人資料保護、顧客意見回饋、置入性行銷、紅利點數制度、消費者偏好分析、使用者評價、產品客製化資訊揭露、交易進度追蹤等。平台業者若非有充分的財務與技術能力，勢必難有平順的起步。

> 數位經濟的發展模式與條件，正好提供外送平台建置所需要的必要資源要素，能夠在資訊科技與資料經濟下，處理各方的需求。

‖ 第四節　國際經典案例與帶給我國之啟示 ‖

一、Uber 進入外送平台的基礎

從事各種行業都需要有必備的資源要素，當 Uber 快速成為美食外送平台雙霸之一時，我們無須驚訝這種轉換商業場域的能力。2009 年 Uber 在美國市場出現，2010 年於太平洋地區推出支援智慧型手機 iOS 和 Android 兩大作業系統的行動應用程式（APP），同年獲得矽谷超級天使創業投資資金挹注，次年再獲得數家大型創投公司高額投資，包括高盛等。2012 年，Uber 宣布擴展共乘服務的業務。

在從事外送平台服務之前，Uber 在 2015 年迎來了熱鬧的一年，當年度在香港推出 Uber Cargo 的包裹運送服務，在匹茲堡投入自動機器人與駕駛汽車技術，並從 Carnegie Mellon 大學挖走 50 多位員工，收購地圖圖資新創公司 deCarta。接著，2016 年在臺灣推出 Uber Eats，2019 年收購智利雜貨配送商大部分的股權，在外送平台市場中插旗的意圖極為明顯。

Uber 從產業外切入美食外送時，便採用全棧式（full-stack）的商業模式，控制整個服務過程，並為新鮮美味與訂單延遲負責。全方位的外送服務需要大

量的初期投資，以便支付員工薪資與維護大量設備。為了能遵守法律和衛生標準，Uber 還需要購買保險和通過不同的認證。

　　foodpanda 與 Uber Eats 有著截然不同的發展軌跡。foodpanda 於 2012 年快速在東南亞各國建立基地，隨著市場動態競爭，類似於 foodpanda 的其他業者朝向更大規模的整併發展。foodpanda 在某些國家併購了競爭對手，多個國家的業務在同期亦被競爭對手併購，最後自己也被德國競爭對手所併購，而全面改用鮮明的桃紅色識別特徵。

> **從異業進入的 Uber，採用完全不同的進入策略。業績耀眼的 Uber，**
> **同時也努力紮下穩固的技術根基，意圖跟上數位經濟世代的腳步。**

　　鮮少有人關注 Uber 在技術上的投資，也似乎沒有人在意 Uber 究竟取得了多少專利，這些專利保護了那些技術方案？Uber 在 2015 年取得了第一件美國專利，名稱為「依服務需求提供動態供應定位的系統和方法」，截至 2021 年 7 月份，以服務為主的 Uber 在美國取得了超過 550 件的專利，保護的技術領域包含電子交易、自動駕駛與位置識別與定位等三類型相關技術。Uber 技術嫁接在 GPS 全球定位系統上，以便掌握所有向 Uber 發送訊號的地理位置，並指引服務人員到達目的地的路徑。在完成交易的過程中，這些獨門技術可以更精準地掌握買賣雙方的位置，有系統地整合在其自建的地圖系統中，有利於往後的服務；此外，著眼於未來的無人載貨或是載人服務，Uber 還有自動駕駛相關技術的專利。

　　在相關專利資料庫檢索後，並未找到 foodpanda 德國母公司有申請專利的紀錄。這種區別性的發展模式，正符合了網路對於兩大美食外送平台的評價，Uber Eats 交貨較為準時，使用介面較有效率，這和長期投資技術開發有密切的關係。

二、外送平台特性帶給服務業的價值

　　當瞭解外送平台的經濟現象、系統架構、用戶數效應與實際案例後，比較容易闡述外送平台的效益。平台所帶給顧客的多元化價值，以及對於買賣雙方的效益，整理如下：

1. **專注於核心業務**：為了增加業務量，服務業業者需要完成招攬顧客、解說商品、填寫訂單、確認品項、遞送產品、提供消費過程中的服務、收拾場所等工作，這些工作會產生附加價值，但需要耗費資源，尤其是人力資源。外送平台可以完成其中多項工作，業者便可將資源投入於核心業務，例如製作餐點、研發新菜色等。

2. **節省非核心業務的心力與成本**：採用外送平台服務的店家或是餐廳，可以擴展新視野與新市場。外送平台提供送貨服務，服務業業者無須擔心司機的招募與管理、追蹤送達進度、支付車隊的購置與維修，這些非核心業務的成本及心力就可以被省下來。

3. **突破地理上的經營疆界**：將店家資訊放在網路上，就能藉著平台接觸到更多的顧客。正如前文所描述的，在 COVID-19 下許多中小型餐廳被迫使用外送平台，他們很快體會到「竟然可以如此輕易地找到更多顧客」。外送平台改變了傳統行銷學產品經營地理範疇的概念，由資訊網與交通網交織的新地圖，成為設定經營市場範疇的新模式。商圈中的小型實體店面可能只涵蓋數百公尺內的服務範圍，採用外送平台後可以立刻升級到數公里。

4. **有效利用產能**：服務業業者能夠藉由外送平台提高產能的利用效率，這與前述三項利益有關。當業者可以擴大經營疆界，又能將原本投入在非核心業務的資源轉到核心業務上，資源使用效率就會增加。藉由平台顯示商品送達的預定時間，顧客可以判斷是否持續交易，或是挪移到其他時段訂購，這種行為有利於尖峰時段的需求移動到非尖峰時段。

對於服務業而言，前述四項利益是基本與明顯的。不論業者是否需要依賴數據所產生的額外效益，當業者開始運用外送平台時，這些效益就會發生，但業者必須支付不算低的平台使用費。

5. **減少交易的風險與成本**：每一筆交易都有交易成本與風險，為了能提高滿足程度，顧客會在不同業者間尋求更多的問題解決方案，通常會檢索更多的資訊，增加對產品的瞭解，降低實際與知覺間落差的風險。對於業者而言，為了滿足消費者的資訊需求，必須花費時間、勞力處理這些問題，但最終不一定可以完成交易。外送平台能夠同時顯示業者想要呈現的資訊與顧客想要檢索的資訊，雙方都藉由平台降低交易過程中不必要的成本與風險。

6. **即時資訊更新**：平台上的資訊是藉由網頁功能向顧客傳遞，當業者更新資訊時，只須更新平台上的資訊即可。平台建置者的技術能力與支援廠商的各項功能，決定了業者更新資訊所需要的能力、時間與表現方式。

7. **避免互動產生的衝突**：顧客與業者的互動是維繫顧客關係的重要方式，但也可能引發衝突。對於需要頻繁互動但又無法增加顧客價值及顧客關係的互動，可以藉由平台居中的角色而避免直接衝突。

8. **共同創造價值**：在平台互相串連的網路結構下，網路生態系統產生了共同創造價值的現象。越多的訂閱顧客或是業者加入，越能抬高平台的知名度，及吸引更多的顧客與業者再加入，這些無形的聲望是集合所有成員的參與而產生，並非某一個成員的貢獻。

9. **增加互相學習與模仿的機會**：學習與模仿並非精準的用語，主要是描述平台中業者之間的行為。雖然平台目的是在建立業者與顧客之間的橋樑，但業者都能看到其他業者在平台上所公開的資訊與交易方式，這些資訊透露了定價模式、優惠方案、產品資訊呈現、交易承諾、介面設計等。這些資訊模組大部分是由平台提供，而實際內容需要由業者自己建置，其中不乏有創意、令顧客心動或能減少知覺風險的資訊。平台累積的資訊成為業者之間相互學習、模仿的最佳來源。

　　增加以上功能必須以龐大的規模經濟為基礎，因此，平台的訂閱戶數量很重要。建置平台系統所需的軟硬體，都需要投入大量的固定成本，越多的訂閱戶數，越能分攤這些固定成本。

10. **提高買賣雙方的信賴**：外送平台通常會提供評價業者的機制，業者與送貨員都要謹慎地做好每次的產品與服務。顧客依賴平台所提供的資訊去評估業者、平台依賴每次送貨員服務品質而決定派遣任務，使得買賣雙方都需要依賴平台做為服務品質的信賴基礎。

11. **平台可以對服務業提供加值項目**：平台建置者具有較高的技術能力，同時平台上的業者常有相同或類似的需求，例如資料結構、下訂單、定位點標示、APP 預訂網頁、獨特形象網頁設計等。當平台可以成功開發一個公用的模板時，便可用較低的價格或是免費方式提供給服務業業者使用，一則增加業者的獲利能力，另一方面提高平台本身的價值。

12. **對於品質改善具有正向循環效果**：改善品質是一個廣義的概念，平台可以擷取顧客在選擇產品到消費產品過程中任何可能的資訊，包括對於店家產品、外送員服務品質以及本身的認知性價值等。這些資訊被揭露與累積後，服務業業者與平台建置者便可客觀地瞭解整體狀況，而進一步展開改善方案。當顧客與業者感受到服務品質更能符合自己期待時，這樣的改善循環將會持續下去。

13. **人工智慧幫助下的服務改善**：借助於資訊科技與人工智慧的效能，消費者的資訊回饋能夠更完整被彙整、顧客的期望或是痛點被揭示，平台可以對服務業業者提出警示，甚至提出改善方針。

14. **使用科技創造更高的服務品質**：例如為提高外送物品的時效性，平台功能可以包括指導外送員的路線規劃、緊急事項標示、改善店家與顧客位置的標示。串聯資通訊科技與資料科技，可提供許多問題的解決方案。

15. **低成本置入創新的商業手法**：在平台上置入一種新的做法，主要是更新應用軟體，從平台上置入新手法具有效率與成本的優勢。這些軟體可能來自於其他平台授權、平台建置者自行開發，也可以由業者或是顧客的創作靈感而來。

16. **由顧客引發的創新**：顧客經常對產品提出建議，有些沒有價值，有些具有高度的商業價值。這些由顧客觀點提出的建議是否夠被服務業業者或是平台建置者察覺，必須視資訊處理能力而定。業者或是平台建置者有可能忽略這些建議，如果是顧客經常提出的相同建議被忽略就很可惜。顧客建議可能是短暫的、臨時的，而且是凌亂的，強大的平台功能有能力扮演產業分析者的角色，協助各方處理資訊，如此一來顧客提出的創新方案就有機會被實踐。

> 上述是外送平台獨到的效益，有些是傳統方式不可能做到，有些可以做到但成本過高，對於單價低、任務簡單的交易，根本不划算。當顧客、服務業業者期望獲得以上效益時，加入外送平台就有可能重新創造經濟活動的價值。

使用外送平台也有缺點，美食外送總是會損失一些利益。明顯的缺點包括美食與飲品風味的差異、無法享受用餐氛圍、品質責任的歸屬不明確，更直接明顯的缺點是高比例的抽成。在美國，Uber Eats 抽成約 25%、DoorDash 和

Grubhub 最多可達 30%；臺灣兩大龍頭平台的抽成高達 35%，其他的平台抽成大約在 15%-35% 之間。儘管如此，眾多知名餐廳與新進餐廳，仍然爭先恐後地加入外送平台的行列。

當完全依賴外送平台時，餐廳實際上並不知道他們的顧客是誰，以及他們喜歡什麼食物，餐廳沒有機會藉由平台親自與顧客互動並建立關係。但是有些外送平台會提供分析服務，建立顧客關係管理系統，而有加值服務的機會。

業者必須分析使用外送平台的成本、效益與風險，並思及抽成比例與行銷成本的權衡。這些行銷成本包括攬客、發宣傳單、接聽電話、帶位、解釋產品、點餐、上菜、結帳、收拾桌面、架設網頁等。有全盤性的瞭解後，再考慮是否採用外送平台的服務。

‖ 第五節　外送平台的商業模式 ‖

外送服務的發源是美食外送，比薩店外送餐點是種傳統。美食外送平台潮流崛起後，大型比薩餅連鎖店嘗試建立自己的外送系統；美國著名比薩餅連鎖店 Domino 外送占其銷售的 65%，類似此類傳統比薩餅店如 Papa John's 與 Pizza Hut 努力投資於外賣軟體與 APP。Domino 開發的應用程式（APP）Zero Click，意指零點擊，事實上就是一種操作程序，打開應用程序後，APP 就會自動帶入已保存的訂單，如果 10 秒內沒有取消，訂單就會成立。顧客一旦產生依賴，很容易被鎖在這種銷售模式中。在外送平台中，這類商業模式可以稱為「餐廳對消費者的送貨」或是 B2C（business to customer）。

專業的外送平台進入服務業之後，改變了原有的商業模式。早期線上撮合模式是透過網站或手機 APP 傳遞（美食）資訊與下訂單，平台較像是訂單的集合中心，實際外送服務仍由業者（餐廳）自己處理，亦可以稱為 O2B2C 模式（platform to business to customer）。

受到數位經濟思維的科技進展，加上 COVID-19 事件發生，外送服務的需求越來越大。顧客不再希望由訂單中心再轉向個別餐廳網站完成交易，這意味著顧客期望以更熟悉的介面完成資料搜尋、下訂單、付款、追蹤的整個過程。當訂閱顧客數達到規模經濟，或是預期大幅成長的誘因下，轉向個別

網站的交易模式和專業配送流程必須走向整合，這就是爲什麼平台建置者需要擁有自己的外送車隊。此時的商業模式稱爲 B2O2C（business to platform to customer），外送平台成爲服務業業者與顧客之間的橋樑，並承擔橋梁的所有角色。

由於外送平台的特性，也引發了其他的新商業模式，首先討論的是虛擬餐廳的興起。與傳統實體店面的成本結構不同，虛擬餐廳不需要店面，因此可以節省空間、人力與服務，售價減去食材成本與直接人力成本後的毛利率將比傳統實體餐廳更高，多出的利潤足以支付外送平台的服務費時，改走虛擬餐廳路線可能有更高的獲利。

根據 Uber Eats 虛擬餐廳網頁的說明，「虛擬餐廳是以外送業務爲主的餐廳概念，讓您能從現有的廚房直接運作，並透過 Uber Eats 的資料提供最優質的服務。虛擬餐廳可讓貴餐廳聯繫使用 Uber Eats 平台的外送員，不必承擔開設全新實體餐廳的風險，就能透過其他方式滿足當地需求。[4]」

在英國已與高達兩千家虛擬餐廳合作的英商 Deliveroo 戶戶送，在臺灣已培養多達兩百多家的虛擬品牌。作爲臺灣市場的後進者，Deliveroo 戶戶送也是利用數據說服餐飲業者成立虛擬餐廳[5]。

在餐點可以外送的條件下，餐廳的核心業務都在廚房，無須裝飾用餐環境與訓練服務生，因此焦點都放在廚房。以廚房爲核心的競爭中至少產生了兩種商業模式，一種是共享廚房，另一種是虛擬品牌。

洽洽創灶的主要經營方式之一是運用共享概念的共享廚房，對於有菜單、有手藝、想嘗試進入餐廳創業者，洽洽創灶像是創業者的育成中心。在共享廚房中租用空間與設備，開始摸索接訂單、出餐、瞭解顧客等；第二階段是讓合作的廚師創造品牌，透過外送而進入較低成本的試量產階段，以及建立順暢的工作流程。這種模式被稱爲「雲端廚房 - 外送餐點」。如果本階段的營運成功，創業者再考慮是否建立實體餐廳，或是探索其他的經營模式[6]。

Deliveroo 較晚進入臺灣，2020 年初在雙北地區、桃園擁有近 6,000 家合

註4　資料來源：https://restaurants.ubereats.com/tw/zh-tw/innovations/virtual-restaurants/，Uber Eats 官方網頁，檢索日期：2021.07.27。

註5　林苑卿（2020），「外送平台搶當餐飲新霸主 催生兩大商機」，財訊企業動態，檢索網頁：https://www.wealth.com.tw/home/articles/24767，檢所日期：2021.07.26。

註6　陳皓嬿，洽洽創灶 從共享空間到品牌孵化，料理．台灣，第 56 期，檢索網頁：https://ryoritaiwan.fcdc.org.tw/article.aspx?websn=6&id=6567，檢索日期：2021.07.28。

作餐廳與 1,500 位外送員，Deliveroo 所合作的餐廳約有 5% 為虛擬品牌（virtual brand），不過已在 2020 年 4 月份宣布退出臺灣市場。

當平台從數據挖掘出消費者未被滿足的需求，就有機會轉變成實際的美食供應，例如某處常有消費者查詢「炸雞」，但平台上並沒有相關合作餐廳，外送平台便會找尋願意推出炸雞的廚房或是餐廳，並以新品牌方式招攬顧客 [7]。

‖ 第六節　結語 ‖

如同前文所述，外送平台在科技的輔助下，有著寬廣的想像空間。外送平台對於服務業業者而言有好有壞，善用外送平台可專注於核心業務，並從平台的回饋找出可精進之處，但會失去與顧客建立關係的機會。

基本的經濟行為與管理現象依然在歷史上延續，包括顧客的需求與偏好、流程的效率與重組、科技的進展與應用等因素，都將持續影響外送平台的未來發展，相關商業模式也將隨著環境變遷與市場競爭而不斷地演化。

註 7　吳元熙（2020），不敵雙雄？戶戶送無預警宣布 4 月 10 日退出台灣市場，背後可能跟這 2 大因素有關，數位時代，檢索網頁：https://www.bnext.com.tw/article/57196/deliveroo-close-taiwan-market，檢索日期：2021.07.28。

5G 結合新科技在服務業的應用與潛在商機

‖ 第一節　前言 ‖

　　隨著第五代行動通訊技術（5th generation mobile networks，以下簡稱5G）開台，5G成為新一代行動通訊技術，象徵著新型態的網路通訊時代來臨，世界各國紛紛投入5G基礎網路的建設，透過5G頻譜標售、5G網路環境建構、5G資通訊設備研發以及5G應用領域推動等方式，積極布局5G通訊及各類應用領域。

　　國際電信聯盟（International Telecommunication Union, ITU）就第五代行動通訊技術發展的過程，針對5G基礎網路訂定了三項特性：「大頻寬、低延遲、多連結」，這也是目前國際普遍認定的5G基礎網路特性，並在這些特性上衍生相關的應用服務領域。

　　結合5G技術的三大特性與商業服務業在經營上的需求，可發現5G在商務應用領域發展，主要可以應用於行銷、體驗、銷售、店內管理、場域治理等，並搭配相關領域的新興科技，包含：4K/8K影像技術、擴增實境/虛擬實境（Augmented Reality, AR/Virtual Reality, VR）/混合實境（Mixed Reality, MR）沉浸式體驗技術、邊緣運算技術、人工智慧技術（Artificial Intelligence, AI）、物聯網（Internet of Things, IoT）技術等，衍生出各式各樣的5G商務應用，像是即時互動廣告，或是各種線上與線下體驗服務，以及即時競標、即時拍賣等

服務。

2020 年在全球 5G 網路陸續商轉的過程中，卻面臨了 COVID-19 的挑戰，衝擊全球商業活動，餐飲業與零售業更是首當其衝，店家被迫調整現有的經營策略，將原有的實體經營，轉變為實體與虛擬通路深度整合的經營模式，加上 5G 網路、人工智慧、物聯網、擴增實境／虛擬實境、4K/8K 影音及邊緣運算等創新技術的持續演進，業者可以更即時掌握多方消費數據、深入瞭解消費者樣貌，進而發展新商業模式。

本研究將針對商業服務業在 5G 網路的帶動下，所觀測到的趨勢、潛力商機，以及未來企業發展 5G 商務應用之方向與關鍵要素，提出觀點與建議。

‖ 第二節　5G 商務應用在國內外的發展現況與趨勢 ‖

一、5G 基礎網路帶來的重大革新

在深入探討 5G 在商務領域的應用前，須先掌握其三大特性的核心內容。首先是增強型行動寬頻通訊（Enhanced Mobile Broadband, eMBB），俗稱「大頻寬」特性，主要是行動網路上傳與下載流量的提升，相較於 4G 網路的最大頻寬 1G bps，5G 網路預估能提供 10G bps 的最大頻寬，意即比現行網路快 10 倍的上網速度。

第二項是高可靠度與低延遲（Ultra-Reliable and Low Latency Communications, URLLC），所謂「低延遲」特性，人類視覺上能感受到延遲回應時間約為 20 毫秒，而 5G 將使網路的延遲速度低於 20 毫秒，產生視覺上無法感受到延遲的網路體驗。

第三項特性是大規模機器型通訊（massive Machine Type Communications, mMTC），又稱「多連結」特性，將大幅提高連接元件設備的容量，預估每平方公里可容納約 100 萬個裝置通訊。依據這些特性衍生而來的 5G 創新應用，也正如火如荼地在全世界展開各式各樣的驗證計畫。

10,000倍以上的流量

20Gbps的DL
尖峰資料速率

100 Mbps
高速移動

增強型行動寬頻

5G

每平方公里
一百萬台設備

大規模機器通訊

超可靠機器通訊

1毫秒延遲

99.9999%
的可靠度

資料來源：國際電信聯盟 ITU，2020 年 10 月。

◆圖 12-2-1 第五代行動通訊技術三大特性

在 5G 技術規範發展方面，5G 國際標準制定機構 3GPP 於 2020 年 7 月已經完成 R-16 產業標準研究，並進一步演進到 R-17 的研究項目，包含：5G 網路部署與自動化、增強型移動寬頻（eMBB）、工業物聯網、垂直應用等四大研究面向（鍾曉君，2021）。前三者主要是網路基礎環境與硬體設備的研究，最後一項則著重在垂直應用研究，包含：V2X 車聯網（NR-V2X）、NR 廣播／群播（New Radio, NR）、延展實境（Extended Reality, XR）等三大應用。

NR-V2X 的研究重點在將車聯網擴展至公共安全、急難服務等智慧城市應用；NR 廣播／群播則是單點對多點的訊息傳輸技術，透過 5G 複合無線電視廣播網與行動通訊蜂巢網路，開創新興應用，如 4K/8K 高畫質視訊、多視角視訊等；XR 則是聚焦在雲端邊緣運算結合輕量化終端裝置，發展 XR 應用情境。

其中，從 5G 在 NR 廣播／群播、延展實境預定研究方向，可以發現在應用領域端也從原先的智慧城市、車聯網、智慧工廠等領域，漸漸擴大到商務應用領域，包含藉由廣播／群播的方式，將高畫質的影像，或是多視角的影像，藉由 5G 網路進行傳輸，發展像是 4K/8K 直播銷售、運動賽事多視角轉播等商務應用；此外，也可以搭配 5G 雲端行動邊緣運算（Multi-access edge computing, MEC）的網路架構，搭配終端裝置，發展像是基於位置的光標籤數位行銷（Location-Based Service, LBS）、擴增實境（Augmented Reality, AR）商區導航導購等商務應用。由上可知，國際標準組織也開始重視 5G 在商務應用領域的發展。

從 5G 用戶端觀察，2021 年第一季全球 5G 用戶約 4.7 億戶，2021 年底則預估約 5.6 億戶；在 5G 手機出貨量的部分，2020 年底約 2.4 億台，到了 2021 年底預估為 5.4 億台，滲透率為 39.3%（蘇偉綱，2021），2021 年全球 5G 用戶與手機出貨量，預計將雙雙突破 5 億大關，且高度集中在已經完成 5G 網路商轉的國家，當用戶持有 5G 手機與 5G 網路後，將吸引業者投入 5G 應用服務的發展。

由於目前各國 5G 網路發展，仍處於提升 5G 基礎網路的覆蓋率，以及提升 5G 用戶滲透率的階段，在 5G 應用服務端的投入相對較少，且大多數的 5G 應用服務聚焦於 5G 專網的應用，如：智慧工廠、車聯網等，對於服務業與消費端的應用投入，相較下就更少一點。不過，根據 IHS Markit 在 2020 年的預測數據（Atkinson, 2017）指出，5G 為各產業帶來的經濟產出，將以為製造業、資訊業、批發零售業帶來的效益最大，預估經濟產出將占所有產業的一半（49.4%），這三大產業將會是 5G 應用上優先進行布局的產業。

可知批發及零售業為緊追製造業及資訊業，同列 5G 發展下的前段受益產業，針對前三大受益產業預估的產出，分別為製造業 3,364 百萬美元（27.3%）、資訊業 1,421 百萬美元（11.6%）、批發及零售業 1,295 百萬美元（10.5%）。這項預測顯示，除了既定印象的軟硬體產業外，5G 應用的受益產業也包含零售等商業服務業，且預期帶來創新變革。

二、5G 商務應用領域發展趨勢

歸納 5G 在商務應用領域的發展，主要可以應用於行銷、體驗、銷售、店內管理、場域治理等，並搭配 4K/8K 影像技術、擴增實境 / 虛擬實境 / 混合實境沉浸式體驗技術、邊緣運算技術、人工智慧、物聯網技術等，衍生出各式各樣的 5G 商務應用。

像是結合 4K/8K 高畫質看板的即時互動廣告，就需要借重 5G 大頻寬的網路特性，讓廣告內容的呈現更加真實；結合 AR/VR 的各種線上與線下體驗服

務，就要同時借重 5G 大頻寬與低延遲的特性（延遲低於 25 毫秒），來降低消費者在體驗過程中的暈眩感；5G 低延遲的特性，也可以發揮在即時競標、即時拍賣等服務上，更即時地鏈結店家與消費者兩端，讓消費者隨時隨地都能有很好的購物體驗；在結合 IoT 技術方面，則需要倚賴 5G 多連結的特性，但因為目前相關技術準則仍在研究階段，相對應的商業應用也偏向既有服務可能衍生的加值，像是智慧商場、虛擬賣場、自駕車商務等，預計會朝向智慧空間發展，提升店家與場域的經營效能。

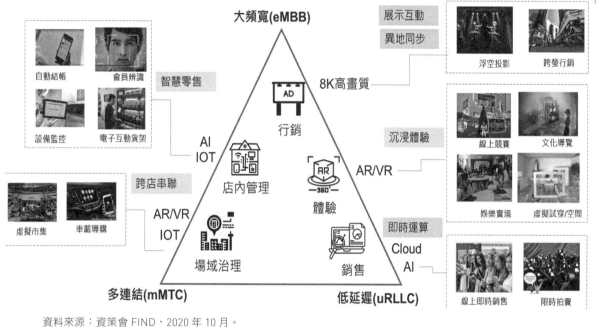

資料來源：資策會 FIND，2020 年 10 月。

◆圖 12-2-2　5G 技術特性之商業應用需求

依據國際研究機構 Arthur D Little 在 2019 年發表的《The Race to 5G》指出，全球 5G 發展的領先國家依序為：南韓、美國、澳洲、卡達、瑞士、芬蘭、阿聯酋、西班牙、英國、日本、義大利、新加坡、奧地利、中國大陸、葡萄牙等國家（Taga et al., 2019）。其中，排名高於英國的為領導國家（Leaders），而在英國以下的為潛力國家（Followers）；這兩種類型的國家因為 5G 技術掌握度有所不同，因而在發展策略上也有所差異。前者由於正式商轉的時間較早，技術也較成熟，因此在推動上也更全面，從產業標準制定、核心技術研發、基礎環境建構、關鍵應用整合、資訊安全推動等均不遺餘力；後者則聚焦國內

的優勢產業，發展各種 5G 垂直領域應用。

　　南韓與美國是全球 5G 網路最早商轉的國家，均在 2019 年 4 月正式商轉。而南韓總統文在寅更在 5G 服務商轉儀式上宣示「5G+戰略」，將培植 15 個以 5G 為基礎的「戰略產業」，包含了 5 個核心服務和 10 個核心產業，預期創造 60 萬個就業機會，商品和服務的出口產值可達到 730 億美元（Zahid Ghadialy，2019）。

　　為了有效發揮 5G 商業化的影響力，南韓政府也扶植電信營運商測試與發展各項 5G 應用，並積極投入 5G 新興產業和民間的新興市場投資。「5G+戰略」主要有三個核心的發展目標：建立 5G+戰略產業的支持系統、公私部門合作發展上下游產業的聯合成長模式、創造安全的環境來促進 5G 服務。另有五個推動策略：政府優先聚焦公共投資、建立 5G 產業補助機制、改善 5G 通訊與傳輸制度、建立 5G 產業培育機構、支持 5G 技術海外拓展（金美敬，2019）。

　　在商務應用領域方面，南韓政府（2020）建立 13 個提供企業進行 5G 驗證的場域，其中於釜山的 AR/VR 內容開發中心，主要協助中小型服務業與新創企業發展跨產業與跨領域的應用服務，選在釜山的原因除了是南韓第二大城，還因為釜山有「電影之都」的美稱，並辦理亞洲規模最大的電影盛事——「釜山國際電影節（BIFF）」，也因此帶動當地影視娛樂業。隨著數位科技與 5G 的發展，許多製片商、動畫與遊戲公司開始朝 AR/VR 轉型，當地政府看準這波熱潮，於 2019 年 11 月與南韓 SK 電信共同建設 5G 媒體示範項目，設置 5G 虛擬實境旅遊推廣中心、虛擬實境體感劇院，期望更有效促進當地觀光發展。

　　南韓特別看好 AR/VR 產業的整合以及全球市場潛力，為了培育更多專業的人才與發展更多元的應用服務，提供具有發展潛力但資源較缺乏的中小企業與新創團隊相關協助，像是新媒體實驗室、專業培訓課程、法律諮詢、工作空間等，也協助與其他領域的企業媒合，如健康醫療、觀光、行銷、影視媒體等，期望透過跨業合作，協助創新內容發展，創造產業效益。南韓政府希望以政策力帶動創作與產業的結合，促進數位科技、資源、產業的整合，打造完整的產業生態圈以創造新經濟。

　　美國也是在 5G 商轉與技術領先全球的國家，為了保持領導地位，積極與盟國、合作夥伴進行國際標準制定，確保電信和網路空間的安全性，並以維護國家安全利益為首要目標。主要發展策略是由公部門（美國政府）主導布建基

礎設施與環境，快速拓展 5G 高速寬頻網路至全美，再由私部門（企業）自行發展 5G 相關應用服務、帶動國內 5G 投資與創新。

在公部門方面，美國目標要成為 5G 標準制定的主導國、引領全球 5G 標竿國家，因此於 2020 年 3 月白宮發布了《國家 5G 安全戰略》（The White House, 2020），制定美國內外 5G 基礎通訊安全保障，提供安全的 5G 設備環境，進而促進企業（如電信營運商、設備供應商與系統整合商等）相互合作與發展多樣性的應用產品與服務，預期未來 5 年內創造 300 萬個就業機會、2,750 億美元新投資，以及增加 5,000 億美元產值，並提出「乾淨網路」（Clean Network）計畫，針對 5G 網路進一步控管電信業者、程式、雲端儲存與海纜等網路基礎環境的布建規劃，以確保美國國家網路安全，拒絕使用不可靠業者產生的設備、應用程式。

美國在 5G 相關應用服務端，主要依賴科技巨頭企業的投入，如 Google、微軟、Facebook 等 31 間公司，2020 年 5 月成立了「開放基地台無線接取網絡政策聯盟」（Open RAN Policy Coalition），一方面積極推動在開放基地台網路架構下的各種應用領域，另一方面則呼籲美國政府提供 5G 研發補助、互通 5G 網絡，讓更多企業可以進入軟體市場。同時，這些科技巨頭也扮演領頭羊的角色，透過以大帶小的方式，協助各領域之中小企業發展 5G 相關應用服務，像是高通公司就推動了 Qualcomm® 小型企業加速器計畫，協助中小企業運用 5G 技術，發展各項應用。美國在 5G 商務應用的發展上，由於公私部門各司其職，相關商務應用的發展就落在個別企業對於 5G 技術的掌握與思考；商務應用的推動方向，也偏向由企業本身的需求出發自行發展，而不是由政府主導。

英國於 2019 年 12 月開通 5G 通訊服務，是繼韓國、美國、西班牙後，第 4 個推動商用 5G 的國家。由於通訊基礎設施產業並非英國的強項，因此英國政府在 5G 的政策規劃上並未將 5G 技術標準研發列為最主要的發展重點，而是著重於各項 5G 應用的垂直產業發展，例如智慧城市、智慧零售、物流與自駕車及車聯網等，並同步提供上述垂直產業相關測試場域、實驗網等，期能運用 5G 優勢帶動產業發展。其在政策擘劃上有三個主要目標：加速 5G 網路普及、運用 5G 為英國增加生產力與效益、為英國企業帶來新契機並增加投資誘因。

英國在垂直應用領域的推動，主要依賴在雲端運算與物聯網的優勢，強化英國數位經濟的競爭力，預估到 2030 年其行動通訊產業將有機會成長至 1,800 億英鎊，並由英國通訊主管部會「數位、文化、媒體與體育部（Department for

Digital, Culture, Media & Sport, DCMS）」負責統籌 5G 產業應用政策（廖修武，2018）；亦成立「未來通訊挑戰小組（Future Communications Challenge Group, FCCG）」進一步定義英國有機會發展的優勢產業，包括：運輸與物流、金融與商業服務、健康與社會保險、零售與物流、數位創意與資訊服務，以及智慧城市等，並透過驗證場域的建置，推動垂直領域的發展。

　　在商業的 5G 應用領域，英國主要聚焦於金融與商業服務、零售與物流的應用，並藉由不同驗證場域的建置，讓各種創新服務可以進行驗證。在零售場域方面，已在英國薩里郡的 Camberley 購物中心建立 5G 驗證場域（Surrey Heath Borough Council, 2020），並結合 AR/VR、AI、高階顯示器、體驗科技等技術，於場域內進行庫存管理、商場管理、消費體驗等 5G 創新應用。

　　觀察各國 5G 商務應用領域的發展趨勢可以發現，不同國家在推動 5G 商務應用時，會因應各國產業發展的特性、公私部門合作關係、各國政府本身定位而有所不同。如南韓政府引領業者往 AR/VR 技術應用領域發展；美國各領域應用則以企業本身需求為主；英國則是藉由 5G 場域環境的打造，讓各式各樣的應用可以進行驗證。雖然各國推動的方法不盡相同，但對於 5G 在商務應用領域的發展，均抱持著樂觀其成的態度。

‖第三節　5G 國際經典案例與帶給我國之啟示‖

一、國際 5G 商務應用案例

　　觀察國際上 5G 結合人工智慧、機器人等應用發現，主要會運用於購物中心、賣場等中大型的商業空間。例如泰國中央世界購物中心（Central World）和 AIS 電信合作（Siamphone, 2020），導入 5G 互動機器人，在購物中心內的快閃咖啡店提供自動送餐服務，並透過與顧客互動的過程蒐集消費者資料，運用人工智慧辨識及分析進而提供相關優惠券等，同時，也透過 5G 與人工智慧、空間定位和雲端運算等技術，讓人機互動可以更即時，且機器人可更快速地完成指定任務，導入後平均縮短了 30% 的服務時間，解決餐飲業人力不足

的問題，於防疫期間也可降低人與人之間的接觸機會；美國 AT&T 與 Badger Technologies（AT&T, 2019）推出 5G 機器人，透過邊緣運算大量處理和共享數據，快速盤點店內商品的真實庫存狀況，也能即時判斷貨品是否擺放錯誤、標價是否錯誤，還能偵測走道是否有汙漬，進而通知管理者來處理，大幅提升庫存管理及店面管理的效率。

　　此外，為了實現更豐富的購物體驗，全球的百貨、購物中心、品牌專賣店等，紛紛推出了應用 5G 的新型態購物模式，大規模採用 AR、VR 和 MR 等技術來打造創新購物環境。像是華為、上海移動與中國房協（華為，2019）在上海陸家嘴打造了全球首座 5G 購物中心，以 5G 智慧機器人提供導購、送貨和商場引導等服務，同時結合 AI 人臉辨識、8K 高清影像分析、室內精準導航和客流分析等，給予消費者更多樣化的購物情境；而 Nokia、電信商 Telia 和房地產業者 YIT（hel.fi, 2020）合作，在芬蘭赫爾辛基當地最大的購物中心 Mall of Tripla 導入 5G 服務，藉由 IoT 裝置大量蒐集顧客與場域周邊的數據來優化顧客體驗，並與地方政府合作，協力發展與智慧城市相關的創新應用；位於澳洲的韋斯特菲爾德東園（Westfield Eastgardens）購物中心與電信商 Optus、Virtual Immersive 和三星（Sam Varghese, 2020）攜手推出 5G 智慧商場的解決方案，展示 5G 新型態購物體驗與服務：消費者透過手機掃描商品，系統自動辨識商品種類，依據消費者建立的個人喜好資訊，提供專屬且具互動式的推薦內容，消費者可從 APP 查看商品資訊，包含商品尺寸、價格、庫存數量、製造地點及原物料等，同時可運用 AR 虛擬試衣來確認商品是否適合自己，若有興趣購買便透過 AR 導航服務，指引消費者至店家體驗及選購實體商品，或直接按下購買按鍵，即可從商店網站購買商品。就連日本最大的連鎖百貨品牌伊藤洋華堂（Ito Yokado）（流通ニュースについて, 2021），今年也宣布導入 AR 試穿服務，消費者只要透過手機，掃描目錄中的商品，孩童便可快速試穿衣服或試揹書包，大幅降低消費者換穿及店員服務的時間，也讓店家更精準掌握消費者的尺寸、產品偏好等使用者數據，做為未來行銷策略優化之用。

　　除了實體場域導入 5G 應用服務外，結合 VR 打造虛擬通路也是發展重點。2020 年，日本東京澀谷推出了「Virtual 澀谷 au 5G 萬聖節嘉年華」（澀谷 5G, 2020），將慶祝活動改為線上辦理，由電信商 KDDI、澀谷未來 design、澀谷區觀光協會合作推出 VR 派對，在虛擬世界建構澀谷街道，實現虛實整合的世界，民眾不再受時間與地理位置限制，透過 VR 就可以在家狂歡，活動也安排

藝人於線上表演，使沉浸式體驗更爲流暢，同時也讓在地商圈特色得以推廣。原本希望在 2020 年東京奧運期間展示的 5G 商務應用，後來成爲 COVID-19 期間，協助在地商圈宣傳的關鍵服務。

由國際上各種 5G 商務應用案例可以發現，目前商業場域導入 5G 商務應用的類型，大致可以區分爲：運用 5G 特性來爲場域經營者提供更好的行銷方式；結合 5G 與沉浸式科技，爲消費者／使用者提供更好的體驗；透過 5G 與 AIoT 的結合，改善商場的經營管理；以及運用 5G 特性發想新銷售模式與商業模式。

以下藉由分析國際上商業場域業者投入 5G 的案例，掌握 5G 服務發展的關鍵：

一、泰國電信商 True 於 Siam Paragon 商場導入 5G 防疫機器人

（一）案例摘要
➢ 應用場域：暹羅百麗宮 Siam Pagagon
➢ 應用業者：True Corporation Public Company Limited
➢ 應用技術：5G 通訊、臉部辨識、即時熱成像儀、巡邏機器人
➢ 應用產業：購物中心、百貨業

（二）案例簡介
2020 年全球面對 COVID-19 的肆虐，各國的公共衛生安全成爲民眾生活新焦點，各國政府部門與民間皆不斷加強預防性衛生措施，而爲了盡快回復民生的基本運作，在大型公共場合中實施基本控管，包含量測體溫、佩戴口罩與進店消毒等，同時也規範安全距離與場所人數控管等。泰國龍頭電信商之一 True 在這波疫情中順勢推出了多元 5G 機器人服務，其中在零售應用上更與當地兩大旗艦百貨公司——暹羅百麗宮（Siam Paragon）百貨及暹羅天地（ICONSIAM Shopping Mall）合作，解決在大型公共場域人流的防疫管理，透過智慧化的方式提升公共衛生品質、提升顧客的信賴度與降低商場人力成本。

（三）案例應用說明
在公共場域中，True 推出了兩款 5G 公衛機器人服務，除降低商場的人力

管理成本外，也提供民眾無接觸的防疫管道。其機器人服務說明如下：

　　True 5G Temi Thermal ScanBot：透過外掛式的溫度感測系統檢測消費者體溫，並配合機器人主體搭載的高解析即時視訊鏡頭，具備檢測消費者是否有佩戴口罩的影像監測及環境監控；內建鏡頭可進行精準的人臉辨識甚至車牌辨識，搭配 5G 即時分析與記錄系統及 AI 雲，可避免同一消費者的重複感測警訊，同時可監控建築物內外、各樓層之溫度及 PM2.5 狀態，並將所有數據上傳至 AI 雲端系統，即時記錄及比對，以分析不正常或風險狀況，在緊急狀況時第一時間通知管理單位，且在機器人背後裝有免費的消毒洗手液，提供消費者進場使用。

1.True 5G Temi Thermal ScanBot　　**2.True 5G PatrolBot**

資料來源：資策會 FIND 整理，2020 年 10 月。

◆圖 12-3-1　泰國 Siam Paragon 商場 5G 防疫機器人

（四）案例成效

　　此機器人在泰國政府 2020 年 5 月宣布解禁後，短短一個月內的時間，每日服務近 8 萬人，Siam Paragon 表示在這樣的智慧控管下已回復了近 40% 的人流量。這一套服務在 5 月上線後深受好評，2020 年 7 月泰國嬰幼品大展 Amarin Baby & Kids Fair 時獲主辦單位青睞，做為會展巡邏與入場把關使用，並於 7 月 9 日至 12 日 4 天內服務近 100 萬位消費者。同年 9 月，泰國 MBK Center 也宣布導入 True 機器人於商場中服務，並進一步升級此機器人系統，做為「智慧銷售」的最佳利器。

二、澳洲 Optus-5G 購物商場

（一）案例摘要
- 應用場域：Westfield Eastgardens 購物中心
- 應用業者：Singtel Optus Pty Limited
- 應用技術：5G、擴增實境、機器學習、物體辨識、空間導航
- 應用產業：購物中心、百貨業

（二）案例簡介
澳洲電信商 Singtel Optus Pty Limited 於 2020 年 6 月與 Virtual Immersive 合作開發 5G 購物商場概念驗證 APP，展示未來新型態「擴增實境購物體驗與服務」。該 APP 會依據消費者建立的個人商品喜好，提供互動式、高度個人化的推薦內容及消費指引，消費者可運用 APP 掃描某商品，APP 透過機器學習識別該商品種類，進而提供附近符合顧客偏好、尺寸的相關店家及商品列表，點選可查看商品價格、庫存，甚至製造地點及原物料等資訊。同時，經由「擴增實境穿搭服務」看看試穿的服飾是否合適，若有興趣可按下「立即購買」，即可從商店網站購買商品。此外，APP 也提供「擴增實境指引服務」，指引消費者至實體店家體驗及選購商品。此服務以 5G 大頻寬及低延遲特性為基礎，進行即時資訊運算與提供，融合虛擬與實體以實現新型態沉浸式購物體驗及個人即時推薦服務，可節省不必要的摸索時間，並吸引及刺激消費者選購。

（三）案例應用說明
首先，消費者開啟 Optus-5G 購物商場 APP，建立個人購物喜好，如商品種類、尺寸、顏色等，即可掃描周邊商品，如衣服、鞋子、帽子等，系統便即時調閱資料庫，提供附近同品項商品及店家列表。接著，點選商品可瀏覽 3D 虛擬圖樣，並查詢價格、庫存、生產地、原料等資訊；因受限手機前鏡頭視角，現僅針對頭部配件，如帽子、太陽眼鏡、耳環、化妝品等，提供「擴增實境穿搭先試後買服務」。

消費者若喜歡該商品，可直接線上下單，或是選擇有興趣店家，經由「擴增實境指引服務」引導至實體店家體驗及選購商品。

1.APP 建立個人喜好、查詢商品　　2.AR（擴增實境）先試後買服務　　3. 線上選購、（擴增實境）指引

資料來源：資策會 FIND 整理，2020 年 10 月。

◆圖 12-3-2　澳洲 Optus 5G 購物商場

（四）案例成效

　　澳洲越來越重視 5G，但僅意識到 5G 可帶來更快的網路速度，卻不知道如何經由 5G 改善生活模式，而 Optus-5G 購物商場概念驗證 APP 以實際可操作之模式，導入與民眾生活密切的百貨商場，一方面可解決民眾逛街找不到商品之問題，一方面可具體化 5G 場景，讓民眾感受 5G 所帶來的生活便利性，同時可經由互動服務建構體驗式行銷，以吸引消費目光並刺激消費，創造多贏局面。

　　受到 COVID-19 影響，各國政府莫不採取新措施管制零售商場空間，避免感染擴散，像是保持社交距離、入場總量管制等，而 Optus-5G 購物商場服務，可提供消費者與零售業者間新型態之互動模式，減少接觸並滿足體驗與購物需求，也為時間有限的消費者建構一高效率的消費體驗環境，且可經由消費行為分析深化精準行銷成效，以帶動更多潛在商機。

三、日本新宿虛擬城市平台 REV WORLDS

（一）案例摘要

➢ 應用場域：新宿三越伊勢丹百貨

➢ 應用業者：三越伊勢丹

➢ 應用技術：3D 數位內容、5G、虛擬實境

➢ 應用產業：購物中心、百貨業

（二）案例簡介

2020 年因疫情封城而衝擊零售業，使日本政府開始進行 VR 空間實驗，

目標在創造現實城市的數位分身（digital twin）。日本知名連鎖百貨三越伊勢丹（Isetan Mitsukoshi）在 2020 年 4 至 5 月對外展示虛擬商店的概念，並透過公司內部的創業機制，開發「虛擬購物平台 REV WORLDS APP」，2021 年 3 月公開伊勢丹百貨新宿店的虛擬還原版，消費者可操縱 3D 虛擬分身在虛擬空間中漫步，並向虛擬櫃姐詢問商品資訊、參加限時活動、購物消費。初期先導入新宿總店業績最好的銷售樓層場景，包含 1 樓女裝服飾約 15 個品牌、B1 西式糖果約 20 個品牌，並規劃虛擬化妝品派對、環遊世界葡萄酒展等限時優惠活動，未來不只導入百貨店鋪與購物內容，還期望與無法開店的其他企業合作，導入新宿周邊的城市景觀、電影院等娛樂設施，創造更豐富的虛擬城市風貌。

（三）案例應用說明

透過手機 APP 登入後可選擇想前往的目的地，並可控制畫面中的虛擬角色在街上隨意散步，也可透過系統拍照功能留念，模擬現實逛街的樂趣；沿途會有路線導航，進入百貨後還可以搭乘電梯在不同樓層間移動，百貨內有女裝、糕點等賣場樓層，也有彩妝、葡萄酒的限定活動。購物時若靠近瀏覽，就會跳出商品價格資訊，同時可點選跳轉至網站購買，或將商品加入收藏清單，也可和百貨人員進行即時影像互動。

APP 同時具有社交功能，使用者可察看他人評論或和空間內的角色進行談話與互動，也導入線上遊戲的寵物模式，可選擇寵物做為逛街夥伴，目前開放和大家一起共遊的模式，未來還將加入可以和他人一起逛街、創立自己房間等多元的互動模式。

資料來源：資策會 FIND 整理，2021 年 3 月。

◆圖 12-3-3 日本新宿虛擬城市平台

（四）案例成效

　　三越伊勢丹利用虛擬平台 APP 創造延伸的通路，打破營業時間限制，創造 24 小時消費的機會。三越伊勢丹百貨憑藉此應用服務參與了第四屆全球最大的空間活動「虛擬市場」，計有軟銀、WEGO 等 40 家企業 1,400 個團體參展，消費者可透過 VR 技術與電腦，於虛擬店鋪中購買服裝、配件等商品，伊勢丹除在活動中重現百貨的數位擬眞建築外，也會販售數位時裝、生活產品。

二、國內 5G 商務應用發展契機

　　行政院於 2019 年 5 月 10 日核定「臺灣 5G 行動計畫」（2020），規劃 4 年內（2019 年至 2022 年）投入 204.66 億元，以鬆綁、創新、實證、鏈結等策略，全力發展各式 5G 電信加值服務及垂直應用服務，打造臺灣成爲適合 5G 創新應用發展的環境，藉以提升數位競爭力、協助產業創新，並以「實現智慧生活」爲整體目標，深化國內產業創新能量，驅動區域特色應用發展，尤其在與 AI、IoT、AR/VR、4K/8K 影音及邊緣運算結合後，5G 將是帶動我國產業轉型升級的關鍵驅動力。因此行政院進一步以「推動 5G 垂直應用場域實證」、「建構 5G 創新應用發展環境」、「完備 5G 技術核心及資安防護能量」、「規劃釋出符合整體利益之 5G 頻譜」、「調整法規創造有利發展 5G 環境」等五大政策面向，擬定未來 5G 發展行動計畫。

　　在商務應用領域的推動部分，主要隸屬於「推動 5G 垂直應用場域實證」行動計畫，透過公私協力於各地設置 5G 多元應用實驗場域，如林口新創園區、沙崙創新園區等，帶動國內業者共同參與 5G 應用服務驗證。除了推動實驗場域之外，也鼓勵業者在自有場域進行 5G 創新應用服務驗證。

　　在 5G 網路建置方面，我國 5G 網路於 2020 年 7 月正式商轉，5 大電信業者也積極布局 5G 基礎網路，至 2020 年底國內各大電信業者已完成布建的基地台已超過一萬台，全臺 5G 用戶數已破百萬用戶，但因 5G 具有高頻段、波長短、覆蓋範圍較小等特性，須架設的基地台數量比 4G 增加數倍，所以目前的覆蓋範圍仍無法與 4G 相比，這也影響消費者轉換到 5G 的意願。依據國家通訊傳播委員會的數據顯示，行動寬頻用戶數統計至 2020 年 10 月 31 日爲止有 29,252,110 戶，5G 用戶僅約 3%，雖然達成預定的標準，但實際用戶數仍有限。不過，全球行動通訊網路測試分析機構 Opensignal 的最新報告指出

（2021），臺灣 5G 平均下載速度及最高下載速度皆爲全球第 3 名，5G 平均下載速度 272.2 Mbps，而在 5G 可用率（5G Availability）方面位居全球第 4 名。

◆表 12-3-1 國內電信業者 5G 基地台與用戶數

電信營運商	5G 開台時間	5G 基地台布建規劃	5G 用戶數
中華電信	109 年 6 月 30 日	109 年：4,200 座 110 年：約 10,000 座	109 年達成 50 萬用戶，預計 110 年達成 100 萬用戶之目標。
亞太電信	109 年 10 月 22 日	未公布	未公布
遠傳電信	109 年 7 月 3 日	109 年：4,000 座 110 年：約 8,000 座	109 年達成 30 萬用戶，預計 110 年達成 100 萬用戶之目標。
臺灣大哥大	109 年 6 月 30 日	109 年：6,000 座 110 年：約 10,000 座	109 年達成 30 萬用戶，預計 110 年達成 150 萬用戶之目標。
臺灣之星	109 年 8 月 4 日	109 年：未公布 110 年：約 6,000 座	109 年達成 10 萬用戶。

資料來源：各電信業者新聞稿，資策會 FIND 彙整，2020 年 12 月。

　　透過上述分析不難發現，雖然我國在 5G 商轉的時間相較於其他 5G 領先國家要晚，但在 5G 基礎環境的布建、5G 網路品質的維持上，與全球其他國家相比仍具備很好的競爭力，這也有助於各式各樣的 5G 商務應用在不同的商業場域上落實。

‖ 第四節　我國 5G 商務應用指標案例發展說明 ‖

一、國內 5G 商務應用指標案例

　　國內電信業者除了積極建構 5G 網路基礎建設之外，也藉由各種合作模式，連結各種外部資源，投入 5G 垂直應用領域的發展。投入的領域涵蓋企業專網、智慧交通、智慧醫療、智慧安全、智慧娛樂、智慧城市、智慧製造、智慧零售等應用領域。其中，與商務較相關的領域爲智慧零售、智慧娛樂。

　　在智慧娛樂方面，首重高畫質影音、AR、VR 與多視角轉播等應用服務。

例如：中華電信與臺北市政府合作推出 5G 體驗公車，場域設在臺北市信義計畫區，為期 3 周提供民眾在搭乘公車時，體驗 5G 高速網路傳送的高畫質 4K 影音服務；台灣大哥大於新莊棒球場建置 5G 實驗網路，提供球迷高清即時虛擬實境影音體驗，包括虛擬實境 360 多視角賽事、立體虛擬實境球場導覽和 360 度選位等應用科技；遠傳電信則與 HTC 合作發展「5G 虛擬實境影音內容與虛擬實境平台開發計畫」，讓消費者在家就能體驗 2D 劇院影音服務。

在智慧零售方面，則重視直播商務、固定無線接入（Fixed Wireless Access, FWA）店頭端網路服務、AI 辨識商品 / 會員服務、以及 AR/VR 虛實空間整合等應用服務。例如：遠傳電信與 17 Media 合作，運用 5G 手機直播串流服務，提供高畫質的直播服務（陳君毅，2019）；亞太電信則與超商業者萊爾富合作，運用固定無線接入傳輸方式，將 28GHz 毫米波訊號轉成上網熱點，在用戶不需要更換成 5G 手機的狀況下，就能在特定門市免費體驗 5G 高速上網服務（亞太電信，2020）。

除了電信業者的投入之外，國內不少商業場域經營者、解決方案業者、數位內容業者等，也紛紛開始依據本身的需求，投入 5G 商務應用的發展。例如：光世代將本身專屬的光標籤技術與 AR 技術結合，運用 5G 網路於西門町打造「西門尋光趣 APP」服務，協助 200 個店家設置 AR 看板，提供店家營業資訊、路線導引、消費者評價等服務（資訊月 Online，2020）；佳世達則藉由打造大型發光二極體（Light-Emitting Diode, LED）5G 行動車，發揮 5G 行動網路特性，透過 5G 大螢小螢互動遊戲、5G 直播 PK 賽等服務，串聯基隆在地 100 家店家，進行體驗式導購服務（財團法人資訊工業策進會，2020）；三立電視台則是將西門町紅樓打造為「大甲媽祖遶境體驗館」，讓民眾透過 VR 360、鑽轎腳與大甲鎮瀾宮現場即時互動，身歷其境體驗「異地 VR 體驗遶境實況」及「5G 直播」應用（智慧城鄉生活服務應用計畫，2020）；環球購物中心在經濟部商業司的支持下（傅秉祥，2020），推出智慧商業獅 AR 店家導購活動，利用室內 5G Wi-Fi 分享器，讓民眾體驗 5G 網速的同時，也能體驗 5G 在 AR 的應用。

從上述個案可知，一個 5G 商務應用的落地，不單是電信業者投入就能完成，而是須倚賴 5G 價值鏈團隊的組成，包含：網路設備業者、場域經營者、系統整合業者、服務整合業者、數位內容業者、數據應用業者等多方的共同投入，才有機會打造出符合場域需求的商務應用。

二、國內 5G 商務應用潛在商機

　　根據資策會 FIND 針對國內商業服務業的 5G 應用服務研究（2020），5G 商務應用可依據應用類型，區分為：智慧體驗、智慧行銷、智慧管理、智慧銷售等。而各類應用服務重視的創新方向也有所不同，前兩類著重的是服務創新；智慧管理著重的是流程創新；智慧銷售則著重在商業模式創新。

　　在智慧體驗方面，主要是「科技＋互動＋體驗」的綜合展現，透過創新科技在感官、情緒、思考、行動、關聯五大體驗元素上呈現過往無法實現的感官效果或互動形式，帶給消費者全新感受。透過 AR/VR/MR/XR 等沉浸式技術，與環境、裝置、內容進行各式各樣的互動，讓消費者自然融入商業應用場景。藉由 5G 技術導入虛實融合（Online Merge Offline, OMO）的應用，如虛擬商城、擴增實境商場導覽等，將降低消費者因為延遲而產生的不適感；而異地互動體驗如虛擬店員、遠距客服等，將有機會落實並降低商業場域的營運成本。上述體驗服務本身也有機會商品化，變成一個可販售的商品，如擴增實境解謎遊戲。

　　在智慧行銷方面，則是結合了 4K/8K 高畫質影像技術、大數據精準行銷、互動式顯示科技、AI 辨識技術、AR 互動科技等，打造出與過去不同的數位行銷內容，藉此吸引消費者目光。由於 5G 的加持，數位行銷的內容將朝高畫質、高互動、個人化的方向發展。高畫質影音行銷內容將出現在不同的廣告載體上，如 4K/8K 廣告看板、線上社群影音平台、行動發光二極體廣告車等。而 VR、AR、3D 等影像技術，也能夠結合不同的互動裝置及廣告內容，提供消費者更多元的互動體驗，如 AR 智慧拍照機、3D 影像點餐機等。在個人化行銷方面，5G 結合聊天機器人（Chatbot）、融合通信（Rich Communication Suite, RCS）技術，能夠依據個人偏好，提供除了文字、圖片、表情以外的各種數位內容，如音樂、影片、定位、網路服務等。

　　在智慧管理方面，藉由 5G 多聯結之特性，串聯大量 IoT 設備，蒐集到大規模的數據，並輔以邊緣運算、機器人流程自動化（Robotic Process Automation, RPA）、AI 等技術，針對數據進行即時的演算分析，形成商業智慧，藉此提升營運管理效益，如智慧商品補貨系統。另外，也可以結合自動化與無人化設備，降低人力需求與延長服務時間，如商場巡邏機器人、無人搬運車（Automated Guided Vehicle, AGV）自動送餐／回收車、無人送貨機等。

在智慧銷售方面，5G 大頻寬與低延遲的特性可優化消費者虛擬體驗，包括提供更高畫質的影像、更即時的互動、更擬真的服務等，在這樣的趨勢下，過去偏重實體門市的銷售模式，能轉變為實體與虛擬通路的深度整合。這樣的特性也直接反映在社群平台直播服務上，如高畫質商品直播、即時直播競標服務等。此外，也因為 AR/VR 數位內容畫質的提升、畫面延遲的降低，使虛擬化的購物場景變成發展的重點，如 VR 虛擬商店街、AR 虛擬展售會等。最後，伴隨 5G 與人工智慧結合物聯網（AIoT）的演進，發展出無人機、無人商店、無人車、無人倉儲等應用，也有機會衍生出不同以往的銷售方式與通路，是各方技術逐漸成熟後可應用的領域。

‖ 第五節　給產業／企業發展 5G 商務應用之建議 ‖

一、國內 5G 商務應用發展方向

根據資策會 FIND（2021）5G 智慧服務發展方向與推動策略研究，目前國內在商務應用的發展，主要集中於四類型的應用：跨螢幕互動行銷、即時直播服務、AR 互動性行銷、VR 個人化體驗等。

在跨螢幕互動應用方面，主要是針對既有的廣告螢幕進行升級，藉由在廣告螢幕上增加 IoT 感測裝置、影音即時串流軟體，以及無線通訊模組（5G 通訊模組等），讓原本單向播放的廣告媒體，可以透過 5G 無線通訊，做到即時多人互動以及跨螢幕、跨區域的互動服務。商業服務業中對這類服務的需求業者，目前還是以中大型的品牌業者為主，希望在播放行銷廣告的過程中，可以增加互動式的內容，掌握更多潛在消費者的資訊，或是利用更高解析度的互動內容，吸引消費者目光。

而即時直播服務的發展，主要是針對既有直播服務升級，升級方向主要有二：一是直播畫質的升級，一是即時互動的增加。在直播畫質方面，5G 上傳與下載使速度提升，且可支援 4K 畫質，甚至是 8K 畫質，惟畫質的提升除了內容本身以外，硬體設備的好壞也有很大的關聯性，需要搭配對應的播放設

備，如支援 4K 畫質的手機、電視等；另外，螢幕越大越能體現高解析度的好處，4K 畫質在手機螢幕上的播放，與在 65 吋電視上播放就會有差異。

在即時互動方面，5G 低延遲的特性可以讓直播主與觀眾之間的互動更即時，同時也可以在直播過程中，增加不同的應用服務，如即時競標、即時贊助等。在商業服務業中主要可以應用在直播電商、直播拍賣、直播娛樂等不同應用領域中，藉由直播畫質的提升與互動性的增加，強化消費體驗。

在 AR 互動行銷方面，是目前許多技術業者看好的應用類型，主要是倚重 5G 網路解決即時互動與 AR 內容品質的問題，再搭配網路（web）上 AR 技術的逐漸成熟，使用端可以不必下載特定應用程式（APP），就能藉由網路的連結啟用 AR 服務，大幅降低使用者的進入門檻。目前 5G 結合 AR 的商務應用，一部分是運用在行銷廣告上，藉由 AR 的導入，讓原本 2D 的平面廣告可以透過手機鏡頭辨識，變成 3D 的互動式廣告；另一方面是運用在商場的顧客服務上，運用 AR 提供虛擬客服、AR 商場 / 店家導覽、AR 空間定位導航、AR 商品展示等；也可運用在遊戲體驗上，結合虛擬網路位址（IP）、遊戲設計、遊程規劃等元素，讓實體空間結合 AR 虛擬內容，以增加使用者在實體空間的停留時間。

在 VR 個人化體驗方面，透過 5G 低延遲特性，能夠改善 VR 使用過程中的暈眩問題，但 VR 體驗除了好的數位內容與降低延遲之外，還需要搭配專屬的 VR 設備。目前 VR 設備雖主要運用在娛樂領域，如遊戲、影片等，但由於全球疫情肆虐，有許多實體空間被迫歇業，或是缺少人流，虛擬商城這類應用也開始受到關注，已有實體賣場 / 百貨 / 購物中心等業者投入，期待透過線上人流的導購，降低實體通路所受的衝擊。

二、企業發展 5G 商務應用關鍵要素

由於 5G 技術與應用服務仍然處於發展階段，因此企業在導入 5G 商務應用的過程中，需要從機會探索、服務設計、建置與導入，以及效益評估等一系列過程中，逐步確認對於企業有助益的服務。在機會探索階段，首先，需要確認 5G 在公司發展上的定位，如 5G 解決方案是企業預計發展的產品，還是將 5G 應用視為一種工具來協助改善經營成效；其次，需要針對技術 / 環境進行評估，包含企業目前的技術、人力等是否足以進行 5G 應用服務的開發，以及

目前預計導入的商業空間是否已經具備 5G 網路環境；在服務設計階段，則需要掌握企業本身優先發展的服務需求，藉由對於 5G 與其他技術的整合分析，如：5G+ 擴增實境、5G+ 人工智慧、5G+ 物聯網等，評估預計發展的技術領域，以及目前主要的目標客群或場域經營的需求，掌握 5G 服務導入後能有什麼樣的效果，依據上述的內容，進行 5G 服務適地性評估，包括評估預計導入服務的區域，是否有良好的 5G 網路環境、5G 終端設備、5G 應用服務品質、5G 服務內容、5G 服務之商業模式等，再依據適地性評估結果，著手設計 5G 商務應用之相關細節，包含：解決方案、應用服務、商業模式等，確保 5G 應用服務在正式導入前符合企業預期。

在服務建置與導入階段，由於 5G 創新應用需要倚賴各方合作夥伴共同參與，因此，企業在建置過程中，仍需要依據本身服務需求，尋求外部的合作夥伴，如電信業者、數位內容業者等，再著手進行 5G 解決方案的開發，或是與解決方案業者合作，將解決方案整合於既有服務之中。在測試與導入方面，由於 5G 創新應用對於 5G 網路的要求較高，因此在服務正式導入前最好事先進行 5G 技術水準量測，再依據量測結果調整相關服務設計。接著搭配功能測試、合作店家招募、行銷推廣等工作，進行 5G 應用服務的落地驗證。最後，依據落地驗證之成果進行效益評估，評估內容包含：5G 技術效能、解決方案效能、應用服務成效等，藉此通盤瞭解實際導入情形，並做為後續服務調整與優化之參考。

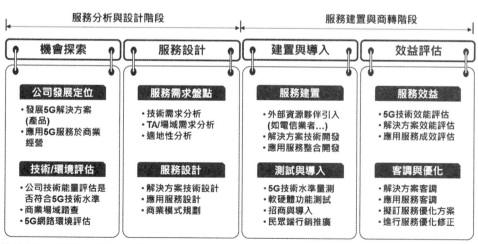

資料來源：資策會 FIND，2021 年 6 月。

◆圖 12-5-1　5G 創新應用導入步驟

由於 5G 創新應用仍處於發展階段，建議企業導入 5G 創新應用的過程中，最好能有一套完整的服務導入評估機制，以降低服務導入後的失敗率。此外，5G 創新應用涉及的層面較廣，企業導入創新應用的過程中，至少需要從技術面、服務面、場域面三個面向進行服務導入評估，並同步考量潛在的合作夥伴與資源。最後，在商業場域導入 5G 創新應用，不會是一次的服務導入流程，而是需要反覆驗證與調整的過程，因此如何建立一套效益評估機制，做為服務導入後的回饋，並依據回饋持續優化 5G 創新應用服務，也是企業投入 5G 商務應用須具備的核心思維。

‖ 第六節　結論與建議 ‖

　　綜整 5G 結合新科技與商業服務業的關聯及重要性，提出以下結論與建議：

　　一、從商業服務業經營端來看：商業服務講求的是「快速」、「即時」、「規模」，才能掌握商機，而 5G 的 eMBB、URLLC、mMTC 也具此特性；在萬物聯網的數位時代下，臺灣商業服務業可善加運用數位科技提升經營管理、掌握顧客即時需求，與開拓產品的精準銷售能力；其中，確保數位服務品質、穩定頻寬流量及多樣化內容則是 5G 商業應用的不二法門。

　　二、從 5G 數位服務供給端來看：要將商務的實體空間和虛擬訊息資料結合在一起，須先經過 5 個環節，包含領域數據感知、內容傳輸、資料儲存、智慧分析、精準回應，所以需要仰賴商業服務業經營端 know-how 以及 5G 數位服務應用的整合。

　　三、從企業永續經營來看：未來是一個遠距服務的世界，包含混合實境、虛擬直播、商務邊緣運算、線上體驗商城、線上遊樂園、多方視訊、高涉入選購品即時競價等，運用數位科技將能提升實體場域的服務競爭力，並能擴增虛擬商務價值，建議國內企業應提早布局，運用 5G 建構商業服務解決方案。

ESG 浪潮下商業服務業的綠色永續之道

‖ 第一節　前言 ‖

　　COVID-19 疫情在全球各地延燒，標普全球評級（S&P Global）以違約機率市場信號（Probability of Default Market Signals, PDMS）模型進行信用分析，評估市值與資產波動性，結果顯示在 2020 年 3 月至 2021 年 2 月期間，最受疫情影響的五大產業分別為航空、石油與天然氣、服飾零售、家居零售、博弈與遊戲，其中零售業即使因電商的發展稍有緩衝，但所受的影響仍然屬於最為顯著的產業之一。而我國自從今（2021）年 5 月中下旬開始，從全球防疫模範生轉而進入第三級防疫警戒後，公共衛生下的各種防疫措施與指引規則重創了百貨零售、消費服飾與餐飲業等，其中，餐飲業 6 月之營業額年減更達 39.9%，零售業亦均呈現雙位數衰退。

　　各企業為持續營運以因應疫情風暴，百貨零售、餐飲產業的商業模式與實體消費型態紛紛轉型，宅經濟、居家辦公、數位遠距教學需求、電商購物、資通訊及家電設備零售業等業績表現亮眼，累計 1 至 5 月零售業營業額較上年同期相比增 9.61%，綜合商品零售業年增 5.88%；外帶餐盒、冷凍餐食宅配或與外送平台合作之服務業者比例亦顯著增幅，就提供外送或宅配服務之餐飲業者家數而言，由去年 4 月的 57% 提高至今年 5 月之 64.8%，以減緩餐飲業營業額之衝擊。

然而，前述避免實體接觸的企業營運模式，卻也帶來險峻的環境衝擊，電商狂飆式的成長致使物流配送激增，造成嚴重碳排放與包材塑料使用問題；為防止疫情傳播，餐飲與外送業者更為依賴一次性的塑膠袋、餐盒及餐具，導致一次性塑膠垃圾大幅增加，根據我國新北市環保局統計，新北市 2021 年 5 月 14 日到 20 日，單週垃圾清運總量共 13,817 公噸，較去年同期多出 1,559 公噸。上述種種環境衝擊問題隨著疫情肆虐亦被凸顯與受關注，綠色和平組織早於 2019 年針對我國實體超市使用塑膠與減塑承諾進行評比，並積極倡議我國消費者共同減塑。即便在疫情衝擊下，仍持續推動與關注我國零售業者的減塑推動，以凸顯零售業者做為系統性減塑的一環，實屬重要的角色。

外部環境倡議或環保團體之觀點，與各國推動的復甦性財政措施之精神不謀而合。世界經濟論壇（World Economic Forum, WEF）「COVID-19 Risks Outlook」提醒，隨著各國積極擺脫傳染病風險及重啟經濟，如各國僅採褐色經濟 [1] 刺激措施、削減永續投資、減弱氣候行動與承諾等，將可能造成永續發展之停滯風險，世界經濟論壇呼籲各國採取綠色復甦、以永續發展為重點的刺激措施，將生產模式與消費者行為的潛在變化化為支持永續發展的要素。基此，隨著各國與我國陸續加速施打 COVID-19 疫苗，使企業盡速恢復正常營運，預期經濟生產活動及民生需求逐步回歸正軌，各國紛紛推出帶有綠色、環境、社會、治理（Environment, Social, Governance, ESG）元素的政策牛肉，鼓勵零售業者與其他產業在後疫情時代下，能夠實現與兼顧經濟與永續發展的經典兩難困境。

本研究當中將說明，在消費者環保與永續意識高漲的時代，及政策法規、金融投資機構等多方驅動下，即便在疫情震盪之際，各大零售業者仍不可避免地必須面對 ESG 浪潮。如何在傳統的消費商業模式，納入 ESG 元素以進行企業轉型、調整創新的商業模式、強化企業營運韌性，將是未來新一波零售戰役的關鍵決戰點，希冀本研究能為我國商業服務業業者提供實踐與推動 ESG 的指引與方向。本研究第二節將說明各國政府的復甦政策、舉措納入 ESG 規範，以強化零售、餐飲、電商等相關零售業者的減碳與減塑議題推動；同時，本研究第三節與第四節將提供國內外企業標竿之作法，做為借鏡參考；第五節提供

註 1 ｜ 褐色經濟（brown economy）意指仰賴化石燃料等高環境成本經濟活動之成長模式。

我國零售業者未來可因應之建議與方向，做為推動 ESG 的平衡之道；第六節則是總結與展望說明。

∥ 第二節　全球減碳減塑趨勢面面觀 ∥

　　2019 年全球碳排放總量高達 364 億公噸，再度突破歷史新高，然因 COVID-19 疫情的爆發，許多國家實施封鎖和限制的相關措施、產業營運活動放緩或停工、民眾大幅減少活動等，導致 2020 年全球的碳排放總量比 2019 年減少 24 億公噸之碳排放量，儘管如此，二氧化碳仍會於大氣層中持續累積，美國國家海洋暨大氣總署（National Oceanic and Atmospheric Administration, NOAA）在 2021 年 5 月測得之大氣平均二氧化碳濃度高達 419 ppm，日漸接近聯合國氣候變遷跨政府委員會（IPCC）所提出之極限值 450ppm，一旦超過將帶來不可逆轉的嚴重災難性影響。

　　為解決氣候危機，更深一層的探究碳排放源，「The Circularity Gap Report 2021」以人類社會需求（societal needs）來解析全球碳排放，70% 源自於交通、建築和營養需求，30% 則來自滿足通訊、服務、一般消費品和醫療保健的需求，單就服務相關需求即產出 64 億噸之碳排放量。世界經濟論壇出版之《Net-Zero Challenge：The supply chain opportunity》則以產業供應鏈的角度指出，全球超過 50% 的碳排放來自八大產業供應鏈，其中時尚與快速消費品各占 5%，專業服務業則占 2%。

　　而隨手可得的塑膠袋、寶特瓶、塑膠吸管、手搖杯封膜等塑料產品增添日常生活的便利性，卻也同時造成碳排放與環境污染的重大影響，目前全球的塑料生產占全球石油消耗量 6%，相當於全球航空業的石油消耗量，根據國際環境法中心（Center for International Environmental Law, CIEL）的「Plastic & Climate–The Hidden Costs of a Plastic Planet」報告，估計到 2050 年，從石油中生產至焚燒塑膠所造成的碳排放量，可能高達 27.5 億噸，相當於 615 座燃煤發電廠的排放量。而塑膠垃圾進入海洋後，不僅會對海洋生態造成影響，塑膠中的有毒成分也可能經由食物鏈，對人類健康造成威脅。2019 年摩根史坦利（Morgan Stanley）公布「2019 Sustainability Report」指出，包括飲料以及食品

製造商的公司在內，國際間會有越來越多的公司，將因塑膠廢棄物帶來的多項風險而受到衝擊。每年更有 800 萬噸的塑膠垃圾進入海洋，等同於每分鐘向海洋倒入一卡車的塑膠垃圾，其中多數是塑膠包裝，塑膠包裝占全球塑膠產業最大比例，約占整體塑膠產業的 26%。皮尤研究中心（Pew Research Center）和 SYSTEMIQ 共同提出的「Breaking the Plastic Wave」研究報告指出，若不採取行動，2040 年全球將產生 2 倍的塑膠量，一如由艾倫‧麥克亞瑟基金會（Ellen MacArthur Foundation）之分析，2050 年海洋中的塑膠可能比魚多。

各產業所排放之溫室氣體造成氣候變遷，已成為全球不可忽視的重大風險，從 1997 年《京都議定書》到 2015 年《巴黎氣候協議》，全世界邁開因應氣候變遷和低碳轉型之步伐，致力達成 2030 年的必須減少 50% 碳排放、2050 年達到淨零碳排的目標，而減少塑料的解方之一為打造塑料的循環經濟模式，自上游到下游系統性地改變，全球積極開創與鼓勵循環經濟模式，推動資源價值的最大化來帶動經濟價值最大化，且讓外部成本（環境及社會成本）最小化，打造一個資源耗用與經濟發展脫鉤的新經濟型態，會是產業轉型、加強風險韌性的絕佳方向。以下針對歐盟、美國、中國大陸及本國之減碳與減塑政策、目標，以及對各大零售產業之影響提供觀察與解析。

一、歐盟

截至 2020 年，歐盟已完成三個階段的歐盟排放交易體系（European Union Emission Trading Scheme, EU ETS），此為全球首個多國參與之排放權交易體系，旨在實現減少二氧化碳排放，2021 年 7 月，歐盟執委會（European Commission）進一步提出《2030 年減碳 55% 包裹法案》（Fit for 55 Package）草案，以避免產業外移至其他碳管制較為寬鬆國家或區域而產生碳洩漏情形，促使貿易夥伴國一同朝減少碳排放之目標邁進，預計自 2023 年至 2025 年之間，初步規範碳洩漏嚴重的水泥、肥料、鋼鐵、鋁、電力等進口商須申報進口產品之碳排放量，自 2026 年起，進口商將會需要向歐盟購買「碳邊境調整機制」（Carbon Border Adjustment Mechanism, CBAM）憑證，此規範勢必有助於歐盟最新提出的減碳目標。上述最新的減碳草案除對初步納入規範的產業將產生立即性的衝擊，對其他各大產業的減碳目標與管制更是重要的政策風向球。

歐盟執委會於 2019 年 12 月通過《歐洲綠色新政》（European Green

Deal），內容主要著重在氣候變遷、潔淨環境和綠色經濟的議題上。《歐洲綠色新政》以 1990 為基準年，訂定在 2030 年減碳 50% 至 55%，2050 年達到碳中和，其中運輸面向為歐洲碳排放的關鍵議題之一，訂定在 2030 年達成汽車零碳排放，其行動方案包含增設充電站和發展永續替代燃料，如生物燃料和氫，預期除了能源元件和汽車產業將有所變革外，物流端也將須評估相關衝擊以及早採取因應措施。

此外，循環經濟亦為《歐洲綠色新政》重點之一，2020 年 3 月提出之《新循環經濟行動方案》（New Circular Economy Action Plan, CEAP）呼籲消耗最多資源且運用循環經濟可能性較高之七大關鍵價值鏈應展開相應之作為，包含電子與資通訊產品、電池與汽車、包裝、塑膠、紡織品、營建、食品等價值鏈，以包裝而言，將著重於減少過度包裝和包裝浪費，驅動具可回收性或再利用之包裝設計，以及降低包裝材料之複雜性；在消費端，《新循環經濟行動方案》提議修訂歐盟消費者相關法律，以確保消費者在購買產品時有獲得循環經濟相關資訊，包括產品的使用壽命、維修服務、備用零件和維修手冊等。歐盟評估循環經濟將可為歐盟於 2030 年前帶來 0.5% 的國內生產毛額（Gross Domestic Product, GDP）成長，並增加 70 萬個工作機會。

二、美國

美國碳排放量占全球的 15%，為全球第二大排放國，自 2021 年美國總統拜登上任後，美國政府對於氣候變遷議題展開較積極的回應，重新加入《巴黎協定》（Paris Agreement），並在 2021 年 4 月全球領袖氣候峰會（Leaders Summit on Climate）中承諾目標將在 2030 年減少 50% 至 52% 的溫室氣體排放，2035 年前實現發電淨零碳排，2050 年達到碳中和，其具體執行面向中，包含減少交通的碳排放，且強調各項政策將可帶來就業機會與經濟利益。

美國同樣面對著塑膠汙染問題，塑膠生產占美國總能源使用量之 3%，而一次性塑膠產品僅不到 10% 被有效回收，2020 年回收合作夥伴（The Recycling Partnership）和世界野生動物基金會（World Wildlife Fund, WWF）共同提出《美國塑料公約》（US Plastics Pact），使美國進入由艾倫·麥克亞瑟基金會（Ellen MacArthur Foundation）所領導的全球《塑料公約》（Plastics Pact）網絡中，期望推動塑料循環經濟系統的重大變革，四大目標為（1）

2021 年定義有問題或不必要的包裝清單，以採取在 2025 年加以消除的措施；（2）2025 年所有塑料包裝 100% 可重複使用、可回收或可製成堆肥；（3）2025 年有效回收 50% 的塑料包裝或將其製成堆肥；（4）2025 年塑料包材爲可回收或爲生物可分解成分將達平均 30%。目前已有政府機構、非政府組織、企業、大學、貿易機構和投資者等超過 60 個單位簽署支持《美國塑料公約》，不乏民生消費相關企業，包括漢高（Henkel）、金百利克拉克（Kimberly-Clark）、萊雅（L'Oreal）、塔吉特百貨（Target）、聯合利華（Unilever）、沃爾瑪（Walmart）等企業共同致力於實現塑料循環經濟。

三、中國大陸

　　中國大陸爲全球碳排放量最高的國家，在 2020 年所提出之《中華人民共和國國民經濟和社會發展第十四個五年規劃和 2035 年遠景目標綱要》（簡稱《十四五計畫》）首次宣布在 2030 年前達到二氧化碳排放峰值，2060 年前達成碳中和，並廣泛形成綠色生產和綠色生活方式。《十四五計畫》提出 2025 年煤碳使用量將自所有能源使用量中，從 2020 年的 57.5% 減少至 52%，並將著重綠色能源開發，預期使太陽能與風力發電總裝置容量合計將達到 12 億千瓦，使再生能源的占比將從現今的 32% 增加到 42%。在此計畫下，中國大陸預計 2030 年每單位國內生產毛額二氧化碳排放量將比 2005 年下降 65% 以上。

　　在塑膠污染的問題上，中國大陸不僅是一次性塑膠生產使用大國，也曾經是世界的塑膠垃圾回收場，在 2018 年禁止各國塑膠垃圾進口後，將管理方向轉爲國內生產與使用之管控，2020 年底全國餐飲業禁用一次性塑膠吸管、大城市禁用一次性塑膠袋、餐飲內用禁用免洗塑膠餐具，將在 2025 年逐步擴大禁令到城市以外的地區，預期將減少外賣免洗餐具使用量 30%，並禁用網購用的塑膠包裝以及旅宿業的一次性用品。《十四五計畫》亦深入展開汙染防制行動，針對塑料汙染加強全價值鏈之防治，以持續改善環境品質。於產業面，《十四五計畫》將大力發展綠色經濟，推動綠色轉型，壯大節能環保、清潔生產、清潔能源、綠色服務等產業，加快大宗貨物和中長途貨物運輸「公轉鐵」、「公轉水」，減少公路運輸量，增加鐵路和水路運輸量，並推動城市公共交通和物流配送車輛電動化。

　　針對服務業之發展則聚焦於提高資源配置效率，增強全產業鏈優勢，如提

高現代物流、營運管理、售後服務等發展水平。另將經由《十四五計畫》全面推行循環經濟理念，構建多層次資源高效循環利用體系，拓展生產者責任延伸制度覆蓋範圍，針對快遞包裝推進減量化、標準化、循環化。氣候變遷議題在《十四五計畫》中成為不可忽視之議題，而中國大陸也藉《十四五計畫》展現中國大陸推動綠色經濟的力度與進程。

四、我國

金管會於 2020 年 8 月發布「公司治理 3.0- 永續發展藍圖」，要求企業依循美國永續會計準則委員會（Sustainability Accounting Standards Board, SASB）發布之準則，強化永續報告書的資訊揭露，並參考氣候相關財務揭露（Task Force on Climate-related Financial Disclosures, TCFD）框架，說明針對氣候變遷風險之治理、策略、風險管理、指標和目標，旨在促進企業依據氣候變遷衝擊，規劃策略與因應措施，提高組織之永續韌性。

針對溫室氣體之管理，我國早於 2015 年訂定《溫室氣體減量及管理法》（簡稱：溫管法），以 2005 年為基準年，訂定 2050 年減碳 50% 之目標。近期行政院環境保護署為順應國際趨勢加速減碳力道，更積極因應氣候變遷議題，提出《溫管法》的修正草案，預計將該法改名為《氣候變遷因應法》，希望以多元落實綠建築、節電、綠化為目標，而大眾所關注的碳費仍待《氣候變遷因應法》通過才可進一步訂定，但環保署已預告，碳費之徵收將不只是針對年排碳量 2.5 萬噸以上的 290 家排碳大戶，碳費徵收範圍還會再擴大。經濟部也提出以零碳或低碳的電力、國營事業製程減碳、電能社會[2]為三大減碳方向，朝著 2050 年碳中和的目標前行，並在 2021 年 1 月 1 日開始施行「一定契約容量以上之電力用戶應設置再生能源發電設備管理辦法」（俗稱「用電大戶」條款），規範契約容量 5,000 瓩以上用戶，必須在 5 年內設置契約容量 10% 的再生能源，此波受規範企業約 300 多家，主要為石化、鋼鐵、半導體、電子等產業，預期未來也將針對更多產業加以規範。

針對減塑，環保署與公民團體推出「海洋廢棄物治理行動方案」，提出 2020 年內用禁用、2025 年以價制量限用、2030 年全面禁用吸管、飲料杯、購物袋、免洗餐具等 4 種一次用塑膠製品的政策時程，首波規範對象為政府部門、學校、百貨公司、購物中心與量販店等場所，在其餐飲場所不得提供免洗餐

具。2021 年在疫情衝擊之下，環保署仍對「一次性飲料杯減量辦法」有初步規劃，預計將持續上路以管制塑膠垃圾問題。

除了我國政策法規，我國「綠色和平」組織 2020 年二度針對全臺零售通路調查塑膠包裝使用情形，調查對象包括大潤發、好市多、全聯、美廉社、家樂福、頂好與愛買等 67 家門市，卻發現通路整體塑膠包裝使用比例不減反增，由 86.4% 成長到 90.4%，疾呼企業須從源頭著手減量。環保署針對量販業者進一步輔導回收其進貨用於纏繞固定之塑膠包膜，串聯量販業、物流業、回收業打造循環經濟合作關係，回收之塑膠包膜可再製作成塑膠袋、氣泡袋或巧拼板等塑膠製品，該實例凸顯出循環經濟須經由建構完整的生態體系方得以有效落實。我國已將循環經濟納入「五加二產業創新計畫」政策之一，將循環經濟理念及永續創新的思維融入各項經濟活動，建構從動脈產業（製造與消費）到靜脈產業（資源回收再利用）的循環發展模式，且持續以「循環產業化」和「產業循環化」兩大主軸，協助關鍵產業掌握循環經濟新商機，期在高性能、低耗能、無毒性、零廢棄的全球競爭中，占有一席之地。

‖ 第三節　國際經典案例及帶給我國之啟示 ‖

一、國際標竿企業之創新減碳策略案例

因 COVID-19 持續肆虐，封城的各種管制政策舉措致使社會需求與行為模式大幅改變，電商產業與各種網路購物平台的業績急速地增長，快遞物流與包裹配送的運載量爆量，近乎面臨前所未有的業績高峰。然而，這也將帶來驚人的碳排問題，全球電商龍頭亞馬遜（Amazon）2020 年的碳排放總量比 2019 年增多 19%。中國大陸 2020 年電商零售行業更發遞 671 億個包裹，到 2025 年，將可能產生 1.16 億噸的碳足跡。

基此，本研究在此彙整國際標竿企業之創新減碳策略，以提升再生能源使

註 2　指交通部將交通事業電子化。

用比例、最後一哩路的低碳物流配送，及大數據和人工智能的運用等三大策略方向說明，希冀提供我國相關產業與企業相關指引。

（一）提升再生能源使用比例

為致力實現淨零碳排目標，亞馬遜設立「氣候承諾基金」（The Climate Pledge Fund），推動符合「氣候承諾」的技術與服務，計畫在 2040 年實現淨零碳排放（net zero carbon），其中，透過「運輸碳中和」計畫（Shipment Zero），企圖重塑電動貨車產業，與美國新創電動汽車製造商 Rivian 訂購 10 萬輛電動貨車，為目前世界上最大的電動汽車訂單，也預計此項舉措將每年減少數百萬噸的碳排。

（二）最後一哩路的低碳物流配送

電商零售業業績逐年成長，加上 COVID-19 的催化，帶動快遞、物流配送的強勁發展勢頭，現今，物流的關鍵決勝點紛紛落於「最後一哩路」（Last Mile Delivery）。其概念係指包裹從貨運或倉儲中心配送至最終目的地，交貨流程的最後一步所涉及的配送效率、透明且流暢的溝通管道與最終收貨體驗，皆將與消費者滿意度息息相關。因此，國際各大電商零售與物流公司為因應客戶要求與期待，提供具競爭力且具低碳的配送服務。

日本最大的網路零售公司之一樂天（Rakuten）為了提高送貨的效率，且為避免物流再配送服務每年造成的約 42 萬噸碳排放量，透過「集中取貨」的概念替代送貨到府，設立 Rakuten Box，讓顧客可以選擇離自己最近的地點取退貨。而「集中取貨」的概念以便利性的低接觸經濟型態，降低疫情傳播風險，更重要的是，減少運送哩程，從而減少碳排放量，達到更永續的送貨模式。

中國大陸的阿里巴巴集團旗下物流公司菜鳥網絡，則透過送貨機器人菜鳥小 G 解決「最後一哩路」配送的幾個問題，如提升機器人能源使用效率以取代傳統配送貨車，降低碳排實現綠色物流；運載多元尺寸包裹，提升配送裝載率，以更有效率的方式交付至消費者；同時，更建立與消費者暢通的溝通機制，消費者僅需透過手機應用程式，即可全程掌握物件位置及送貨到府服務，以「人機交互」概念，實踐疫情期間的「無接觸配送」，適當地減輕配送物流中繼站的出貨壓力及碳排問題。

資料來源：菜鳥，ET 物流實驗室。

◆圖 13-3-1 送貨機器人──菜鳥小 G Plus

　　優比速（United Parcel Service, UPS）則透過電動自行車（eBike）的運用，在人口密集度高、交通擁擠的城市進行測試，發現電動自行車在人口稠密環境表現相當優異，能夠比傳統配送的貨車更快地送達客戶。除了提升配送效率，亦能有效避免石化燃料之使用，減少碳排。

（三）大數據及人工智能的使用

　　交錯複雜的物流網絡路線造成配送時效與碳排放等問題，提高效率和減少碳排放，同時保持企業利潤，以滿足顧客對於永續發展的期待，成為物流業的挑戰。中國大陸的阿里巴巴集團旗下物流公司菜鳥網絡，除運用送貨機器人菜鳥小 G，更透過大數據、機器學習（machine learning）、物聯網與數據演算法之運用，準確預測消費者的需求，提前配送相關貨品至靠近終端消費者的地方，以減少送貨時間；精準計算最佳化配送路線，以減少使用 10% 的車輛，一天能節省 1,000 萬人民幣的成本，更重要的是減少配送造成的碳排問題。

二、國際標竿企業之循環減塑推動案例

　　如第一節所言，為降低 COVID-19 的傳播風險，全球各國採取封城與管

制舉措，造成餐飲產業的慘澹經營，卻也刺激外送服務的崛起，短期間造成一次性餐具、塑膠使用暴增，造成塑膠垃圾問題惡化。而從各國持續推動環境政策亦可清楚地預見，塑膠使用與廢棄問題及相對應的預防性政策與立法措施將會持續受到關注與討論。

　　基此，國際標竿企業仍須在防疫作戰與減少塑膠使用的兩難困境中，發展出最佳做法，針對食品、包裝和廢棄物帶來的環境問題，持續推動管理計畫與相關方案，並將循環經濟原則納入其價值鏈中。本研究在此彙整實體零售與線上外送企業推動之循環減塑經典案例，提供我國相關產業與企業相關指引。

（一）非接觸式的循環杯商業模式

　　星巴克（Starbucks）在疫情爆發前，早已在減塑議題上採取多種行動措施，例如在其全球 28 萬家門市逐步淘汰塑膠吸管，達到減少使用 10 億根塑膠吸管之驚人績效。然而，COVID-19 對星巴克的減塑推動政策造成險峻的挑戰，在消費者認爲一次性使用外帶杯較爲衛生且安全情況下，星巴克不得不先暫停多年的客人自備環保杯服務，但仍提供自帶環保杯者折扣優惠，惟此舉仍會造成一次性外帶杯的使用。面對這樣挑戰，星巴克爲落實減少一次性杯子使用之承諾，在考量門市夥伴與顧客安全之下，推出非接觸式（contactless）的互動方法，以避免消費者與合作夥伴接觸點的方式，重新推動消費者自用杯政策，由咖啡師透過陶瓷容器裝載消費者的個人環保杯，檢查後，將飲料在沒有任何接觸下倒入該杯中，而消費者在特定的交接區域領取其杯子及飲料。

　　另一方面，爲徹底杜絕門市夥伴與消費者彼此接觸造成染疫風險，星巴克在西雅圖試辦「借杯計畫」（Borrow A Cup），消費者可親臨店面或是透過行動裝置進行下單，並支付 1 美元的循環杯租借押金享受其飲品，其後在指定場所的非接觸式回收桶歸還循環杯，以獲得星巴克折扣積分。星巴克更與 Ridwell 回收服務公司合作，消費者若在住家門口使用 Ridwell 的回收盒，即有專人前往回收，以強化循環杯的回收度，提升消費者歸還租借杯的比例。此案例可供實體餐飲與零售企業參考，在這套商業模式背後，透過供應合作方式實踐循環經濟重要的一步，減少一次性餐具、材料的使用。

資料來源：Starbucks, Seattle Starbucks Stores go even greener this Earth Month with new Borrow A Cup program, 2021。

◆圖 13-3-2　星巴克「借杯計畫」

（二）外送服務的減塑新選擇與永續意識倡議

　　為阻絕 COVID-19 傳染，大眾避免實體接觸，也帶動餐飲變革，餐飲外送業績全面增長，許多大型餐飲品牌在開發外送服務的同時，考量超過 80% 的餐飲與百貨消費者認為永續發展是他們購買決策的重要參考因素，規劃具永續意識提倡之外送服務。

　　全球外賣平台企業優食（UberEats）、GrabFood 和 Doordash 與其他各大餐飲自行開發的外送服務，紛紛在其線上平台的使用介面，不主動提供一次性塑膠餐具選項。其中，處於全球最大外送服務市場的百勝中國旗下的肯德基，更計劃將 50% 以上用於外賣和送貨的塑料袋更換為更環保的替代品。

　　除此之外，優食為了提升使用者對於減塑議題的意識並減少塑膠污染，透過使用介面的設計，在消費者點餐時，加入有關塑膠汙染和因應措施的資訊，

希冀不只是減少消費者使用一次性塑膠餐具,而是根本改變消費者對於塑膠認知與使用習性,以便能從隨著疫情增長的外送服務中減少塑膠的使用。領先的外送公司提出不使用一次性塑膠器具並開展相關宣導,做爲減塑的解決方案,也同時幫助餐飲業朝著更永續的商業模式邁進。

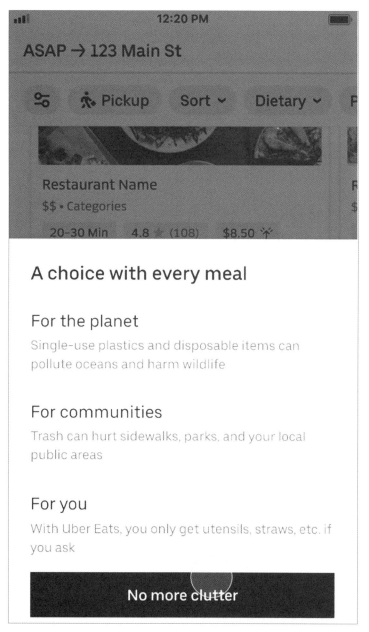

資料來源:Uber, Making Food Delivery More Accessible & Sustainable,2021。

◆圖 13-3-3　優食提供涵蓋環境相關宣導的平台使用介面

‖ 第四節　我國指標性企業案例 ‖

　　我國政府實施嚴謹的管制措施，社會大眾亦為了減少染疫風險及公共衛生安全考量，大幅改變消費習慣，選擇低接觸、無接觸的消費型態，實體零售與餐飲業者亦開發更為多元的消費模式，卻也造成碳排與塑膠使用的環境問題更加嚴峻。為了因應全球性的氣候變遷議題及配合我國相關環境政策的推動，我國各大零售業者和餐飲業者紛紛提出對應的減碳和減塑方案。

一、我國標竿企業之創新減碳案例

（一）全家便利商店：聰明物流
　　在今年我國實施三級警戒後，雖有大幅影響便利超商的來客數，然而，因我國具全球排名第二的便利超商密集度的特點，便利商店發揮社區型賣場的功用，滿足消費者就近採買、網路購物取貨需求，更透過線上線下的虛實通路行銷策略，強化消費者低接觸的購物體驗。

　　全家便利商店針對物流體系的出車碳排問題，透過減少物流出車趟數、針對偏遠地區採取雙溫層至三溫層的共同配送方式，以提升車輛裝載率、減少車輛來回的能源耗損。此策略使全家每年減少 73.1 萬公里的配送里程，有效地在減碳議題上做出貢獻。

（二）電商 momo：綠色物流與循環包裝創新運用
　　我國電商龍頭富邦媒體科技（momo）因疫情影響帶動營收再創歷史新高，但也同時面臨包裝使用遽增、密集物流配送導致碳排放增加的挑戰。為因應國際趨勢和我國的環境政策，該企業分別從兩大方面著手推動：

　　在綠色物流方面，momo 強化與實體通路合作，運用我國便利超商高密度特性及既有的物流體系，另也串聯富邦集團下的虛實通路，整併不同消費者的包裹至單一門市，強化包裹合併運送，以減少因運輸收送貨過程所產生的碳排。另一方面，強化內部技術運用，針對相同消費者所購買之不同商品於撿貨後採合併裝箱，此措施不僅可以提高紙箱的使用率，進而減少耗材的使用量，

還能減少運輸往返趟次、降低里程數，進而減少碳排放；此外，搭配 momo 自有綠色車隊配送，透過 AI 車機整合系統規劃最佳或最短配送路徑，縮短消費者與商品間距離。藉由上述策略，momo 於 2020 年平均每月約能減少 21.28 公噸的碳排。

在綠色包裝材料方面，momo 從包裝源頭開始推動減塑方針，試行循環袋供消費者收貨使用，並透過激勵誘因，鼓勵消費者將循環袋投入全台逾 9,000 個郵筒或 i 郵箱智慧郵筒，以進行回收重整、循環利用。在既有的包裝策略上，提供更加多元的包裝箱規格，以避免小商品大包裝、減少不必要緩衝包裝材料使用及提升裝載率；包裝箱的材質亦採用 100% 再生紙漿製造，包裝袋則是採用 30% 回收料製造，並且減少 20% 的印刷面積，全面提升既有包裝的回收效率。

二、我國標竿企業之減塑推動案例

（一）統一超商：自助借用循環杯

在面對國際間倡導循環經濟和減塑的趨勢下，疫情又造成大量使用一次性的容器及餐具，凸顯我國手搖飲等產業販售各種飲品所造成的一次性塑膠杯使用問題相當嚴峻。我國環保署持續推動「一次性飲料杯減量辦法」，目前推動方向之一為推動各縣市使用循環杯的試辦計畫。

例如統一超商與新創企業好盒器合作，已在台南推行自助循環杯的方案。消費者透過行動裝置的 APP，加入好盒器服務，便可到 7-11 的借杯自助機器租借循環杯，使用後只需歸還至還杯機，再由統一超商合作廠商統一回收、清洗與再配送至分店供消費者使用。統一超商亦提供相關優惠誘因，促使消費者改變行為模式。

自助借用循環杯模式亦於 2021 年 4 月於桃園市展開，透過示範點推行循環杯概念，以建立民眾使用循環杯習慣，希冀能減少一次性塑膠杯的使用，進而達到減塑的效果。而自助的機器更符合疫情下消費者所需要的低接觸經濟需求，讓消費者更能安心使用。

（二）foodpanda：打造外送鏈環境友善模式

德商外送平台 foodpanda 在我國疫情升溫之際，仍持續與我國新創企業好

盒器合作，以解決隨訂單量增加而帶來的塑膠使用問題。foodpanda 於台南市試辦「愛地球環保外送」活動，提供消費者選擇以循環容器盛裝餐點，食用後歸還可獲得相關優惠。循環容器運作模式仰賴多方協作，包括從歸還站、清洗場、回收容器物流，重新配送回店家再次重複使用。

另一方面，foodpanda 於 2020 年宣布 CSR 計畫《免廢生活‧環境永續》，希冀透過外送產業鏈中各方的角色，集結合作餐廳、消費者與外送夥伴，打造環境友善外送鏈。針對合作餐廳，提供環境永續培育課程，鼓勵餐廳採用環保餐具，並完善內部環境友善餐廳審核機制，在使用介面提供消費者特定標籤，做為消費者搜尋及訂購餐點的參考指標，且透過優惠機制，鼓勵消費者進行環境友善的購買行為；至於外送產業鏈重要的外送夥伴，亦透過相關教育課程，提升其永續意識。

‖ 第五節　後疫情時代的永續良帖 ‖

近年來全球資本市場中越來越多資金考量投資標的之環境、社會、公司治理（ESG）表現，各國亦紛紛推出永續相關政策法規，而 COVID-19 疫情的延燒更加速人們關注環境與社會責任等議題；為因應氣候變遷帶來各種環境與社會問題，實體零售、外送、餐飲等各大產業，該如何納入 ESG 元素調整、推動商業模式轉型，以符合當代消費者的購物期待，勢必為企業永續營運一大挑戰。

建議相關產業或企業可優先積極擘劃永續策略藍圖，並建構永續治理機制進行追蹤管理，以導入循環經濟思維，開拓新商業模式與解決方案。另外，發展碳管理策略亦同等重要，呼應我國政策目標，應至少依循國際氣候相關財務揭露（Task Force on Climate-related Financial Disclosures, TCFD）架構進行盤點與辨識衝擊最大的氣候相關風險、提升再生能源使用比例，以因應未來即將實施的碳稅／碳費相關規範等。具體說明與效益闡述如下：

一、永續策略為企業邁向永續營運的引線

面對不斷變化且險峻的外部風險，各方利害關係人更加期待企業能否從產業價值鏈管理角度，從中管理與因應外部的各種環境與社會風險問題，以透過自身核心能力，調整營運策略布局及商業模式，藉此持續創造企業價值。

對於企業而言，妥善擬定永續策略藍圖與短中長期的目標及行動方案，即是重要的一步，透過與國際趨勢及聯合國永續發展目標（Sustainable Development Goals, SDGs）接軌，建立清晰的永續發展方向，更可結合現有營運策略，奠定未來永續營運的基礎；更重要的是，目標清晰的永續策略對內可凝聚永續意識，對外則可鞏固品牌永續定位與打造差異化特色。

二、循環轉型——企業強化氣候韌性的致勝心法

如前文所述，在全球環境與社會風險的交互衝擊下，包括商業服務業在內的產業須考量循環經濟思維與商業模式，做爲企業營運不可或缺的關鍵工具。透過奠基產業價值鏈，釐清現有定位，盤點潛在挑戰與機會，進而規劃與評估創新循環商業模式，提升企業競爭力、持續促進經濟成長、降低環境衝擊與創造就業機會；更可提升企業品牌聲譽，降低資源價格波動的風險。

更進一步，將商品轉化爲服務，透過跨產業攜手合作開拓新市場，帶動經濟價值最大化，讓外部成本（環境及社會成本）最小化。誠如世界經濟論壇出版之《Net-Zero Challenge: The supply chain opportunity》指出，針對減碳所需投入成本進行分析，約 40% 的碳排放可以藉由較有效率之措施或改用再生能源而減少排放，每噸二氧化碳的減排成本則低於 10 歐元，其中以材料和流程效率改善的投報率較佳，通常在投資 3 到 5 年內可回收。基此，企業更需透過環境效益影響評估方法，如眞實價值（True Value）評估工具，以利企業完整地掌握循環經濟可帶來的商業效益與成本，具體量化自身循環商業模式對經濟及環境、社會的影響力，對內不僅有助於組織建立價值觀、思維與行動，並能促進資源更妥善地被運用與營運策略的優化，對外亦能有效展現企業更全面之價值與績效。

三、逐步完善碳管理強化風險應變體質

氣候變遷對各大產業的風險日益顯著，如極端氣候事件造成供應鏈韌性問題；各國與我國新碳稅／碳費政策法規與碳排目標，都造成程度不一的衝擊，各大產業進行低碳轉型作為已是刻不容緩。建議企業從以下兩點著手，以加速因應與布局，做好低碳發展的準備：

1. 導入氣候相關財務揭露機制，掌握未來短中長期氣候變遷相關風險與機會，增進碳管理意識以利實際展開減碳目標與行動，展現企業整合性的風險管理思維與策略。

2. 持續規劃低碳能源轉型（如建置太陽能板、購買再生能源等），與價值鏈合作強化碳管理，追求 100% 使用再生能源或評估碳抵減來源及方式，共同邁向淨零碳排目標。

‖ 第六節　總結與展望 ‖

在 COVID-19 疫情震盪下，各國政策法規與金融投資機構仍持續驅動 ESG 浪潮，促使實體零售、外送、餐飲等各大產業的商業模式與實體消費型態訴求轉型；於此情況下，能將循環經濟理念及永續創新的思維融入各項營運活動之企業，勢必可在追求低碳減塑的全球競爭中脫穎而出。

針對低碳，我國零售與物流業者可借鏡國際企業如亞馬遜、菜鳥網絡等，透過企業承諾與相應措施，達成高效配送的同時亦減少碳排放問題；減塑議題上，餐飲相關產業則可參考星巴克、UberEats 與 foodpanda 創造低接觸消費模式，並減緩塑膠問題惡化之情況。

如何進行抗疫作戰且兼顧低碳減塑難題，以符合法規規範及消費者的期待，皆是當代企業共同面臨的挑戰，朝向循環經濟轉型、強化風險應變體質，並做好低碳發展的準備，將是成功掌握氣候變遷商機與應對挑戰的重要關鍵。

參考文獻

第一章

IMF：《World Economic Outlook, 2021》April, 2021。

OECD：《FDI in Figures》。

UNCTAD：《World Investment Report》June 21, 2021。

World Bank,《World Development Indicators Databank 2021》。

Kearney：《2020 FDI Confidence Index》。

Kearney：《2021 FDI Confidence Index》。

UNCTAD：《World Investment Report》；《Added Value of Service Exports：Development Policy》。

The Economist：《World in Figures 2021》。

WTO：《World Trade Report 2020》, 2021 Press Release, March 31, 2021。

WTO：《World for Trade 2021》。

WTO：《World Trade Statistics 2020》。

WTO：《World Trade and GDP, 2019-2020》。

UNCTAD：《Handbook of Statistics 2020 — International merchandise trade, 2014-2019》。

UNCTAD：《Handbook of Statistics 2020–International trade in services, 2014-2019》。

TSD, TNCDB, DITC, UNCTAD：《Services Value- added in exports：Policies for development》Geneva, May 7, 2021。

eMarketer：《Global Ecommerce Forecast 2021》, report by Karin von Abrams, July 7, 2021。

Statista《E-commerce worldwide–Statistics & Facts》published by Daniela Coppola, July 14, 2021。

Anwar Shaikh. 2016. Capitalism — Competition, Conflict, Crisis。

國發會經濟發展處：《2021 年第一季兩岸中國經濟情勢分析》2021 年 5 月。

快易理財網：《世界各國服務業增加值占 GDP 比重》。

第二章

中央銀行，2021，《中央銀行統計資料庫》，取自：http://www.pxweb.cbc.gov.tw/dialog/

statfile9.asp，最後閱覽日期：2021/07/01。

行政院主計總處，2021a，《109 年度產值勞動生產力趨勢分析報告》，取自：http://www. dgbas. gov.tw/ct.asp?xItem=16975&ctNode=3103，最後閱覽日期：2021/07/01。

————，2021b，《就業失業統計資料查詢系統》，取自：http://www.stat.gov.tw/ ct.asp?xl tem=32985&CtNode=4944&mp=4，最後閱覽日期：2021/07/01。

————，2021c，《歷年各季國內生產毛額依行業分》，取自：http://www.stat. gov.tw/ np.asp?ctNode=3564，最後閱覽日期：2021/07/01。

————，2021d，《薪資及生產力統計資料》，取自：http://win.dgbas.gov.tw/ dgbas04/bc5/EarningAndProductivity/QueryPages/More.aspx，最後閱覽日期：2021/07/01。

科技部，2021，《全國科技動態調查——科學技術統計要覽》，取自：https://ap0512. most. gov.tw/WAS2/technology/AsTechnologyDataIndex.aspx，最後閱覽日期：2021/07/01。

財政部，2021，《財政統計月報民國 109 年》，取自：https://www.mof.gov.tw/Pages/ Detail.aspx?nodeid=285&pid=57474，最後閱覽日期：2021/07/01。

經濟部投資審議委員會，2021，《109 年統計月報》，取自：http://www.moeaic.gov.tw/ system_external/ctlr?PRO=PubsCateLoad，最後閱覽日期：2021/07/01。

MIC 產業情報研究所，2021，《2020 下半年行動支付大調查》，取自：https://mic.iii.org. tw/news.aspx?id=593，最後閱覽日期：2021/07/12。

PwC，2019，《Global Consumer Insights Survey 2019》，取自：https://www.pwc.com/ consumerinsights，最後閱覽日期：2021/06/18。

————，2021，《Global Consumer Insights Pulse Survey》，取自：https:// www.pwc.com/gx/en/consumer-markets/consumer-insights-survey/2021/gcis- june-2021.pdf，最後閱覽日期：2021/08/15。

Mastercard，2021，《降級拚經濟超過六成消費者使用多個行動支付品牌》，取自： https://www.mastercard.com/news/ap/zh-tw/%E6%96%B0%E8%81%9E%E4%B8 %AD%E5%BF%83/%E6%96%B0%E8%81%9E%E7%A8%BF/zh-t，最後閱覽日期： 2021/08/12。

第三章

日本經產省，2020，《商業動態統計書》，http://www.meti.go.jp/statistics/tyo/syoudou/ h2sosirase20170928.html，最後閱覽日期：2021/4/20。

日本經產省，2020，《勞動力調查書》，http://www.meti.go.jp/statistics/index.html，最後 閱覽日期：2021/4/20。

日本經產省，2020，《基本工資結構統計調查書》，http://www.meti.go.jp/statistics/index.
html，最後閱覽日期：2021/4/20。

中國大陸統計局，2021，《國家統計數據庫》，http://data.stats.gov.cn/easyquery.
htm?cn=C01，最後閱覽日期：2021/4/20。

行政院主計總處，2018，《中華民國行業標準分類第 11 次修訂（108 年 1 月）》。

行政院主計總處，2021，《國民所得統計摘要（110 年 5 月更新）》，https://www.dgbas.
gov.tw/public/data/dgbas03/bs4/nis93/ni.pdf，最後閱覽日期：2021/04/20。

經濟部統計處，2020，《批發、零售及餐飲業經營實況調查報告》，https://www.moea.
gov.tw/Mns/dos/content/ContentLink.aspx?menu_id=9431，最後閱覽日期：
2021/04/20。

Data USA, 2021, **Wholesale Trade Report,** retrieved from https://datausa.io/profile/
naics/42/#intro，最後閱覽日期：2021/4/20。

United States Census Bureau, 2021, Monthly **Wholesale Trade,** retrieved from https://
www.census.gov/wholesale/pdf/mwts/currentwhl.pdf，最後閱覽日期：2021/4/20。

第四章

行政院主計總處，2021，《109 年薪資與生產力統計年報》，取自 https://earnings.dgbas.
gov.tw/query_payroll.aspx，最後閱覽日期：2021/06/30。

唐子晴，2020，《2021 新生活！ 實體場域大遷徙，美食、消費、旅行將發生什麼改變？》，
取自 https://www.bnext.com.tw/article/60745/netflix-travel-life-december，最後閱
覽日期：2021/05/30。

財政部統計資料庫查詢，2021，《第八次修訂（6 碼）及地區別》，取自 https://web02.
mof.gov.tw/njswww/WebMain.aspx?sys=100&funid=defjspf2，最後閱覽日期：
2021/06/30。

張大仁，2021，《克羅格電商銷售估 2 年後倍增》，取自 https://www.worldjournal.com/
wj/story/121208/5358965，最後閱覽日期：2021/06/30。

張詠晴，2021，《吃下美國快時尚服飾 30% 市占，這家中國服飾品牌為什麼那麼狂？》，
取自 https://www.cw.com.tw/article/5117570，最後閱覽日期：2021/08/15。

統一超商，2021，《統一超商股份有限公司 109 年年度報告書》，取自 https://www.
ir-cloud.com/taiwan/2912/irwebsite_c/index.php?mod=annual，最後閱覽日期：
2021/08/15。

陳立儀，2020，《超商隱藏版好物咚進熟客圈 LINE 群組》，取自 https://udn.com/news/
story/7270/5008308，最後閱覽日期：2021/05/30。

陳明陽，2021，《Kroger 重押機器人對抗亞馬遜、Walmart》，取自 https://www.

digitimes.com.tw/iot/article.asp?cat=158&cat2=10&ct=o&id=0000608968_
CILL23N8555RFG9W0JQFB，最後閱覽日期：2021/06/30。

創新諮詢顧問公司，2021，《中國最神秘百億公司 SHEIN 的海外增長之路》，取自
https://zhuanlan.zhihu.com/p/360645921，最後閱覽日期：2021/06/30。

楊子毅，2020，《改寫零售佈局 D2C 品牌如何直達消費者的心？》，取自 https://udn.
com/news/story/6861/4897717，最後閱覽日期：2021/05/30。

楊戎真，2021，《愛上新鮮優化倉儲系統冷鏈不塞車》，取自 https://www.watchinese.
com/article/2021/25619，最後閱覽日期：2021/08/15。

楊孟軒，2021，《三級警戒後，每天湧入 1 萬訂單！台灣第一個營收破十億的生鮮電商
是？》，取自 https://www.cw.com.tw/article/5117556，最後閱覽日期：2021/08/10。

經濟部統計處，2021，《批發、零售及餐飲業營業額統計》，取自 https://www.moea.gov.
tw/MNS/dos/bulletin/Bulletin.aspx?kind=8&html=1&menu_id=6727&bull_id=9264，
最後閱覽日期：2020/08/24。

蔡淑媛，2021，《小 7 長大了超狂 Big7 公主風超美》，取自 https://news.ltn.com.tw/
news/life/breakingnews/3413256，最後閱覽日期：2021/06/30。

嚴雅芳，2021，《統一超雙獎肯定獲 ESG 綜合績效楷模獎、樂齡友善組首獎》，取自
https://udn.com/news/story/7241/5431788?from=udn-catelistnews_ch2，最後閱覽
日期：2021/06/30。

Affde，2021，《克羅格精準營銷滿足了廣告商對目標受眾的渴望》，取自 https://www.
affde.com/zh-TW/kroger-precision-marketing.html，最後閱覽日期：2021/08/15。

Deloitte，2021，《2021 零售力量與趨勢展望》，取自 https://www2.deloitte.com/tw/tc/
pages/consumer-business/articles/rp210601-2021-cnsr-trend.html，最後閱覽日
期：2021/07/30。

eMarketer，2020，《Global Ecommerce Forecast 2021》，取自 https://www.emarketer.
com/content/global-ecommerce-forecast-2021，最後閱覽日期：2021/07/08。

eMarketer，2021，《Future of Retail 2021: 10 Trends that Will Shape the Year
Ahead》，取自 https://www.emarketer.com/content/future-of-retail-2021，最後閱
覽日期：2021/05/30。

Jeremy Goldman，2021，《More digital trends for 2021: The future of grocery is
digital》，取自 https://www.emarketer.com/content/more-digital-trends-2021-
future-of-grocery-digital，最後閱覽日期：2021/05/30。

Kroger，2021，《Leading with Fresh, Accelerating with Digital 2021 Investor Day》，取
自 https://s1.q4cdn.com/137099145/files/doc_downloads/2021/Kroger-IR-Day-2021-
Presentation-Final.pdf，最後閱覽日期：2021/08/15。

第五章

Bloomberg News（2020），《American Social Drinking Will Meet the Coronavirus Challenge》，取 自 https://www.bloomberg.com/opinion/articles/2020-06-12/american-social-drinking-will-meet-the-coronavirus-challenge，最 後 瀏 覽 日 期：2021/6/20。

Bureau of Labor Statistics（2020），《Employment, Hours, and Earnings from the Current Employment Statistics survey（National）》， 取 自 https://data.bls.gov/timeseries/CES7072200001?amp%253bdata_tool=XGtable&output_view=data&include_graphs=true，最後瀏覽日期：2021/6/13。

e-Stat（2020a），《產業，從業上の地位別就業者（2011年～）- 第1213回改定產業分類による》產業分類：飲食店，取自 https://www.e-stat.go.jp/dbview?sid=0003037311，最後瀏覽日期：2021/6/13。

e-Stat（2020b），《產業大分類、中分類（全国）》產業分類：飲食店、民 公區分：民營事業所，取自 https://www.e-stat.go.jp/dbview?sid=0003084009，最後瀏覽日期：2021/6/13。

e-Stat（2020c），《サービス產業動向調 》統計表：事業活動の產業（中分類），事業從事者規模別年間　上高，取自 https://www.e-stat.go.jp/stat-search/，最後瀏覽日期：2021/6/13。

FoodIngredientsFirst.com（2020），《In Tune with Immune: Innova Market Insights spotlights immunity offerings for beverages, cereals and dairy》， 取 自 https://www.foodingredientsfirst.com/news/in-tune-with-immune-innova-market-insights-spotlights-immunity-offerings-for-beverages-cereals-and-dairy.html，最後瀏覽日期：2021/6/20。

Foodpanda（2020），《foodpanda 擁抱「綠色消費」率先推廣使用循環容器外送》，取自 https://www.foodpanda.com/2020/11/foodpanda，最後瀏覽日期：2021/6/20。

INSIDE（2020），《Uber Eats 來台四週年！從「美食」到「即送電商」平台合作商家年增逾四倍》，取自 https://www.inside.com.tw/article/21451-uber-eats-4-years-old-hbd-in-taiwan，最後瀏覽日期：2021/6/29。

Michelin Guide（2020），《臺北臺中米其林指南 2020 星光熠熠點亮雙城》，取自 https://guide.michelin.com/tw/zh_TW/event/taipei-taichung-2020-star-revelation，最後瀏覽日期：2021/6/20。

SGS 安心資訊平台，取自 https://msn.sgs.com/others/HM_service.aspx，最後瀏覽日期：2021/6/20。

Statista（2021a），《Online food delivery market size worldwide from 2019 to 2023》，取自 https://www.statista.com/statistics/1170631/online-food-delivery-market-size-worldwide/，最後瀏覽日期：2021/6/13。

Statista（2021b），**《Number of users forecast for the Online Food Delivery market worldwide from 2017 to 2024》**，取自 https://www.statista.com/forecasts/891088/online-food-delivery-users-by-segment-worldwide，最後瀏覽日期：2021/6/13。

TechNews 科技新報（2021），**《疫情亂亞洲！彭博抗疫韌性排名，台、日一起跌出 10 名外》**，取自 https://technews.tw/2021/05/27/taiwan-and-japan-fell-out-of-the-anti-epidemic-rankings-together/，最後瀏覽日期：2021/6/20。

United States Census Bureau（2020），**《Annual Revision of Monthly Retail and Food Services: Sales and Inventories—January 1992 Through May 2020》** NAICS Code：722，取自 https://www.census.gov/retail/mrts/www/benchmark/2020/html/annrev20.html，最後瀏覽日期：2021/6/13。

三立新聞網（2020），**《全台唯一瓦城全品牌獲 SGS 認證》**，取自 https://tw.news.yahoo.com/%E5%85%A8%E5%8F%B0%E5%94%AF，最後瀏覽日期：2021/6/20。

中央通訊社（2020），**《滷肉飯節 10 大推薦名單金峰、玉堂春、桃源號入列》**，取自 https://www.cna.com.tw/news/ahel/202010100222.aspx，最後瀏覽日期：2021/6/20。

中國大陸中央人民政府（2021），**《商務部等 12 部門印發「關於提振大宗消費重點消費促進釋放農村消費潛力若干措施的通知」》**，取自 http://www.gov.cn/xinwen/2021-01/05/content_5577324.htm，最後瀏覽日期：2021/6/20。

天下雜誌（2020），**《拒絕 Uber Eats 50 次、砸錢建串接系統　獨家直擊鼎泰豐 5 大外送心法》**，取自 https://www.cw.com.tw/article/5100666?template=transformers，最後瀏覽日期：2021/6/20。

未來流通研究所（2020），**《【產業地圖圖解】一張圖看懂 2020 臺灣「餐飲外送平台」產業版圖》**，取自 https://www.mirai.com.tw/2020-taiwan-food-delivery-industry-competition-map/，最後瀏覽日期：2021/6/20。

行政院主計總處資料庫（2021），**《薪情平台》**，取自 https://earnings.dgbas.gov.tw/，最後瀏覽日期：2021/6/13。

行政院主計總處資料庫（2020），**《108 年家庭收支調查報告》**，取自 https://win.dgbas.gov.tw/fies/a11.asp?year=108，最後瀏覽日期：2021/6/13。

行政院主計總處（2019），**《中華民國行業標準分類第 10 次修訂（105 年 1 月）》**，取自 https://www.dgbas.gov.tw/ct.asp?xItem=38933&ctNode=3111&mp=1，最後瀏覽日期：2021/6/13。

全家便利商店（2020），**《「全家」X「臺鐵」深化合作推出聯名鮮食成為首間台鐵便當合作夥伴》**，取自 https://www.family.com.tw/Web_EnterPrise/page/NewsContent.aspx?ID=692，最後瀏覽日期：2021/6/20。

財政部統計資料庫（2021），**《銷售額及營利事業家數第 7 次、第 8 次修訂（6 碼）及地區別》**，取自 https://web02.mof.gov.tw/njswww/WebMain.

aspx?sys=100&funid=defjspf2，最後瀏覽日期：2021/6/13。

乾杯超市 KANPAI MART（2021），《宅家乾杯定期購》，取自 https://www.kanpai-mart.com.tw/pages/subscription，最後瀏覽日期：2021/6/20。

經濟日報（2020），《臺灣美食嘉年華美食購夠 GO 齊振興拚經濟抽大獎》，取自 https://money.udn.com/money/story/11799/4676783，最後瀏覽日期：2021/6/20。

經濟日報（2021），《iCHEF 攜東方線上公布臺灣餐飲景氣白皮書》，取自 https://money.udn.com/money/story/10860/5394302，最後瀏覽日期：2021/6/20。

經濟部商業司（2020），《經濟部提振批發、零售及餐飲業因應對策》，取自 https://www.moea.gov.tw › wHandBulletin_File，最後閱覽日期：2021/6/20。

經濟部統計處（2021），《110 年 1 月批發、零售及餐飲業營業額統計》，取自 https://www.moea.gov.tw/MNS/populace/news/News.aspx?kind=1&menu_id=40&news_id=93280，最後閱覽日期：2021/6/20。

經濟部統計處（2021），《110 年 3 月批發、零售及餐飲業營業額統計》，取自 https://www.moea.gov.tw/MNS/populace/news/News.aspx?kind=1&menu_id=40&news_id=94071，最後閱覽日期：2021/6/20。

經濟部統計處（2019），《108 年批發、零售及餐飲業經營實況調查》，取自 https://www.moea.gov.tw/Mns/dos/bulletin/Bulletin.aspx?kind=28&html=1&menu_id=16959&bull_id=6384，最後閱覽日期：2021/6/20。

經濟部餐飲及零售業人才加值培訓計畫網站（2020），取自 https://learning.cdri.org.tw/，最後閱覽日期：2021/6/20。

勤業眾信聯合會計師事務所（2021），《勤業眾信發布 2021 全球行銷趨勢報告》，取自 https://www2.deloitte.com/tw/tc/pages/risk/articles/pr20210309-global-marketing-trends-tw.html，最後瀏覽日期：2021/6/20。

新新聞（2021），《疫情惡化時，他們怎麼做？日本篇：已三度宣布緊急事態國民陷入「自肅疲勞」，餐飲業叫苦連天》，取自 https://www.storm.mg/article/3692610?mode=whole，最後瀏覽日期：2021/6/20。

新華網（2020），《2020 中國餐飲業年度報告發佈 1-7 月我國餐飲收入 1.8 萬億元》，取自 http://www.xinhuanet.com/food/2020-09/02/c_1126443974.htm，最後瀏覽日期：2021/6/20。

網經社（2020），《Trustdata：「2020 年 Q2 中國外賣行業發展分析報告」》，取自 https://www.100ec.cn/detail--6573959.html，最後瀏覽日期：2021/6/20。

數位時代（2020），《小七 ibon 機就能訂五星便當！超商龍頭攜手王品、晶華推外送店取圖什麼？》，取自 https://www.bnext.com.tw/article/59310/7-11-wangsteak-regenthotels-food-delivery，最後瀏覽日期：2021/6/20。

聯合新聞網（2021），《彭博全球防疫韌性排名台灣慘摔至 44 名後段班一項墊底》，取自 https://udn.com/news/story/121707/5564160，最後瀏覽日期：2021/6/29。

第六章

電子時報，2021，《機器人揀貨解決方案實現自動化倉儲作業流程》，https://www.digitimes.com.tw/iot/article.asp?cat=158&cat1=20&cat2=11&id=0000608573_FZN4QFXD87D9ZI22FVYSH。

工商時報，2020，《物流士收送貨輔助助理系統讓勞資雙贏》。https://ctee.com.tw/industrynews/technology/283383.html。

財政部，2021，《財政統計資料庫》，http://web02.mof.gov.tw/njswww/WebMain.aspx?sys=100&funid=defjspf2。

數位時代，2020，《搶口罩人潮是雙 11 的 3 倍，疫情考驗物流即戰力！ PChome 想做的智慧倉儲是什麼？》，https://www.bnext.com.tw/article/58092/pchome-a7-logistics-center。

工業技術與資訊月刊，2021，《AI 立體式智慧倉儲系統》，https://www.itri.org.tw/ListStyle.aspx?DisplayStyle=18_content&SiteID=1&MmmID=1036452026061075714&MGID=1126246663267513624。

APEC AI 報告，2020，《momo「最後一哩路」拚上國際台灣大 5G 再助攻》，http://www.fmt.com.tw/index.php?option=com_content&view=article&id=1620:12-14-20-apec-aimomo&catid=31:2010-03-22-08-45-28&Itemid=107。

中時新聞網，2020，《全聯岡山自動倉儲全台零售業首座最大廠》，https://www.chinatimes.com/realtimenews/20200728005811-260405?chdtv。

FINDIT，2020，《微型配送中心的戰場 ─ CB Insights 的看法》，https://findit.org.tw/researchPageV2.aspx?pageId=1528。

大紀元，2020，《Woolies 全澳首家自動電子超市墨爾本開張》，https://www.epochtimes.com/b5/20/10/9/n12463518.htm。

數位時代，2021，《沃爾瑪擁抱新科技，機器人快速揀貨、拚兩小時外送！ 還要靠什麼趕上強敵亞馬遜？》，https://www.bnext.com.tw/article/61632/why-amazon-should-be-worried-about-walmarts-micro-fulfillment-centers。

第七章

公平交易委員會，《公平交易委員會對於加盟業主經營行為案件之處理原則》，取自 https://www.ftc.gov.tw/internet/main/doc/docDetail.aspx?uid=167&docid=11795，最後閱覽日期：2021 年 9 月 12 日。

公平交易委員會，《行政院公平交易委員會對於加盟業主經營行為之規範說明》，取自 https://www.ftc.gov.tw/law/LawContentHistory.aspx?hid=78，最後閱覽日期：2021 年 9 月 12 日。

行政院（2016），《新南向政策推動計畫》，取自 https://www.ey.gov.tw/Page/5A8A0CB5B41DA11E/86f143fa-8441-4914-8349-c474afe0d44e，最後閱覽日期：2021 年 9 月 20 日。

行政院（2019），**《因應 2019 總體經濟變動內需策略規劃報告》**，取自 https://www.ey.gov.tw/Page/448DE008087A1971/19322337-bdd2-4f0a-9af6-91f0cc01c9d7，最後閱覽日期：2021 年 9 月 20 日。

行政院主計總處（2019），**《中華民國行業標準分類第 11 次修訂（110 年 1 月）》**，取自 https://mobile.stat.gov.tw/StandardIndustrialClassificationContent.aspx?RID=11&PID=NDcxMQ==&Level=4，最後瀏覽日期：2021 年 9 月 14 日。

經濟部中小企業處（2021），**《連鎖加盟及餐飲鏈結發展計畫》**，取自 https://www.moeasmea.gov.tw/article-tw-2736-6798，最後閱覽日期：2021 年 9 月 20 日。

經濟部商業司（2020），《經濟部 2020 產業發展策略》，取自 https://ws.ndc.gov.tw/001/administrator/10/webarchive/1627/b5aa28a1-cde4-424a-badd-02f1a18d5259.pdf，最後閱覽日期：2021 年 9 月 20 日。

經濟部商業司（2020），**《經濟部提振批發、零售及餐飲業因應對策》**，取自 https://www.moea.gov.tw›wHandBulletin_File，最後閱覽日期：2021 年 9 月 20 日。

經濟部統計處（2021），**《110 年 1 月批發、零售及餐飲業營業額統計》**，取自 https://www.moea.gov.tw/MNS/populace/news/News.aspx?kind=1&menu_id=40&news_id=93280，最後閱覽日期：2021 年 9 月 20 日。

臺灣連鎖暨加盟協會〔2021〕，**《2021 臺灣連鎖店年鑑》**，臺灣連鎖暨加盟協會出版。

蘇三榮，2015，**《公平交易法關於加盟關係之管制及對契約效力之影響》**，時務報導，17 卷 7 期。取自 http://www.saint-island.com.tw/TW/Knowledge/Knowledge_Info.aspx?IT=Know_0_1&CID=460&ID=861，最後閱覽日期：2021 年 9 月 12 日。

Deloitte〔2021〕，**"Global Powers of Retailing 2020"**，Deloitte，取自 https://www2.deloitte.com/global/en/pages/consumer-business/articles/global-powers-of-retailing.html，最後閱覽日期為 2021 年 9 月 10 日。

International Franchise Association，**"What is a franchise?"**，取自 https://www.franchise.org/faqs/basics/what-is-a-franchise，最後閱覽日期為 2021 年 9 月 15 日。

Japan Franchise Association，**"What is JFA?"**，取自 https://www.jfa-fc.or.jp.e.ek.hp.transer.com/particle/18.html，最後閱覽日期：2021 年 9 月 12 日。

第八章

無。

第九章

王郁倫，2021，《【圖解】momo 富邦媒股價破千，成百貨類股第一！ AI 大數據、智慧物流如何助攻千億帝國？》，數位時代，https://www.bnext.com.tw/article/61405/momo-2020-result-mooly，最後閱覽日期：2021/07/29。

企業地球村，2021，《英媒揭亞馬遜年棄數百萬件貨物》，明報新聞網，取自 https://news.mingpao.com/pns，最後閱覽日期：2021/07/29。

東方線上，2021，《COVID-19 第五波疫情消費者面行為即時調查》，東方線上，取自 http://www.isurvey.com.tw/2_event/detail.aspx?id=458，最後閱覽日期：2021/07/29。

洪子惟，2020，《亞馬遜的大數據之戰！ 這次它要買下你口袋裡的發票》，未來商務，取自 https://fc.bnext.com.tw/articles/view/879，最後閱覽日期：2021/07/29。

胡林，2015，《每年浪費 1.1 兆美元：零售業導入 AI 省下 1 個「蘋果」產值》，能力雜誌，2019 年 04 月 01 日，新北市：myMKC 管理知識中心，取自 https://mymkc.com/article/content/23110。

唐祖湘，2021，《AI 立體式智慧倉儲系統》，工業技術與資訊，2021 年 05 月 15 日，351 期 2021 年 05 月號，新竹：工業技術與資訊月刊，取自 https://www.itri.org.tw/ListStyle.aspx?DisplayStyle=18_content&SiteID=1&MmmID=1036452026061075714&MGID=1126246663267513624。

商周出版，2018，《亞馬遜公司創始人──傑夫・貝佐斯亞馬遜的下一步：征服全球的策略藍圖》，震旦月刊，2018 年 12 月，台北市：震旦集團，取自 https://www.aurora.com.tw/aurora-monthly/569/0i330612433190503058。

陳右怡，2019，《2019 IEKTopics｜科技零售新趨勢 AIoT 應用迎未來》，IEK 產業情報網，2019 年 10 月 14 日，新竹：工業技術研究院，取自 https://ieknet.iek.org.tw/iekrpt/rpt_open.aspx?rpt_idno=224372486。

程倚華，2021，《momo 物流、科技、商品三力齊發，快跑邁向千億營收！下一步怎麼走？》，數位時代，取自 https://www.bnext.com.tw/article/63145/momo-e-commerce-product，最後閱覽日期：2021/07/29。

辜騰玉，2015，《工研院揭 4 項大資料技術應用，不只商品、歌曲能個人化推薦，連 FB 按讚數也能預測！》，iThome，取自 https://www.ithome.com.tw/news/100257，最後閱覽日期：2021/07/29。

趙心寧，2020，《零接觸式商機持續發酵》，工業技術與資訊，2020 年 07 月 15 日，342 期 2020 年 07 月號，新竹：工業技術與資訊月刊，取自 https://www.itri.org.tw/ListStyle.aspx?DisplayStyle=18_content&SiteID=1&MmmID=1036452026061075714&MGID=1072356716231735575。

IBM 商業價值研究院，2020，《打造智慧供應鏈，應對瞬息萬變的世界》專家洞察，美

國，International Business Machines Corporation， 取 自 https://www.ibm.com/downloads/cas/LV9AY9XP。

OOSGA Analytics，2021，《電子商務——2021 電商趨勢、發展策略》，OOSGA 策略諮詢顧問公司，取自 https://oosga.com/pillars/ecommerce/，最後閱覽日期：2021/07/29。

SAS 台灣，2019，《讓 AI 入魂，精準預測你的需求與庫存！》TechOrange 科技橘報，2019 年 02 月 13 日，台北市：流線傳媒股份有限公司，取自 https://buzzorange.com/techorange/2019/02/13/ai-predict-demand-and-inventory/。

Anne Kronschnabl, Alex Rodriguez,Holly Briedis, Kelly Ungerman,2020, "Adapting to the next normal in retail: The customer experience imperative"，Europe:McKinsey&Company。

Joep Beek, Marcus Keutel ,Stephane Bout,2021, "Prioritizing flexibility:How to get the most out of technology"，Europe:McKinsey&Company。

第十章

Albert Chang, et al., 2017, "Taiwan's digital imperative: How a digital transformation can re-ignite economic growth", retrieved from http://mckinseychina.com/wp-content/uploads/2017/10/McKinsey_Taiwans-Digital-Imperative-CN.pdf, 最後閱覽日期為 2019 年。

CB Insights, 2019, "Retail Trends 2019", retrieved from https://app.cbinsights.com/research/report/retail-trends-2019/，最後閱覽日期為 2021 年 7 月 30 日。

CB Insights, 2021, "The Technology Driving The Omnichannel Retail Revolution", retrieved from https://app.cbinsights.com/research/report/omnichannel-retail-technology/，最後閱覽日期為 2021 年 7 月 30 日。

Ericsson Consumer & Industry Lab, "10 Hot Consumer Trends 2030-The internet of senses", retrieved from https://www.ericsson.com/，最後閱覽日期為 2021 年 7 月 30 日。

Forest & Sullivan, 2018, "Evolving Smart Retail Through In-store Analytics", retrieved from https://research.frost.com/，最後閱覽日期為 2021 年 7 月 30 日。

Forest & Sullivan, 2021, "Future of User Interfaces Shaping New Consumer Experiences", retrieved from https://research.frost.com/，最後閱覽日期為 2021 年 7 月 30 日。

Immo Salo, 2015, "Smart machines presentation", Gartner, retrieved from https://www.slideshare.net/immon/smart-machines-presentation-april-2015，最後閱覽日

期為 2021 年 7 月 30 日。

Kevin Sneader, Shubham Singhal, 2021, "The next normal arrives: Trends that will define 2021—and beyond", retrieved from https://www.mckinsey.com/featured-insights/leadership/the-next-normal-arrives-trends-that-will-define-2021-and-beyond，最後閱覽日期為 2021 年 7 月 30 日。

Qualcomm XR Platform, 2021, "Making extended reality accessible to everyone", retrieved from https://www.qualcomm.com/products/xr-vr-ar, 最後閱覽日期為 2021 年 7 月 30 日。

Shyam Sankar, 2012, "The rise of human-computer cooperation", retrieved from https://www.youtube.com/watch?v=ltelQ3iKybU, 最後閱覽日期為 2021 年 7 月 30 日。

工研院產科國際所，2019，《創生態：科技加值服務匯流》專刊，2019 年 10 月，工研院產科國際所。

趙祖佑，2019，《運用新興科技加速服務業科技化之策略路徑》，工研院產科國際所 IEK 產業情報網，最後閱覽日期為 2021 年 7 月 30 日。

簡立峰，2020，《後疫 2021 數位商業新主流》，工研院產科國際所 IEK 產業情報網「眺望 2021 產業發展趨勢研討會」，最後閱覽日期為 2021 年 7 月 30 日。

第十一章

吳元熙，2020，《不敵雙雄？戶戶送無預警宣布 4 月 10 日退出台灣市場，背後可能跟這 2 大因素有關》，取自 https://www.bnext.com.tw/article/57196/deliveroo-close-taiwan-market，最後閱覽日期：2021/0/28。

林苑卿，2020，《外送平台搶當餐飲新霸主 催生兩大商機》，取自 https://www.wealth.com.tw/home/articles/24767，最後閱覽日期：2021/07/26。

陳皓嬿，《洺洺創灶 從共享空間到品牌孵化》，取自 https://ryoritaiwan.fcdc.org.tw/article.aspx?websn=6&id=6567，最後閱覽日期：2021/07/28。

彭文暉，2019，《外送平臺之行業管轄問題研析》，取自 https://www.ly.gov.tw/Pages/List.aspx?nodeid=6590#wrapper，最後閱覽日期：2021/07/07。

經濟部商業司，2013，《中華民國電子商務年鑑：我國電子商務發展現》，取自 http://ecommercetaiwan.blogspot.tw/2013/12/2013_4026.html，最後閱覽日期：2021/07/18。

Yana Poluliakh，2021，《Two Types of On-Demand Food Delivery Platforms – Pros and Cons》，取自 https://yalantis.com/blog/three-types-of-on-demand-delivery-platforms-pros-and-cons/，最後閱覽日期：2021/07/24。

第十二章

林咨銘（2019 年 12 月 03 日）。**迎接第五代行動通訊系統年，環視全球 5G 頻譜配置現況。**新通訊元件雜誌，2020 年 7 月 20 日，取自：https://reurl.cc/9X0pXn。

鍾曉君（2021）。**5G 關鍵議題發展動態觀察。**資策會產業情報研究所 MIC。

蘇偉綱（2021）。**2021 年第二季 5G 產業發展觀測。**資策會產業情報研究 MIC。

Atkinson（2017）。高通與 IHS Markit 提出，**5G 在 2035 年為臺灣締造 1,340 億美元產值。**TechNews，2021 年 7 月 26 日，取自：https://ccc.technews.tw/2017/08/11/qualcomm-ihs-markit/。

Taga, K., McDevitt, S., Stehl, L., Sattler, D.,（2019）. **The Race to 5G.** S.A: Arthur D. Little Luxembourg。

Zahid Ghadialy.（2019 年 09 月 01 日）. **5G+ Strategy of the Republic of Korea.** Operatorwatch, 取自：https://operatorwatch.3g4g.co.uk/2019/09/5g-strategy-of-republic-of-korea.html

金美敬（2019）。**韓國「5G + 策略」解析。**工業技術研究院 IEK。

The Government of the Republic of Korea（2020）. **5G+ Strategy to Realize Innovation Growth,** 取自：https://www.msit.go.kr/bbs/view.do?sCode=eng&mId=10&mPid=9&bbsSeqNo=46&nttSeqNo=7。

The White House（2020）.**National Strategy to Secure 5G of the United States of America。**

廖修武（2018）。**英國 5G 發展政策觀察。**資策會產業情報研究所 MIC。

UK5G（2019）. **5G Retail Testbed Camberley.** 2021 年 7 月 28 日，取自：https://uk5g.org/discover/testbeds-and-trials/5g-retail-test-bed-camberley/。

Surry Heath Borough Council（2020）. **Surrey Heath Borough Council announces plans for Camberley to be home to first 5G shopping centre in UK.** 2021 年 7 月 28 日，取自：https://www.surreyheath.gov.uk/news/surrey-heath-borough-council-announces-plans-camberley-be-home-first-5g-shopping-centre-uk。

Opensignal（2021）. **Benchmarking the 5G Experience—Asia Pacific—June 2021.** 2021 年 7 月 28 日，取自：https://www.opensignal.com/2021/06/14/benchmarking-the-5g-experience-asia-pacific-june-2021。

Opensignal（2021）. **Benchmarking the global 5G experience.** 2021 年 7 月 28 日，取自：https://www.opensignal.com/2021/02/03/benchmarking-the-global-5g-experience。

Siamphone（2020 年 7 月 22 日），**AIS 5G - Central Pattana brings intelligent 5G robots to serve drinks and take care of customers at the AIS 5G Café。**2021 年 7 月 12 日，取自：https://news.siamphone.com/news-45683.html。

AT&T（2019 年 7 月 30 日 ），**AT&T and Badger Technologies Bringing 5G-Enabled Autonomous Robots to Retail。**2021 年 7 月 12 日，取自：https://about.att.com/

story/2019/att_and_badger_technologies.html。

華為（2019 年 5 月 16 日），**中國房協、上海移動、華為攜手在上海陸家嘴中心 L+Mall 開通 5G 室內數位系統**。2021 年 7 月 14 日，取自：https://www.huawei.com/cn/news/2019/5/world-first-5g-five-star-shopping-mall。

hel.fi（2020 年 6 月 16 日），**Smart city developed through 5G and IoT at Mall of Tripla**。2021 年 7 月 14 日，取自：https://www.hel.fi/uutiset/en/kaupunginkanslia/smart-city-developed-through-5g-and-iot-at-mall-of-ripla。

Sam Varghese（2020 年 7 月 29 日 ）．，**Optus shows Sydney its vision of future of shopping**。2021 年 7 月 14 日，取自：https://www.itwire.com/entertainment/optus-shows-sydney-its-vision-of-future-of-shopping.html。

流通ニュースについて（2021 年 3 月 1 日），**イトーヨーカドー／「ランドセル」バーチャル店 、AR で試着も**。2021 年 7 月 14 日，取自：https://www.ryutsuu.biz/it/n030118.html。

渋谷 5G（2020 年 10 月 26 日）バーチャル渋谷 au 5G ハロウィーンフェス SUPER DOMMUNE Presents「DJ IN THE MIRROR WORLD」。渋谷 5G。2021 年 7 月 14 日，取自：https://shibuya5g.org/article/dj-in-the-mirror-world/。

三越伊勢丹控股株式會社（2021 年 3 月 17 日）．**VR を活用したスマートフォン向けアプリ「REV WORLDS（レヴ ワールズ）」の提供を開始**。PR TIMES。2021 年 7 月 14 日，取自：https://prtimes.jp/main/html/rd/p/000001673.000008372.html。

eMmarketer（2021 年 3 月 17 日），**5G will blur the line between physical and digital retail**。2021 年 7 月 14 日， 取自：https://www.emarketer.com/content/5g-will-blur-line-between-physical-digital-retail。

行政院（2020）。**臺灣 5G 行動計畫**。2021 年 7 月 28 日，取自：https://www.ey.gov.tw/Page/5A8A0CB5B41DA11E/087b4ed8-8c79-49f2-90c3-6fb22d740488。

陳君毅（2019）。**遠傳 5G 大娛樂來了，攜手 17 直播用「10 倍」網速開實境節目**。數位時代。2021 年 7 月 28 日，取自：https://www.bnext.com.tw/article/54857/5g-fetnet-and-17-media。

亞太電信（2020）。**亞太電信 5G 正式啟動「智慧生活無限可能」開創新局**。2021 年 7 月 28 日，取自：https://www.aptg.com.tw/corporate/news-center/press-releases/PressRelease-000831/。

資訊月 Online（2020）。**西門尋光趣**。2021 年 7 月 28 日，取自：https://itmonth.blog/2020/11/05/201105-30/。

財團法人資訊工業策進會（2020）。**5G Fun 基隆 . 饗食零距離活動，加速中小企業接軌 5G**。經濟部中小企業處。2021 年 7 月 28 日，取自：https://www.iii.org.tw/Press/NewsDtl.aspx?nsp_sqno=2314&fm_sqno=14。

智慧城鄉生活服務應用計畫（2020）。**「三立 5G GO 影視娛樂大躍進」大甲媽祖遶境體驗**

館記者會。經濟部工業局。2021 年 7 月 28 日，取自：https://www.twsmartcity.org.
　　tw/news/37。

智慧未來，打造生活無限可能。資策會 FIND。**2020 年 12 月 11 日，擁抱 5G 萬能時代實**
　　現智慧新商機活動講義。

5G 智慧服務發展方向與推動策略。資策會 FIND。**2021 年 06 月 30 日，疫情下，5G 智慧**
　　服務再造中小企業新價值活動講義。

第十三章

中國大陸中央人民政府，2020，《中華人民共和國國民經濟和社會發展第十四個五年
　　規劃和 2035 年遠景目標綱要》，取自：http://www.gov.cn/xinwen/2021-03/13/
　　content_5592681.htm，最後閱覽日期：2021/3/13。

王昊蘇，2020，《物流行業發展的大趨勢：綠色 + 數字化》，阿里巴巴新聞，取自：
　　https://reurl.cc/VEllzZ，最後閱覽日期：2020/12/18。

交通部運輸研究所，2019，《公路貨運碳足跡，邁向低碳第一步》，取自：https://www.
　　iot.gov.tw/cp-23-409-7a588-1.html，最後閱覽日期：2019/2/26。

全家，《「全家」聰明綠色物流有效減少碳排放，讓地球喘口氣》，取自安侯永續發展顧問
　　股份有限公司團隊，2020，《循環經濟大不同》，2020 年 4 月 30 日，台北：安侯企管。

百 勝，2021，《KFC and Pizza Hut Launch New Plastic Reduction Initiatives in China》，
　　retrieved from: https://ir.yumchina.com/news-releases/news-release-details/kfc-
　　and-pizza-hut-launch-new-plastic-reduction-initiatives-china/，最後閱覽日期：
　　2021/5/1。

行 政 院，2019，《循環經濟推動方案》，取自：https://www.ey.gov.tw/
　　Page/5A8A0CB5B41DA11E/18ef26a4-5d05-4fb3-963e-6b228e713576，最後閱覽日
　　期：2019/1/30。

行政院環境保護署，2019a，《臺灣海洋廢棄物治理行動方案》，取自：https://www.epa.
　　gov.tw/SWM/5919C0B615518E4D，最後閱覽日期：2020/12/22。

行政院環境保護署，2020，國家溫室氣體減量法規資訊網，取自：https://ghgrule.epa.
　　gov.tw。

金融監督管理委員會，2020，《公司治理 3.0- 永續發展藍圖》，取自：https://www.sfb.
　　gov.tw/ch/home.jsp?id=992&parentpath=0,8,882,884，最後閱覽日期：2020/9/3。

阿里足跡，2017，《菜鳥以大數據規劃物流路線減少一成車輛使用》，取自：
　　https://www3.alibabanews.com/cainiaoyidashujuguihuawuliuluxian-
　　jianshaoyichengcheliangshiyong/，最後閱覽日期：2017/4/10。

張君堯，2020，《2020 年全球碳排放減 7% 創紀錄「歸功」新冠疫情》，聯合新聞網，取自：

https://udn.com/news/story/6809/5084080，最後閱覽日期：2020/12/11。

張凱婷，2021，《跟免洗杯盤說再見！循環容器風潮吹進台灣龍頭超商》，獨立評論，取自：https://opinion.cw.com.tw/blog/profile/510/article/10413，最後閱覽日期：2021/1/25

張雄風，2021，《環署 2 大方向減量飲料杯預計下半年上路》，中央社，取自：https://www.cna.com.tw/news/ahel/202105100269.aspx，最後閱覽日期：2021/5/10。

陳冠榮，2021，《富邦媒 2020 全年營收 672 億攀新高，深耕品牌奏效、持續布建倉儲物流》，財經新報，取自：https://finance.technews.tw/2021/02/19/momo-2020-q4-earnings/，最後閱覽日期：2021/2/19。

程倚華，2021a，《【致股東報告書】PChome 營收創新高、商店街虧損減少 8 成！詹宏志 5 大方針擴大生態圈》，數位時代，取自：https://www.bnext.com.tw/article/63077/pchome-shareholder-report-2021，最後閱覽日期：2021/5/27。

黃慧雯，2021，《強化配送彈性 PChome 攜手 Pickupp 強化最後一哩物流》，中時新聞網，取自：https://www.chinatimes.com/realtimenews/20210719004627-260412?chdtv，最後閱覽日期：2021/5/27。

微信，2020，《小 G" 來啦！浙大紫金港校區正式啟用無人快遞車～》，取自：https://mp.weixin.qq.com/s/RNFrAH03NG17YPtaEfCBvw，最後閱覽日期：2020/8/20。

楊舒晴，2020，《2019 年二氧化碳排放減逾 3%，工業部門減排量最多》，中央社，取自：https://udn.com/news/story/7238/4719279，最後閱覽日期：2020/7/21。

經濟部能源局，2020，《一定契約容量以上之電力用戶應設置再生能源發電設備管理辦法》，取自：https://www.moeaboe.gov.tw/ECW/populace/Law/Content.aspx?menu_id=13206，最後閱覽日期：2020/12/31。

經濟部統計處，2021，《產業經濟統計簡訊》，第 384 期。

經濟部統計處，2021，《當前經濟情勢概況（專題：疫情對我國產業之影響）》，取自：https://www.moea.gov.tw/MNS/populace/news/News.aspx?kind=1&menu_id=40&news_id=94561，最後閱覽日期：2021/5/28。

綠色和平，2021，《全球減塑政策大彙整！歐盟、韓國政策值得參考》，取自：https://reurl.cc/838ObM，最後閱覽日期：2021/1/21。

綠色和平，2021，《別誤會了！疫情期間，無塑購物也可以很安全》，取自 https://www.greenpeace.org/taiwan/update/25380/%E5%88%A5%E8%AA%A4%E6%9C%83%E4%BA%86%EF%BC%81%E7%96%AB%E6%83%85%E6%9C%9F%E9%96%93%EF%BC%8C%E7%84%A1%E5%A1%91%E8%B3%BC%E7%89%A9%E4%B9%9F%E5%8F%AF%E4%BB%A5%E5%BE%88%E5%AE%89%E5%85%A8/，最後閱覽日期：2021/6/10。

環境資訊中心，2020，《本土外送品牌 foodpanda 搶當「不塑之客」！ 明年拚垃圾減量 1500 萬公斤》，城市學，取自：https://city.gvm.com.tw/article/76658，最後閱覽日期：2020/12/22。

_____, 2018, "European Union Emission Trading Scheme" revision for phase 4（2021-2030）, retrieved from: https://ec.europa.eu/clima/policies/ets/revision_en。

_____, 2019, "A European Green Deal", retrieved from: https://ec.europa.eu/info/strategy/priorities-2019-2024/european-green-deal_en。

_____, 2020, "New Circular Economy Action Plan", retrieved from: https://eur-lex.europa.eu/legal-content/EN/TXT/?qid=1583933814386&uri=COM:2020:98:FIN, 最後閱覽日期：2020/3/11。

_____, 2020b, "COVID-19 Risks Outlook: A Preliminary Mapping and its Implications", retrieved from: https://www.weforum.org/reports/covid-19-risks-outlook-a-preliminary-mapping-and-its-implications, 最後閱覽日期：2020/5/19。

_____, 2021, "Circular Economy Action Plan", European Commission, retrieved from: https://ec.europa.eu/environment/strategy/circular-economy-action-plan_en。

_____, 2021b,「《溫管法》修法將更名升級應對氣候變遷新增碳費與調適專章」，取自：https://ghgrule.epa.gov.tw/news/news_page/1/530。

_____, 2021b,《迎戰雙 11、聖誕節強檔！momo 狂衝品牌數，導入 AI 出貨解決塞車問題》，數位時代，取自：https://www.bnext.com.tw/article/59607/momo-2020-1111，最後閱覽日期：2020/10/14。

_____, 2020, "Starbucks begins trialling new NextGen cup in London", retrieved from: https://stories.starbucks.com/emea/stories/2020/starbucks-begins-trialling-new-nextgen-cup-in-london/, 最後閱覽日期：2020/3/9。

Amazon, 2020, "2019 Sustainability Report", retrieved from: https://sustainability.aboutamazon.com/pdfBuilderDownload?name=sustainability-all-in-june-2020。

Beyond Plastics, 2020, "GRUBHUB, DELIVERY.COM, DOORDASH, SEAMLESS, POSTMATES & CAVIAR ASKED TO HOLD THE SINGLE-USE PLASTICS, PLEASE", retrieved from: https://www.beyondplastics.org/press-releases/hold-the-plastic，最後閱覽日期：20207/16。

Cainiao Network, 2020, "6 Key Trends in Sustainable Logistics", retrieved from: https://cainiao.medium.com/6-key-trends-in-sustainable-logistics-55856e337ab7, 最後閱覽日期：2020/12/3。

Emilie Boman, 2019, "Making Food Delivery More Accessible& Sustainable", Uber, retrieved from: https://www.uber.com/en-AU/newsroom/making-food-delivery-more-accessible-sustainable/, 最後閱覽日期：2019/9/26。

Emma Newburger, 2021, "Here's how Biden's $2 trillion infrastructure plan addresses climate change", CNBC, retrieved from: https://www.cnbc.com/2021/03/31/biden-infrastructure-plan-spending-on-climate-change-clean-energy.html, 最後閱覽日期：2021/3/31。

Energy.Gov, 2021, "DOE Announces \$14.5 Million to Combat Plastics Waste and Pollution", Energy.Gov, retrieved from: https://www.energy.gov/articles/doe-announces-145-million-combat-plastics-waste-and-pollution, 最後閱覽日期：2021/5/25。

European Commission, 2021, "Carbon Border Adjustment Mechanism", retrieved from: https://ec.europa.eu/commission/presscorner/detail/en/fs_21_3666, 最後閱覽日期：2021/7/14。

European Commission, 2021, "Fit for 55 Package", retrieved from: https://ec.europa.eu/info/sites/default/files/chapeau_communication.pdf, 最後閱覽日期：2021/7/14

foodpanda，2020，《foodpanda 正式宣布領先業界行動減塑打造外送鏈環境友善模式》，蘋果日報，取自：https://tw.appledaily.com/lifestyle/20201217/5A7XDMHF5NC5FFPJKWE2FHQ4XQ/，最後閱覽日期：2020/12/17。

Grab, 2019, "GrabFood to Champion Environmental Sustainability in Food Delivery Business", retrieved from: https://www.grab.com/my/press/social-impact-safety/grabfood-champions-environmental-sustainability/, 最後閱覽日期：2019/11/11

Laxmi Haigh, Marc de Wit, Caspar von Daniels, Alex Colloricchio, Jelmer Hoogzaad, 2021, "The Circularity Gap Report 2021", Circle Economy, retrieved from: https://www.circularity-gap.world/2021。

Michael Oshman, 2021, "Grubhub and The Green Restaurant Association Create Sustainability Partnership", Green Restaurant Association, retrieved from: https://www.dinegreen.com/post/grubhub-and-the-green-restaurant-association-create-sustainability-partnership, 最後閱覽日期：2021/4/23。

momo, 2020，《永續營運綠生活》，取自：http://www.fmt.com.tw/index.php?option=com_content&view=article&id=1545&Itemid=321。

Morgan Stanley, 2019, "2019 Sustainability Report", retrieved from: https://www.morganstanley.com/pub/content/dam/msdotcom/sustainability/Morgan-Stanley_2019-Sustainability-Report_Final.pdf, 最後閱覽日期：2020/4。

National Oceanic and Atmospheric Administration, 2021, "Carbon dioxide peaks near 420 parts per million at Mauna Loa observatory", retrieved from:

Noaa Research News, 2021, retrieved from:https://research.noaa.gov/article/ArtMID/587/ArticleID/2764/Coronavirus-response-barely-slows-rising-carbon-dioxide, 最後閱覽日期：2021/6/7。

Rakuten, 2020, "Sustainability Report", retrieved from: https://global.rakuten.com/corp/sustainability/environment/#anchor1。

S&P Global Market Intelligence, 2021, "Industries Most and Least Impacted by COVID19 from a Probability of Default Perspective", retrieved from, https://www.spglobal.com/marketintelligence/en/news-insights/blog/industries-most-andleast-impacted-by-covid19-from-a-probability-of-default-perspective, 最後閱覽日期：2021/3/22。

Starbucks, 2021, **"Starbucks Circular Cup expands to 30 countries across Europe, Middle East and Africa, recycling 450,000 cups"**, retrieved from: https://stories.starbucks.com/emea/stories/2021/starbucks-circular-cup-expands-to-30-countries-across-europe-middle-east-and-africa-recycling-450000-cups/, 最後閱覽日期：2021/6/9

Statista, 2021, **"Online food delivery market size worldwide from 2019 to 2023"**, retrieved from: https://www.statista.com/statistics/1170631/online-food-delivery-market-size-worldwide/。

Tatler, 2021，《「好盒器」與「foodpanda」租借環保杯落實台南，防疫外送也要減少紙杯做環保！》，取自：https://tw.asiatatler.com/life/goodtogo-foodpanda，最後閱覽日期：2021/6/15。

The Pew Charitable Trusts and SYSTEMIQ, **" Breaking the Plastic Wave"**, retrieved from: https://www.systemiq.earth/breakingtheplasticwave/。

The Recycling Partnership and World Wildlife Fund, 2021, **"U.S. Plastics Pact Roadmap to 2025"**, retrieved from: https://usplasticspact.org/roadmap-reader/。

The White House, 2021, **"FACT SHEET: President Biden Sets 2030 Greenhouse Gas Pollution Reduction Target Aimed at Creating Good-Paying Union Jobs and Securing U.S. Leadership on Clean Energy Technologies"**, retrieved from: https://www.whitehouse.gov/briefing-room/statements-releases/2021/04/22/fact-sheet-president-biden-sets-2030-greenhouse-gas-pollution-reduction-target-aimed-at-creating-good-paying-union-jobs-and-securing-u-s-leadership-on-clean-energy-technologies/, 最後閱覽日期：2021/4/22。

Tim Richardson, 2021, **"Amazon: Our carbon footprint went up 19% last year but we grew even more than that, so 'carbon intensity' is down"**, The Register, retrieved from: https://www.theregister.com/2021/07/01/amazon_carbon_footprint/, 最後閱覽日期：2021/7/1。

Timothy Goodson, 2021, **"Global Energy Report 2021"**, International Energy Agency, retrieved from: https://www.iea.org/reports/global-energy-review-2021, 最後閱覽日期：2021/4。

U.S. Plastics pact, 2021, **"What is the U.S. Plastics Pact"**, retrieved from: https://usplasticspact.org/about/。

UPS, 2020, **"UPS 2019 Sustainability Progress Report"**, retrieved from: https://about.ups.com/content/dam/upsstories/assets/reporting/2019-UPS-Corporate-Sustainability-Progress-Report.pdf。

Verdict Media, 2021, **"Starbucks to reintroduce personal reusable cups scheme in US"**, retrieved from: https://www.verdictfoodservice.com/news/starbucks-reusable-cups/, 最後閱覽日期：2021/6/9 。

World Economic Forum, 2021a , "Net-Zero Challenge: The supply chain opportunity" , retrieved from: https://www.weforum.org/reports/net-zero-challenge-the-supply-chain-opportunity, 最後閱覽日期：2021/1/21。

Appendix

一 商業服務業大事記
二 臺灣商業服務業公協會列表

附 錄

年份	類別	標題	內容
1932 年	零售	百貨公司興起	第一間百貨公司「菊元百貨」於臺北成立，與第二間臺南的「林百貨」並稱南北兩大百貨。而後多家業者紛紛成立百貨公司，使得百貨公司此一業種進入戰國時代。
1934 年	餐飲	首間引入現代化管理的餐廳開幕	臺灣最早的西餐廳「波麗路西餐廳」開幕，首度引進西方現代化餐飲管理的營運制度。
1970 年	零售	大型超市興起	在 1970 年代（民國 59 年）初期，西門町出現西門超市及中美超市兩家大型超市，為臺灣大型超市開端。
1973 年	金融	第一次石油危機	在 1973 年（民國 62 年）中東戰爭爆發，阿拉伯石油輸出國家組織實施石油減產與禁運，導致第一次石油危機，我國經濟也因此受到影響，當時行政院長蔣經國決意推動「十大建設」，以大量投資公共建設，解決我國基礎建設不足的問題。在十大建設的帶動之下，1975 年（民國 64 年），我國通貨膨脹率開始下滑，成功改善我國產業的發展環境。
1974 年	物流	物流概念的萌芽	聲寶及日立公司於 1974 年（民國 63 年）投資成立「東源儲運中心」，為我國第一家商業物流服務業者，將物流概念與相關技術引進我國。
1974 年	餐飲	第一間在地連鎖餐飲品牌	1974 年（民國 63 年）第一家本土速食餐飲業者「頂呱呱」成立，將速食文化與相關技術引進臺灣。
1974 年	商業	塑膠貨幣出現	1974 年（民國 63 年）國內投資公司發行不具有循環信用功能的「信託信用卡」，臺灣首度出現「簽帳卡」，直至 1988 年（民國 77 年）財政部通過「銀行辦理聯合簽帳卡業務管理要點」，並將「聯合簽帳卡處理中心」改名為「財團法人聯合信用卡處理中心」，臺灣才出現具循環信用功能的信用卡。1989 年（民國 78 年）起開放國際信用卡業務，聯合信用卡中心與信用卡國際組織合作推出「國際信用卡」，開啟我國進入塑膠貨幣時代。

年份	類別	標題	內容
1978 年	物流	便捷交通網絡帶動商業發展	「十大建設」之一的中山高速公路於 1978 年（民國 67 年）全線通車，完善我國交通網絡，不僅帶動整體經濟成長，亦正面影響我國區域發展，我國商業發展獲得更進一步的提升。
1978 年	零售	便利不打烊	1978 年（民國 67 年）國內統一集團引進國外新型態零售模式，在國內成立統一便利商店（7-Eleven），改變傳統柑仔店的經營模式。24 小時不打烊的經營型態，服務項目從單純的零售販賣擴張至提供熱食及其他服務，如代收、多元化付款等，貼心而完整的服務使便利商店開始成為民眾生活不可或缺的一部分。
1980 年	商業	商業法規制定	隨著經濟發展，所得增加帶動消費，進而擴大對服務的需求，修訂公司法、商業會計法等相關規範與制度，為日後商業發展打底。
1983 年	餐飲	臺灣出現第一家手搖泡沫紅茶飲料店	陽羨茶行（春水堂前身）率先推出手搖泡沫紅茶，於 1983 年（民國 72 年）在臺中問世後，其魅力數年間席捲全臺，在臺灣餐飲史上占據獨特地位，而後創新的珍珠奶茶則掀起更為強勁深遠的龍捲風效應。茶飲品牌近十多年來更進軍海外，包括美國、德國、紐澳、香港、中國、日本、東南亞、甚至中東的杜拜與卡達。
1984 年	餐飲	國際餐飲速食連鎖加盟品牌進駐臺灣	1984 年（民國 73 年）國際速食餐廳「麥當勞」進軍我國，將國際速食餐廳的經營理念以及「發展式特許經營」模式引進國內，為餐飲市場帶來新觀念。
1987 年	零售	超市經營連鎖化與便利商店風潮興起	香港系統的惠康、百佳等公司亦相繼進入市場，使超市經營進入連鎖店時代，更具專業化；同年統一超商開始轉虧為盈，並突破 100 家連鎖店面，也讓國內興起成立便利商店的風潮。
1989 年	物流	臺灣物流革命之序曲	1989 年（民國 78 年），掬盟行銷成立，同年味全與國產企業亦分別成立康國行銷與全台物流，隨後統一集團之捷盟行銷、泰山集團之彬泰物流、僑泰物流亦分別設立，以迎合市場對配送效率的需求。

年份	類別	標題	內容
1989 年	零售	消費型態變革	1989 年（民國 78 年）我國第一家量販店萬客隆成立，同年由法商家樂福與統一集團共同在臺設立家樂福（Carrefour），自此開啟我國量販店的黃金時代。而後陸續出現多個量販店品牌，如：亞太量販、東帝士、大潤發、鴻多利、大買家與愛買。
1989 年	零售	大型零售書店之創立	1989 年（民國 78 年）臺灣大型連鎖書店誠品書店正式創立，開啟我國零售店新經營型態。
1991 年	餐飲	第一家美式休閒連鎖餐廳來臺	來自美國紐約的「T.G.I.Friday's」登臺，為我國市場上第一家美式休閒連鎖餐廳，刮起民眾朝聖休閒式主題餐廳的旋風，此時期餐廳著重主題性與文化性。
1992 年	餐飲	創新思維開創手搖飲料風貌	發跡於臺中東海的「休閒小站」首創「封口杯」，用自動封口機取代傳統杯蓋來密封飲料，即使打翻也不易外漏，這讓販賣茶飲有了革命性的改變。專做外帶的茶吧式飲料店，因店面小、租金便宜、人力精簡，如雨後春筍般興起。
1992 年	零售	第一家電視及購物業者出現	1992 年（民國 81 年）「無線快買電視購物頻道」正式成立，以有線電視廣告專用頻道型態經營。1999 年，我國第一家合法電視購物業者東森購物正式成立，直至 2014 年 NCC 委員會將原本管制為 9 個購物頻道放寬至 12 個，目前購物頻道結合網路購物及實體百貨零售市場，仍蓬勃發展中。
1992 年	零售	政府推動商業自動化	商業自動化和現代化為施政重點，包括：推動資訊流通標準化、商品銷售自動化、商品選配自動化、商品流通自動化及會計記帳標準化，促進產業升級，推升商業發展。
1995 年	電子商務	網際網路興起	1995 年（民國 84 年）資訊人公司成立，該公司開發搜尋引擎「IQ 搜尋」軟體並發展成商品。1998 年推出中文網路通訊軟體 CICQ，成為 Intel 在我國投資的第一間網路公司。
1995 年	商業	商業會計法大幅修訂	1995 年（民國 84 年）5 月 19 日第三次修正，全文增加為八十條，建立現在商業會計法的基本架構。

年份	類別	標題	內容
1996 年	電子商務	我國第一家網路仲介出現	1996 年（民國 85 年）我國第一家以網路為平台的人力仲介公司「104 人力銀行」正式成立。人力銀行改變人們找工作或企業找人才的模式，經由網路平台與電子郵件即可撮合人力供需雙方，開創了網路人力仲介商業市場。
1996 年	物流	捷運通車開啟便利生活	臺北捷運木柵線通車，藉由捷運系統建置逐步改變臺北交通運輸方式與生活圈，亦給其他縣市帶來交通發展方向的參考。
1997 年	零售	第一家美式賣場在臺設立	美國第二大零售商、全球第七大零售商以及美國第一大連鎖會員制倉儲式量販店好事多（Costco）與臺灣大統集團合資成立「好市多股份有限公司」，在高雄市前鎮區設立全臺第一家賣場。好市多為繼萬客隆倒閉之後，國內唯一收取會員費的量販店。
1997 年	電子商務	民營化行動通訊	政府於 1997 年（民國 86 年）開放民營業者可提供行動通訊業務，2003 年開放第三代行動通信執照，行動數據傳輸能力大幅增加。配合手機技術與行動應用程式（APP）的開發，讓消費者可以利用更方便快速的方式進行消費。而第四代系統的逐漸普及，以更快速的網路商業服務，進而影響帶動現今行動支付發展。
1997 年	商業	出現亞洲金融風暴	亞洲金融風暴嚴重影響亞洲各國，加上蔓延效果擴散，導致全球經濟成長趨緩。為因應國際經濟情勢的劇烈變化，避免衝擊國內經濟及金融局勢，我國經建會（現國發會）擴大行政院國家發展基金規模，擴大國內製造業及服務業投資金額，使國發基金成為國內最大的創投，為長期經濟發展提供動能。
1999 年	零售	購物中心興起	國民所得達 12,000 美元，消費者休閒意識抬頭，因此兼顧消費購物與休閒文化功能的大型購物中心順應而生。「台茂購物中心」為全臺第一個大型購物中心，開啟全新的多功能休閒購物體驗，而後的二十年亦隨著國人消費型態與所得提升，國內陸續出現多個購物中心，如：微風廣場、京華城購物中心、臺北 101、寶麗廣場、環球購物中心、林口遠雄三井 Outlet Park、華泰名品城 GLORIA OUTLETS 等大型購物中心。

年份	類別	標題	內容
2000 年	物流	國內第一家宅配到府業者正式營運	2000 年（民國 89 年）國內第一家戶對戶的宅配服務公司（C2C、B2C、B2B）「台灣宅配通」正式營運，開啟我國宅配產業序幕。宅配也改變了我國物流市場，讓原本的物流業者開始投入宅配服務，銜接上電子商務發展的最後一哩，使電子商務開始蓬勃發展。
2000 年	電子商務	電子錢包啟用	民國 89 年（2000 年）悠遊卡正式啟用，是我國第一張非接觸式電子票證系統智慧卡，採用 RFID 技術。除了悠遊卡之外，也結合其他具有 RFID 載具提供服務，如結合信用卡、NFC 手機等。於 2002 年開始進入便利商店體系與公家機關使用小額付款，因此改變我國消費者的消費習慣。此為傳統銷售模式轉為電子商務，新型態商業模式的重要改變。目前臺灣所通行的電子票證，包含了悠遊卡、一卡通、icash、有錢卡等四種系統，讓民眾生活能夠更加便利。
2001 年	電子商務	國內 B2C 與 C2C 電子商務興起	2001 年（民國 90 年）Yahoo 拍賣由雅虎臺灣與奇摩網站合併而成，開啟國內電子商務 B2C 與 C2C 市場商機，並逐漸獨霸了整個臺灣拍賣的市場。
2006 年	商業	雪山隧道通車	雪山隧道通車，為宜蘭帶來觀光效益，宜蘭的商業服務業者也跟著因此受惠。
2006 年	零售	精緻超市引進來台	2006 年（民國 95 年）逐漸發展出頂級超市，港商惠康百貨和遠東集團不約而同先後引進 Jasons Marketplace、c!ty'super 頂級超市。互相較勁的重點，不再是誰家的商品便宜，而是誰家的商品較獨特、稀有，服務較貼心，可以攏絡頂級消費者的心。
2006 年	電子商務	電子商務龍頭爭奪戰開打	PChome 網路家庭與 eBay 合資成立露天拍賣。為本土第一家無店面零售公司，成為 Yahoo 拍賣的競爭者，這是無店面零售興起的開端。
2006 年	商業	「公司登記便民新措施跨轄區收件服務」施行	「公司登記便民新措施跨轄區收件服務」施行，民眾可選擇在經濟部商業司、經濟部中部辦公室、臺北市政府、高雄市政府任一地點提送公司登記申請案件。

年份	類別	標題	內容
2006 年	電子商務	雲端運算及大數據革命	亞馬遜推出彈性運算雲端服務，Google 執行長埃里克‧施密特在搜尋引擎大會（SES San Jose 2006）首次提出「雲端計算」概念。雲端運算技術是繼網際網路發明後最具代表性的技術之一，可廣泛應用於政府、教育、經貿、企業等層面，其後各自發展出的不同雲端運算服務，對於產業發展有全面性的改變，為爾後出現的共享經濟型態，提供了堅實的基礎。
2006 年	電子商務	跨境電商興起	2006 年（民國 95 年）美國拍賣平台與國內業者合作推出跨國交易網站。跨境電子商務為出口貿易重要的交易平台，將會為我國廠商的經營模式帶來不一樣的改變。
2007 年	商業	成立商業發展研究院	隨著國內服務業活動發展趨勢已朝向商品精緻化、分工專業化、經營創新化與國際化之模式。因此，依據行政院 2004 年（民國 93 年）核定之「服務業發展綱領暨行動方案」以及 2006 年全國商業發展會議與臺灣經濟永續發展會議之結論，基於「建立服務業發展基石，創造高品質、高附加價值之服務業創新能量並整合資源，加速服務業知識化，提升國際優質競爭力」之成立宗旨，於 2007 年 12 月正式成立財團法人商業發展研究院（簡稱商研院）為國家級服務業研發智庫。
2007 年	電子商務	iPhone 出現，進入智慧手機元年	iPhone 系列革命性地改變人民的生活型態，帶動了行動商務發展。
2007 年	物流	高鐵通車	高速鐵路通車，完成國內一日生活圈的交通概念。
2008 年	商業	美國次級貸款引發金融海嘯	美國次級房貸市場泡沫破滅，引發全球金融流動性風險上升，造成全球經濟大衰退。在這波金融海嘯衝擊下，導致全球消費者行為模式出現改變，樽節支出、去槓桿化效應，及因網路技術的進步和社群網站的出現讓資訊得以更快速的流通，而發展出閒置產能再利用構想的「共享經濟」。此外，銀行在面對信用擔保市場的風險提升下，將提高對企業的融資限制，則「群眾募資」的融資方式將逐漸崛起。

年份	類別	標題	內容
2009 年	電子商務	共享經濟崛起	經濟學人雜誌定義「共享經濟」為「在網路中,任何資源都能出租」。網路成為共享經濟的重要橋樑,大型出租住宿民宿網站 Airbnb 成為共享經濟的重要代表。目前共享經濟概念襲捲全世界、影響消費者的消費模式與服務提供者的新型態經營模式,成為未來重要的商業模式。
2010 年	零售	新型態購物中心 Outlet 興起	義大世界購物廣場開幕,為臺灣首座的名牌折扣商場(Outlet mall)與大型 Outlet 購物中心。
2011 年	餐飲	爆發食安事件	衛生署查獲飲料食品違法添加有毒塑化劑 DEHP(鄰苯二甲酸二〔2-乙基己基〕酯),(Di〔2-ethylhexyl〕phthalate),政府機關在事件爆發後明定檢驗標準,此一事件對於我國商業服務業營業造成衝擊,並喚起消費者意識抬頭,消費者開始注重食品安全與商品成分標示,亦促使整體食品與飲食文化等產業素質與品質的提升。爾後在 2014 年發生多起食用油廠商使用劣質油違法事件,引起社會輿論對食品安全問題普遍關注,國內知名餐飲連鎖業者也受波及,使國內食品餐飲品牌市占率重新洗牌。
2011 年	金融	群眾募資興起	2009 年 Kickstarter 引領「群眾募資」的概念開啟全球對募資平台的嚮往,我國於 2011 年(民國 100 年)成立第一個非營利集資平台 weReport,而後營利性質的群眾募資近年在臺灣也因各募資網站的崛起而蓬勃,如 flyingV、HereO(已轉型 PressPlay)、噴噴 zeczec 等。募資平台提供新點子及新創意的商品或商業模式在市場上推出或營運機會,成為商業發展及創意創業重要的管道及方式。
2015 年	電子商務	電商平台行動化	行動商務因智慧型裝置普及,嚴重影響實體通路業績,尤其主打行動拍賣平台與以 C2C 為主要客群的蝦皮拍賣,於 2015 正式進入臺灣,挾免手續費、免刷卡費、再補貼買家運費及全新方便簡約的 APP 介面,迅速攻占了臺灣市場。

年份	類別	標題	內容
2016 年	商業	新修正商業會計法	為接軌國際，修正商業會計法、商業會計處理準則以及企業會計準則，於 2016 年（民國 105 年）年 1 月 1 日正式施行，我國商業會計法規邁入新紀元。
2016 年	零售	購物中心遍地開花	Outlet 購物中心崛起的一年新開設六間購物中心，分別為環球購物中心南港車站店、林口遠雄三井 Outlet Park、晶品城購物廣場、大墩食衣購物廣場、嘉義秀泰廣場、大魯閣草衙道。
2017 年	商業	公司法修正	經濟部修正公司法，修正涉及公司的法令鬆綁以及公司治理、洗錢防制的強化，以優化經商環境。本次修正基本有五大原則，分別如下：「不大幅增加企業遵法成本，維持企業運作安定性」、「新創希望速推之事項，優先推動」、「維持閉鎖公司專節，給予微型企業創業者更大運作彈性」、「充分考量公發、非公發公司規模不同，分別有不同的規範」、「適度法規鬆綁，但不逸脫基本法制規範，保障交易安全」。
2017 年	餐飲	國內大型餐飲業掀掛牌風	歷經食安風暴，餐飲營收近 5 年來持續穩定成長，各大業者紛紛進入搶食餐飲市場，如漢來美食掛牌上市、及多家正等待上市櫃的餐飲股，興起餐飲掛牌風，於公開資本市場進行募資，有利於籌備更多銀彈，朝向企業多角化經營。
2017 年	電子商務	迎戰行動支付元年	新型態電子支付出現，挑戰既有的支付生態系統創造價值。隨著行動通訊設備的出現，更一步地把網路上的一切搬到生活中每個時間點跟角落。也在今年上半年，三大行動支付（Apple Pay、Samsung Pay、Android Pay）登台，這些新創的付款方式，相較過往的支付方式更加便利，對國內的服務業者亦有正向影響。
2018 年	商業	5G 起步，邁向數位時代	5G 將成為物聯網發展的重要基礎，有鑑於在傳輸速度、設備連線能力、級低網路延遲等效益，預期將帶動更多創新應用服務發展。5G 取代 4G，最重要的特性在於低延遲，若能善用，5G 將可加速促成產業數位化及垂直市場的成長。

年份	類別	標題	內容
2018 年	零售	第一家無人超商正式營業	臺灣第一家無人超商「X-STORE」於 1 月 31 日在統一超商總部大樓進行初期測試，並於 6 月 25 日開始正式開幕，全程透過人臉辨識進店、採買、結帳。初期 X-STORE 以測試各項智慧型科技及營運模式，蒐集各種大數據做為未來發展的依據，讓臺灣便利商店產業不斷進化。在 X-STORE 開幕一個月後，在臺北市信義區開設第二家無人商店，並且額外導入智慧金融功能（X-ATM），提供指靜脈與人臉辨識，並可進行零錢存款與外幣提領功能。而全家便利商店也在 3 月底開立科技概念店，期望減低員工的勞務負擔，並帶給客戶更多的互動體驗。
2018 年	商業	智慧手機的普及帶動多元支付方式	因智慧手機的便利性與普及，有越來越多行為透過手機進行，加上物聯網科技串聯行動裝置、網路、服務與資訊，帶動商業服務方式的改變。臺灣目前的行動支付分為三種：電子支付、電子票證及第三方支付，而金管會於 6 月發布的報告當中，以歐付寶使用人數最多，在使用總人數約 243 萬人當中，有 72.97 萬人運用歐付寶進行電子支付。
2018 年	商業	公司法修正案於 7 月三讀通過，11 月 1 日正式施行	鑑於 10 多年來國內外經商環境變化快速，立法院於 2018 年 7 月 6 日三讀通過公司法修正案，並於 11 月 1 日施行。本次公司法修正重點為：友善創新創業環境、強化公司治理、增加企業經營彈性、保障股東權益、數位電子化及無紙化、建立國際化之環境、閉鎖性公司之經營彈性、遵守國際洗錢防制規範。
2018 年	商業	勞動基準法部分條文修正案於 1 月三讀通過，3 月 1 日正式施行；基本工資亦決議於明年 1 月調整	勞基法修正案於 3 月 1 日正式實施，本次修法主要聚焦於鬆綁 7 休 1、加班工時工資核實計算以及加班工時上限、特休假、輪班間隔。另基本工資亦於 2018 年第三季召開基本工資審議委員會，決議將於 2019 年 1 月起調漲基本工資，月薪由現行 $22,000 調漲至 $23,100，漲幅 5%；時薪由 $140 調漲至 $150，漲幅 7.14%。

年份	類別	標題	內容
2018 年	餐飲	臺北米其林指南公佈，共 20 家餐廳奪星	米其林指南於 3 月 14 日發表首屆臺北版名單，共有 110 家餐廳入榜，除了 36 家必比登推薦（Bib Gourmand）名單外，今年共有 20 家餐廳奪星，包含 1 家三星、2 家兩星、17 家一星，其餘為推薦名單。
2018 年	餐飲	連鎖速食餐飲業導入自動點餐與多元支付系統	連鎖速食餐飲業——摩斯漢堡與台灣麥當勞已競相導入自動點餐機。摩斯漢堡的數位自助點餐機已導入 70 餘家門市，預計年底完成 100 家導入的目標。台灣麥當勞則是除了自助點餐機之外，亦結合多元支付，為國內速食連鎖第一臺可以多元支付的點餐機，目前先規劃在臺北不同商圈的 4 家門市建置。
2019 年	零售	臺灣品牌突破日本零售市場	臺灣誠品成功於日本橋展店，為我國業者進入日本零售業第一家。
2019 年	餐飲	外送平台深入國人生活	2019 年外送市場爆量，foodpanda 訂單成長 25 倍。緊追在後之 Uber Eats，擁有超過 5,000 家餐飲業的外送服務；再加上近期加入英國外送平台 Deliveroo，預期我國餐飲業外送服務將日益競爭。
2020 年	商業	COVID-19 疫情爆發	我國 1 月 21 日發現首起 COVID-19 確診病例，是由中國大陸湖北省武漢市移入之案例。
2020 年	商業	經濟部推出一系列因應嚴重特殊傳染性肺炎的資金紓困及振興措施	經濟部因應嚴重特殊傳染性肺炎，推出一系列資金紓困及振興措施資源，包括薪資及營運資金補貼、防疫千億保、水電費減免、研發固本專案計畫、協助服務業導入數位行銷工具及服務、商圈環境改善、人才培訓、振興三倍券、出口拓銷等來協助業者。
2020 年	商業	臺灣完成 5G 釋照與開台	經兩階段競標結果，我國國家通訊傳播委員會（NCC）於 2 月 21 日公布包括中華電信、遠傳電信、台灣大哥大、台灣之星、亞太電信 5 家電信業者，均獲得 5G 執照，並於 6 月 30 日起陸續啟用 5G 服務。

年份	類別	標題	內容
2021 年	商業	行政院延長《嚴重特殊傳染性肺炎防治及紓困振興特別條例》	因應疫情於 5 月中在本土擴散，行政院將《嚴重特殊傳染性肺炎防治及紓困振興特別條例》延長 1 年到明（民國 111）年 6 月 30 日，並增加 2,100 億元預算，特別預算經費上限提高為總額 8,400 億元，針對受疫情衝擊產業持續推出紓困與振興措施；經濟部商業司亦推出「商業服務業艱困事業營業衝擊補貼」政策，以及配合行政院「振興五倍券」加碼推出「好食券」，可於餐飲、糕餅、傳統市場及夜市等店家中使用。
2021 年	商業	臺灣純網銀開業	國內已取得純網銀執照的 3 家銀行（樂天國際商業銀行、LINE Bank 以及將來銀行）中，樂天國際商業銀行、LINE Bank 已經陸續開業。
2021 年	商業	電子支付跨機構共用平台上線	包括悠遊付、一卡通、愛金卡、國際連、橘子支付、街口支付、歐付寶、簡單付等專營電子支付機構間，以及電子支付機構與所有銀行機構間，皆可互相轉帳。

|附錄二| 臺灣商業服務業公協會列表

序號	全國性／產業性	組織名稱	網站	地址	電話／傳真
1	全國性	中華民國全國商業總會	http://www.roccoc.org.tw/web/index/index.jsp	106 臺北市大安區復興南路一段 390 號 6 樓	電話：02-27012671 傳真：02-27555493
2	全國性	中華民國工商協進會	http://www.cnaic.org/zh-tw/	106 臺北市大安區復興南路一段 390 號 13 樓	電話：02-27070111 #160
3	全國性	中華民國全國中小企業總會	http://www.nasme.org.tw/front/bin/home.phtml	106 臺北市大安區羅斯福路二段 95 號 6 樓	電話：02-23660812 傳真：02-23675952
4	產業性	臺灣連鎖暨加盟協會	http://www.tcfa.org.tw/	105 臺北市松山區南京東路四段 180 號 4 樓	電話：02-2579-6262 傳真：886-2-25791176
5	產業性	臺灣連鎖加盟促進協會	http://www.franchise.org.tw/	104 臺北市中山區中山北路一段 82 號	電話：02-25235118
6	產業性	臺灣全球商貿運籌發展協會	http://www.glct.org.tw/	104 臺北市中山區民權西路 27 號 5 樓	電話：02-25997287
7	產業性	臺灣服務業發展協會	https://www.asit.org.tw/	106 臺北市大安區復興南路一段 259 號 3 樓之 2	電話：02-27555377 傳真：02-27555379
8	產業性	中華民國物流協會	http://www.talm.org.tw/	106 臺北市大安區復興南路一段 137 號 7 樓之 1	電話：02-27785669
9	產業性	臺灣國際物流暨供應鏈協會	http://www.tilagls.org.tw/	104 臺北市中山區南京東路二段 96 號 10 樓	電話：02-25113993
10	產業性	中華民國貨櫃儲運事業協會	http://www.cctta.com.tw/web/guest/index	221 新北市汐止市大同路 3 段 264 號 3 樓	電話：02-86480112 傳真：02-86478295

序號	全國性/產業性	組織名稱	網站	地址	電話／傳真
11	產業性	臺灣冷鏈協會	www.twtcca.org.tw	106 臺北市大安區忠孝東路四段 148 號 11F-5	電話：02-27785255
12	產業性	臺灣省進出口商業同業公會聯合會	paper.tiec.org.tw	104 臺北市中山區復興北路 2 號 14 樓 B 座	電話：（02)27731155 傳真：（02)27731159
13	產業性	臺灣省汽車貨運商業同業公會聯合會	http://www.t-truck.com.tw/	106 臺北市大安區信義路三段 162 號之 30	電話：02-27556498 傳真：02-27080356
14	產業性	中華貨物通關自動化協會		202 基隆市中正區義二路 72 號 4 樓	電話：02-24246115
15	產業性	中華民國無店面零售商業同業公會	https://www.cnra.org.tw/	106 臺北市大安區復興南路一段 368 號 8 樓	電話：02-27010411 傳真：02-27098757
16	產業性	中華跨境電子商務產業發展協會	http://www.crossborder-ec.org/	104 臺北市中山區長安東路 2 段 142 號 9 樓之 1	電話：02-27491761
17	產業性	臺灣網路暨電子商務產業發展協會	https://tieataiwan.org/	105 台北市松山區民權東路三段 144 號 12 樓 1221A	電話：02-87126050
18	產業性	中華民國百貨零售企業協會	http://www.ract.org.tw/	220 新北市板橋區新站路 16 號 18 樓	電話：02-77278168 轉 8281 傳真：02-77380790
19	產業性	中華民國購物中心協會	https://www.twtcsc.org.tw/	106 臺北市大安區敦化南路 2 段 97 號 2 樓	電話：02-77111008 傳真：02-66398479
20	產業性	中華美食交流協會	https://www.facebook.com/cgaorg	242 新北市新莊區中榮街 124 號 2 樓（協會）	電話：02-2277-9596
21	產業性	臺灣蛋糕協會	http://www.cake123.com.tw/	114 臺北市內湖區行善路 48 巷 18 號 6 樓之 2	電話：02-27904268 傳真：02-27948568

序號	全國性／產業性	組織名稱	網站	地址	電話／傳真
22	產業性	臺灣國際年輕廚師協會	https://www.facebook.com/taiwanjuniorchefsassociation/	104 臺北市中山區民生東路二段 147 巷 11 弄 2-1 號	電話：02-27139007
23	產業性	中華民國自動販賣商業同業公會全國聯合會	http://www.gs04.url.tw/vm/index.asp	402 臺中市南區工學路 126 巷 31 號	電話：04-22658733 傳真：04-22656815
24	產業性	中華民國遊藝場商業同業公會全國聯合會		24147 新北市三重區集成路 17 號 3 樓	電話：02-29751896
25	產業性	中華民國臺灣商用電子遊戲機產業協會	http://www.tama.org.tw/cht/about.php	22070 新北市板橋區三民路一段 80 號 3 樓	電話：02-29541608 傳真：02-29541604
26	產業性	臺灣區電機電子工業同業公會	http://www.teema.org.tw/	114 臺北市內湖區民權東路六段 109 號 6 樓	電話：02-87926666 傳真：02-87926088
27	產業性	臺灣智慧自動化與機器人協會	http://www.tairoa.org.tw/	408 臺中市南屯區精科路 26 號 4 樓	電話：04-23581866 傳真：04-23581566
28	產業性	臺灣包裝協會	http://www.pack.org.tw/web/index/index.jsp	110 臺北市信義區信義路五段 5 號 5c12	電話：02-27252585 傳真：02-27255890
29	產業性	中華民國金銀珠寶商業同業公會全國聯合會	http://www.jga.org.tw/	800 高雄市新興區中正三路 80 巷 36 號 2B	電話：07-2350135 傳真：07-2350007
30	產業性	中華民國親子育樂中心發展協會		114 臺北市內湖區新明路 246 巷 7 號	電話：02-2792-7922 傳真：02-2796-2850

2021 商業服務業年鑑：疫情新常態下的臺灣商業服務業發展 /
經濟部 , 財團法人商業發展研究院編著 . -- 初版 . --
臺北市：時報文化 , 2021.11
面 ； 公分
ISBN 978-957-13-9513-5（平裝）（Big ; 376）

1. 商業 2. 服務業 3. 年鑑

480.58   110015932

BIG 376
2021商業服務業年鑑

發 行 人：王美花
發行單位：經濟部
　　　　　地址：臺北市福州街 15 號
　　　　　電話：（02）2321-2200
　　　　　網址：http://www.moea.gov.tw
執行單位：商業發展研究院
　　　　　地址：臺北市復興南路一段 303 號 4 樓
　　　　　電話：（02）7707-4800
　　　　　網址：http://www.cdri.org.tw
編　　輯：蘇文玲、劉雅娟、許福添、翁靜婷、柯清介、李勇毅、呂靜忻、李之琦、曾芷筠、
　　　　　周慧芳、詹世民、張淑燕、謝季芳、許美玲
執行編輯：謝佩玲
撰 稿 者：許添財、朱　浩、傅中原、謝佩玲、李曉雲、陳世憲、吳志文、何英圻、黃維中、
　　　　　鍾俊元、耿　筠、楊惠雯、林泉興（依章節序排列）
編審委員會榮譽召集人：許士軍
編審委員會召集人：陳厚銘
編審委員：王健全、任立中、何晉滄、洪雅齡、康廷嶽、許生忠、陳文華、黃于玲、詹方冠、
　　　　　廖育珩、劉守仁、謝龍發、鍾志明、鍾俊元（依姓氏筆劃排列）

出版單位：時報文化出版企業股份有限公司
董 事 長：趙政岷
108019 臺北市和平西路三段二四〇號七樓
發行專線—（〇二）二三〇六六八四二
　　　　　讀者服務專線—〇八〇〇二三一七〇五
　　　　　　　　　　　　（〇二）二三〇四七一〇三
　　　　　讀者服務傳真—（〇二）二三〇四六八五八
　　　　　郵撥—一九三四四七二四時報文化出版公司
　　　　　信箱—一〇八九九臺北華江橋郵局第九九信箱
時報悅讀網— http://www.readingtimes.com.tw
法律顧問—理律法律事務所 陳長文律師、李念祖律師
缺頁或破損的書，請寄回更換

時報文化出版公司成立於1975年，
並於1999年股票上櫃公開發行，於2008年脫離中時集團非屬旺中，
以「尊重智慧與創意的文化事業」為信念。

出版日期：2021 年 11 月
版　　次：初版
定　　價：699 元整
G　P　N：1011001842
I S B N：978-957-13-9513-5